职业技能等级认定学练丛书

钳工（供电）

中国铁路呼和浩特局集团有限公司　编

中国铁道出版社有限公司

2024年·北京

内容简介

本书为“职业技能等级认定学练丛书”之一，适用于钳工（供电）岗位初级工、中级工、高级工、技师、高级技师五个岗位日常培训和考试。内容包括问答题、实作、实作技能考核评分记录表，每个岗位包含100道问答题和20道实操题，同时具有理论性和实践性，现场实用性强，对钳工（供电）各岗位具有指导意义。

本书可作为钳工（供电）岗位培训用书，也可供相关专业人员学习参考。

图书在版编目(CIP)数据

钳工. 供电/中国铁路呼和浩特局集团有限公司编. —北京：中国铁道出版社有限公司，2024.2
（职业技能等级认定学练丛书）
ISBN 978-7-113-30657-1

Ⅰ. ①钳… Ⅱ. ①中… Ⅲ. ①钳工-职业技能-鉴定-中等专业学校-教材②供电装置-职业技能-鉴定-中等专业学校-教材 Ⅳ. ①TG9②TM7

中国国家版本馆CIP数据核字(2023)第203689号

书　　名：钳工（供电）
作　　者：中国铁路呼和浩特局集团有限公司

责任编辑：魏　娟　　**编辑部电话：**(010)51873315
编辑助理：朱培杰　刘雪庭
封面设计：刘　莎
责任校对：苗　丹
责任印制：赵星辰

出版发行：中国铁道出版社有限公司（100054，北京市西城区右安门西街8号）
网　　址：http://www.tdpress.com
印　　刷：三河市燕山印刷有限公司
版　　次：2024年2月第1版　2024年2月第1次印刷
开　　本：787 mm×1 092 mm　1/16　**印张：**19.5　**字数：**437千
书　　号：ISBN 978-7-113-30657-1
定　　价：90.00元

编 委 会

前 言

为进一步提高铁路职工教育培训的针对性和实效性，大力促进全局职工队伍岗位技能达标，2015 年劳动和卫生部组织专业技术人员编写了“铁路特有工种操作技能鉴定学练丛书”。该丛书为同期职业技能鉴定培训提供了有力的支撑，在铁路高技能人才培养选拔、落实全员持证上岗制度和确保运输生产安全稳定发展方面发挥了重大的作用。

随着我国铁路建设的持续发展，新技术、新设备不断更新应用，铁道行业标准、《铁路技术管理规程》等规章标准相应提升变化，丛书的范围和内容已经不能适应新时代铁路职工职业技能等级认定培训学习需求，急需进行修订完善和扩充拓展。

党的二十大报告要求，深入实施人才强国战略。为落实二十大精神，集团公司在技能人才队伍培养方面推出了一系列的新举措。其中，丛书修订完善作为一项重要工作进行落实，在对 62 个铁路特有工种进行修订完善的基础上，将丛书拓展为 90 个铁路特有工种和 8 个通用工种，并更名为“职业技能等级认定学练丛书”。

“职业技能等级认定学练丛书”在编写内容上力求体现以“优化职业活动为导向，以提升职业技能为核心”为指导思想，以“国家职业标准”“铁路特有工种技能培训规范”“高速铁路岗位培训规范”等为标准，以客观评价职工操作技能水平为目标，力求知识的系统性、连贯性和精炼性，突出针对性、典型性和适用性。

“职业技能等级认定学练丛书”是铁路职工职业等级认定操作技能考试前培训和自学教材，对职工各类在职教育和考试也有重要的参考价值。

“职业技能等级认定学练丛书”的编写是一项系统性、全面性的工作，工作难度比较大。在丛书的编写和审定过程中得到了集团公司职教部、各业务部及有关单位的大力支持和帮助，在此表示感谢！由于编写水平有限，加之时间仓促，恳请读者提出宝贵意见和建议。

中国铁路呼和浩特局集团有限公司

2023 年 9 月

目　录

第一部分　初　级　工

第三部分 高 级 工

第四部分　技　　师

第五部分　高级技师

第一部分　初　级　工

本题库 100 道，分为五个部分：1～20 题为 10 分题；21～40 题为 15 分题；41～60 题为 20 分题；61～80 题为 25 分题；81～100 题为 30 分题。

1. 常用电阻器分为哪几种？

答：常用电阻器分为固定电阻器和可变电阻器两种。

2. 断路器灭弧室的作用是什么？灭弧方式有哪几种？

答：灭弧室的作用是熄灭电弧。灭弧方式有纵吹、横吹及纵横吹。

3. 绝缘油在变压器和少油断路器中各有哪些作用？

答：绝缘油在变压器中起绝缘和冷却作用，在少油断路器中起灭弧和绝缘作用。

4. 电缆敷设后进行接地网作业时应注意什么？

答：(1)挖沟时不能伤及电缆。

(2)电焊时地线与相线要放到最近处，以免烧伤电缆。

5. 高压断路器检修可分为哪几种类型？

答：高压断路器检修分为大修、小修、临时性检修。

6. 在电容器组上或进入围栏内工作时应遵守什么规定？

答：在电容器组上或进入围栏内工作时，应将电容器逐个多次放电并接地后，方可进行。

7. 电压互感器在一次接线时应注意什么？

答：(1)要求接线正确，连接可靠。

(2)电气距离符合要求。

(3)装好后的母线，不应使互感器的接线端承受机械力。

8. 绝缘油净化处理有哪几种方法？

答：绝缘油净化处理方法主要有沉淀法、压力过滤法、热油过滤与真空过滤法。

9. 断路器的触头组装不良有什么危害?

答:会引起接触电阻增大,运动速度失常,甚至损伤部件。

10. 硬母线引下线的尺寸有哪两种确定方法?

答:(1)用吊中线、量尺寸、弹实样的方法。

(2)制作样板的施工方法。

11. 电缆护层的作用是什么?

答:内衬层起铠装衬垫和金属护套的作用;铠装层主要起抗压或抗张的机械保护作用;外被层主要对铠装起防腐蚀保护作用。

12. 高压电力电容器上装设串联电抗器的作用是什么?

答:主要作用是抑制高次谐波,限制合闸涌流和短路电流,保护电容器正常工作。

13. 避雷器的作用是什么?

答:避雷器是用来限制过电压的一种主要保护电器,通常连接于导线与地之间,与被保护设备并联。

14. 检修中常用的垫圈有哪几种?

答:检修中常用的垫圈有圆垫圈(有粗制和精制之分),另外还有弹簧垫圈、垫片等。

15. 交接试验标准中如何规定测量断路器分、合闸线圈的绝缘电阻及直流电阻?

答:测量断路器分、合闸线圈的绝缘电阻值不应低于 1 000 MΩ,直流电阻值与产品的出厂试验值相比应无明显差别。

16. 真空断路器的合闸过程是什么?

答:当操作机构的合闸线圈通电,合闸铁芯被吸合。通过拐臂及连杆使真空灭弧室的动导电杆运动,将断路器合闸。

17. 变压器呼吸器的作用是什么?

答:(1)作为变压器吸入或排出空气的通道。

(2)吸收进入油枕空气中的水分,以减少水分的侵入,减缓油的劣化速度。

18. SF_6 负荷开关可开断哪些电流?

答:SF_6 负荷开关可作为关合和开断负荷电流及过载电流用,也可以关合和开断空载线路空载变压器及电容器组等。

19. 接地线应采用什么导线？其截面积应符合短路电流的要求，但不得小于多少？

答：接地线应用多股软铜线，不小于 25 mm^2。

20. 在电气设备上工作，保证安全的组织措施有哪些？

答：工作票制度；工作许可制度；工作监护制度；工作间断、转移和终结制度。

21. 说明 GW4-110DW/1250 设备型号的含义。

答：G—隔离开关；W—户外型；4—设计序号；110—额定电压为 110 kV；D—带接地开关；W—防污型；1250—额定电流为 1 250 A。

22. 隔离开关的电动操作机构由哪些部分组成？

答：由电动机、减速机构、操作回路、传动连杆、轴承拐臂、辅助触点等部分组成。

23. 硬母线哪些地方不准涂漆？

答：(1)母线各个连接处及距离连接处 10 cm 以内的地方。

(2)间隔内硬母线要留 50～70 mm 用于停电挂接临时地线。

(3)涂有温度漆的地方。

24. 隔离开关的检修项目有哪些？

答：(1)检查隔离开关绝缘子是否完整，有无放电现象。

(2)检查传动件和机械部分。

(3)检查活动部件的润滑情况。

(4)检查触头是否完好，表面有无污垢。

(5)检查附件是否齐全、完好，包括弹簧片、铜辫子等。

25. 在转轴上装配 D 型及 V 型密封圈时应注意哪些事项？

答：(1)在组装时，不仅要注意按顺序依次装入各密封部件，而且要注意密封件的清洁和安装方向。

(2)为减小各摩擦表面上产生的摩擦力，组装时可在胶圈内外圆周、转轴、转轴孔上薄涂一层电力复合脂。

26. 对导线接头的接触电阻有何要求？

答：(1)硬母线应使用塞尺检查其接头紧密程度，如有怀疑时应作温升试验或使用直流电源检查接点的电阻或接点的电压降。

(2)对于软母线仅测接点的电压降，接点的电阻值不应大于相同长度母线电阻值的 1.2 倍。

27. 硬母线怎样进行调直?

答:(1)放在平台上调直,平台可用槽钢、钢轨等平整材料制成。

(2)应将母线的平面和侧面都校直,可用木槌敲击调直。

(3)不得使用铁锤等硬度大于铝带的工具。

28. 对绝缘子串、导线及避雷线上各种金具的螺栓的穿入方向有什么规定?

答:(1)垂直方向者一律由上向下穿。

(2)水平方向者顺线路的受电侧穿;横线路的两边线由线路外侧向内穿,中相线由左向右穿(面向受电侧),对于分裂导线,一律由线束外侧向线束内侧穿。

(3)开口销、闭口销、垂直方向者向下穿。

29. 电压互感器的二次回路为什么要接地?

答:电压互感器一次绕组接于高压系统,如果在运行中,电压互感器的绝缘发生击穿,高电压将窜入二次回路,会损坏设备和威胁运行人员的人身安全。因此,为保障二次设备和人身安全,要求电压互感器的二次回路有一点接地,它属于保护接地。

30. 并联电容器定期维修时,应注意哪些事项?

答:(1)维修或处理电容器故障时,应断开电容器的断路器,拉开断路器两侧的隔离开关,并对并联电容器组完全放电且接地后,才允许进行工作。

(2)检修人员戴绝缘手套,用短接线对电容器两极进行短路后,才可接触设备。

(3)对于额定电压低于电网电压装在对地绝缘构架上的电容器组停用维修时,其绝缘构架也应接地。

31. 对室内电容器的安装有哪些要求?

答:(1)应安装在通风良好、无腐蚀性气体以及没有剧烈振动、冲击、易燃易爆物品的室内。

(2)安装电容器根据容量的大小合理布置,并应考虑安全巡视通道。

(3)电容器室应为耐火材料的建筑,门向外开,要有消防措施。

32. 断路器的油缓冲器在检修和安装时有哪些要求?

答:清洁,牢固可靠,动作灵活,无卡阻、回跳现象,注入的油要合格且油位符合要求。

33. 影响断路器触头接触电阻的因素有哪些?

答:(1)触头表面加工状况。

(2)触头表面氧化程度。

(3)触头间的压力。

(4)触头间的接触面积。

(5)触头的材料。

34. 隔离开关可能出现哪些故障？

答：(1)触头过热。

(2)绝缘子表面闪络和松动。

(3)隔离开关拉不开。

(4)刀片自动断开。

(5)刀片弯曲。

35. LW8-35 型 SF_6 断路器的大修周期如何确定？

答：(1)满容量开断 15 次。

(2)运行 10 年左右。

(3)机械操作达 3 000 次。

36. 防误装置应实现哪些功能？

答：(1)防止误分、误合断路器。

(2)防止带负荷拉、合隔离开关。

(3)防止带电挂(合)接地线(接地隔离开关)。

(4)防止带接地线(接地隔离开关)合断路器(隔离开关)。

(5)防止误入带电间隔。

37. 在带电设备附近测量绝缘电阻有哪些注意事项？

答：测量人员和兆欧表安放位置必须选择适当，保持安全距离，以免兆欧表引线或引线支持物触碰带电部分。移动引线时，必须注意监护，防止工作人员触电。

38. 隔离开关拒绝分闸原因有哪些？

答：(1)冰冻引起拒分。

(2)传动机构卡滞。

(3)接触部分卡住。

39. 限制短路电流有哪些方法？

答：(1)将两台变压器低压侧分开运行。

(2)将两条供电线路分开运行。

(3)在线路或母线装设电抗器。

40. 紧急救护法的基本原则及成功的条件是什么?

答:紧急救护的基本原则是在现场采取积极措施保护伤员生命,减轻伤情,减少痛苦,并根据伤情需要,迅速联系医疗部门救治。急救的成功条件是动作快,操作正确。任何拖延和操作错误都会导致伤员伤情加重或死亡。

41. 高压断路器的主要作用是什么?

答:(1)能切断闭合高压线路的空载电流。

(2)能切断闭合高压线路中的负载电流。

(3)能切断高压线路中的故障电流。

(4)与继电保护配合,可快速切除故障,保证系统安全运行。

42. 避雷器在安装前应检查哪些项目?

答:(1)设备型号要与设计相符。

(2)瓷件应无裂纹、破损,瓷套与法兰间的结合应良好。

(3)向不同的方向摇动,内部应无松动响声。

(4)组合元件经试验合格,底座和拉紧绝缘子的绝缘应良好。

43. 变压器套管在安装前应检查哪些项目?

答:(1)瓷套表面有无裂纹、伤痕。

(2)套管法兰颈部及均压球内壁是否清洁干净。

(3)套管经试验是否合格。

(4)充油套管的油位指示是否正常,有无渗油现象。

44. 取变压器及注油设备的油样时应注意什么?

答:(1)取油样应在空气干燥的晴天进行。

(2)装油样的容器,应刷洗干净,并经干燥处理后方可使用。

(3)油样应从注油设备底部的放油阀来取,擦净油阀,放掉污油,待油干净后取油样,取完油样后尽快将容器封好,严禁杂物混入容器。

(4)取完油样后,应将油阀关好以防漏油。

45. 高压断路器装油量过多或过少对断路器有什么影响?

答:(1)油断路器在断开或合闸时产生电弧,在电弧高温作用下,周围的油被迅速分解气化,产生很高的压力,如油量过多而电弧未切断,气体继续产生,可能发生严重喷油或油箱因受高压力而爆炸。

(2)如油量不足,在灭弧时,灭弧时间加长甚至难以熄弧,含有大量氢气、甲烷、乙炔和油蒸气的混合气体泄入油面上空并与该空间的空气混合,比例达到一定数值时也能引起断路器的爆炸。

46. 互感器安装时应检查哪些内容?

答:(1)安装前检查基础、几何尺寸是否符合设计要求,有无变动,误差是否在允许的范围内。

(2)同一种类型同一电压等级的互感器在并列安装时要在同一平面上。

(3)中心线和极性方向也应该一致。

(4)二次接线端及油位指示器的位置应位于便于检查的一侧。

47. 互感器哪些部位应妥善接地?

答:(1)互感器外壳。

(2)分级绝缘的电压互感器的一次绕组的接地引出端子。

(3)电容型绝缘的电流互感器的一次绕组包绕的末屏引出端子及铁芯引出接地端子。

(4)暂不使用的二次绕组。

48. 少油断路器的灭弧室如何进行清洗和检查?

答:(1)将取出的部件放入清洁的变压器油中清洗,并用干燥的白布擦净。

(2)检查其有无缺陷。

(3)注意检查动、静触头及灭弧装置是否完好。

(4)检查密封油毡垫等有无损坏及变形。

49. 检修工作中用来进行清擦的材料有哪些?规格有哪些?

答:在检修作业中经常需要清擦、打磨一些金属件,常用来进行清洁擦拭的材料是棉纱头,布头(清扫布)或绢头等。常用来进行清洗零件的是煤油、汽油、酒精等。常用来进行打磨的材料是砂纸、砂布。砂布分为00、0、1、2号,号越大的砂粒越大越粗糙。

50. 说明GW7-220DG/2000隔离开关的符号意义。

答:G—隔离开关;W—户外隔离开关;7—设计系列顺序号;220—额定电压(kV);D—带接地开关;G—改进型;2000—额定电流。

51. 高压断路器的断口处并联电容器,其作用是什么?

答:断口处并联上足够大的均压电容后,使电压较平均地分布在各断口上,使每个断口的工作条件基本一样,从而提高断路器的开断能力。单断口的断路器,在断口处加并联电容器,能够降低近区故障的恢复电压陡度,提高断路器开断近区故障的能力。

52. 什么叫操作机构的自由脱扣功能?

答:操作机构在断路器合闸到任何位置时,在分闸脉冲命令下均应立即分闸,这称为操作机构的自由脱扣功能。操作机构具备自由脱扣功能,可保证断路器合闸于短路电路时能尽快地分闸切除故障,从而保证电力系统和发供电设备的安全。

53. 工作接地的作用是什么?

答:在电力系统中,电力变压器绕组的中性点接地,避雷器组的引出线端接地等均属于工作接地。在三相四线供电系统,中性点直接接地有两方面作用:

(1)防止高压窜入低压系统的危险。

(2)减轻一相接地故障时的危险。

54. 钳工(供电)应掌握的电气测试项目有哪些?

答:(1)绝缘电阻的测试。

(2)接触电阻的测试。

(3)直流电阻的测试。

(4)动作特性试验。

55. 安全生产“四不伤害”的内容是什么?

答:不伤害自己,不伤害他人,不被他人伤害,保护他人不受伤害。

56. 什么是“三措一案”?

答:组织措施、技术措施、安全措施、施工方案。

57. 母线常见故障有哪些?

答:(1)接头因接触不良,电阻增大,造成发热严重使接头烧红。

(2)支持绝缘子绝缘不良,使母线对地的绝缘电阻降低。

(3)当大的故障电流通过母线时,在电动力和弧光作用下,使母线发生弯曲、折断或烧伤。

58. 给运行中的变压器补充油时应注意什么?

答:(1)注入的油应是合格油,防止混油。

(2)补充油之前把重瓦斯保护改至信号位置,防止误动跳闸。

(3)补充油之后检查气体继电器,并及时放气,然后恢复。

59. 为什么摇测电缆绝缘时,先要对电缆进行放电?

答:因为电缆线路相当于一个电容器,电缆运行时被充电,电缆停电后,电缆芯上聚集的电荷短时间内不能完全释放,此时,若用手触及,则会使人触电,若接兆欧表,会损坏。所以摇测电缆绝缘时,电缆要先对地放电。

60. 在检查耐张线夹时,需检查哪些内容?

答:(1)V形螺栓和船型压板。

(2)销钉和开口销。

(3)垫圈和弹簧垫及螺帽等。

(4)零件是否齐全,规格是否统一。

61. 隔离开关检修周期是什么?

答:检修周期为大修一般 4～5 年一次,根据运行和缺陷情况大修间隔时间可适当缩短或延长;小修每年安排一次,污秽严重地区可增加次数。经完善化以后的隔离开关大修周期为 8 年一次。

62. 气体继电器如何安装?

答:(1)检验气体继电器是否合格。

(2)应水平安装,顶盖上标示的箭头指向储油柜。

(3)允许继电器的管路轴线往储油柜方向的一端稍高,但与水平面倾斜不应超过 4%。

(4)各法兰的密封垫需安装妥当。

(5)不得遮挡油管路通径。

63. 室外隔离开关水平拉杆如何配置?

答:(1)根据相间距离,锯切两根瓦斯管,其长度为隔离开关相间距离减去连接螺栓及连接板长度,并使配好的拉杆有伸长或缩短的调整余度。

(2)分别将连接螺栓插入瓦斯管两端,用电焊焊牢,再装上锁紧螺母及连板,焊接时不要使连头偏斜。

(3)将栏杆两头与拐壁上的销钉固定起来。

64. 游标卡尺有几种规格? 使用时应注意什么?

答:游标卡尺可以直接量出工件的内、外直径,宽度和长度等。按测量精度划分,有 0.10 mm、0.50 mm 和 0.20 mm 等几种规格。在测量时,应首先读主尺(尺身)读数,再加上副尺(游标)上的尺寸(即主尺刻度线与副尺刻度线对准处,副尺的读数),就是工件的尺寸。使用前应将卡脚(量)的接触面和被测工件的表面清擦干净,并检查在卡脚对紧时读数应为 0,测量时应慢慢移动副尺,使卡脚与工件接触,禁止硬卡硬拉。

65. 绝缘材料在变配电设备中的作用是什么?

答:(1)使导电体与其他部分互相绝缘,将不同电位的导体分隔开来。

(2)用于改善高压电场的电位梯度。

(3)作为电容器介质,使之达到所需电容量。

(4)散热,冷却,灭弧,防潮,防霉。

(5)机械支撑,固定以及储能和保护作用。

66. 携带式或移动式用电设备的专用芯线接地有什么要求?

答:专用芯线严禁同时通过工作电流,以避免电流回到金属处而导致外壳带电,严禁利用其他电气设备的零线接地,零线和接地线应分别与接地网连接,接地芯线应采用多股软铜线,其截面不应小于1.5 mm^2,移动式电力设备的接地装置,应符合固定式电力设备接地装置的要求。

67. 变压器装有净油器(热虹吸)的作用是什么?

答:净油器内装有吸附作用的硅胶,变压器运行时,因上层油温和下层油温不同,这个温差使油在净油器内循环,这样油中的水分、游离碳、氧化物等有害物质随着油的循环被硅胶吸收,从而保护绝缘油的良好电气性能。

68. 变压器出口短路后应做哪些检查?

答:(1)变压器的外观检查和外绝缘检查。

(2)进行变压器绝缘电阻、介质损耗因数、泄漏电流、直流电阻等项目试验。

(3)绝缘油的色谱分析。

(4)变压器绕组变形测量。

(5)核算短路电流和变压器的抗短路能力。

69. 绝缘子发生闪络放电现象的原因是什么? 如何处理?

答:(1)绝缘子表面和瓷裙内落有污秽,受潮以后耐压强度降低,绝缘子表面形成放电回路,使泄漏电流增大,当达到一定值时,造成表面击穿放电。

(2)绝缘子表面落有污秽,虽然很小,但由于电力系统中发生某种过电压,在过电压的作用下使绝缘子表面闪络放电。

处理方法:绝缘子发生闪络放电后,绝缘子表面绝缘性能下降很大,应立即更换,并对未闪络放电绝缘子进行清洁处理。

70. 绝缘子的作用和对其要求是什么?

答:绝缘子是用来支持和固定带电导体,并与地绝缘或作为带电体之间的绝缘。对绝缘子的要求是应有足够的机械强度和绝缘性能,并能在恶劣的环境(高温、潮湿、多尘埃、污垢等)下安全运行,绝缘子的表面瓷釉应光滑均匀,瓷体完整无损缺及裂纹等。

71. 遇有电气设备着火时怎么办?

答:(1)应立即将有关设备电源切断,然后进行救火。

(2)对带电设备使用干式灭火器或二氧化碳灭火器等灭火,不得使用泡沫灭火器灭火。

(3)对注油的设备应使用泡沫灭火器或干沙等灭火。

(4)变电所控制室内应备有防毒面具,防毒面具要按规定使用,并定期进行试验,使其经常处于良好状态。

72. 隔离开关的检修项目有哪些?

答:(1)检查隔离开关绝缘子是否完整,有无放电现象。

(2)检查传动件和机械部分。

(3)检查活动部件的润滑情况。

(4)检查触头是否完好,表面有无污垢。

(5)检查附件是否齐全、完好,包括弹簧片、铜辫子等。

73. 怎样才能将检修设备停电?

答:(1)检修设备停电,必须把各方面的电源完全断开。

(2)禁止在只经开关断开电源的设备上工作。

(3)必须拉开隔离开关,使各方向至少有一个明显的断开点。

(4)与停电设备有关的变压器和电压互感器必须从高、低压两侧断开,防止向停电检修设备反送电。

74. 在带电的电压互感器二次回路上工作时,应采取哪些安全措施?

答:(1)严格防止短路或接地。应使用绝缘工具,戴手套。必要时,工作前申请停用相关保护装置、安全自动装置或自动化监控系统。

(2)接临时负载,应装有专用的刀闸和熔断器。

(3)工作时应有专人监护,禁止将回路的安全接地点断开。

75. 变配电设备防止污闪事故发生的措施有哪几种?

答:变配电设备污闪主要是发生在瓷绝缘物上,防止污闪事故发生的措施有下列几种:

(1)根治污染源。

(2)把电站的电力设备装设在户内。

(3)合理配置设备外绝缘。

(4)加强运行维护。

(5)采取其他专用技术措施,如在电瓷绝缘表面涂涂料等。

76. GIS 现场检修时,对新装的主导电回路导体的处理过程是怎样的?

答:GIS 新装的主导电回路的导体,对电接触镀银面,一般采用百洁布沿轴线方向轻轻打磨至表面光洁平滑后,把金属粉末吸去擦净,涂少许氟氯导电油;对非镀银表面,采用 360 号砂纸将异常的凸出部分砂平,然后用沾有高纯度工业酒精的白布擦拭干净,风干 10 min 以上。

77. GIS 由哪些元件构成?

答:在变电站里除主变压器、高压电抗器以外的高压一次元件都可含在 GIS 中,有断路器、隔离开关、接地开关、电流互感器、电压互感器、避雷器、母线和终端。

78. PASS是一种什么电气设备?

答:PASS是指将SF_6断路器、隔离开关、接地开关、电流/电压传感器等组合在一个产品中,利用现代成熟的GIS技术与先进的电力电子技术相结合,可以进行快速安装,免维修的插接式开关系统。

79. 长期运行的隔离开关,其常见的缺陷有哪些?

答:(1)触头弹簧的压力降低,触头的接触面氧化或积存油泥而导致触头发热。

(2)传动及操作部分的润滑油干涸,油泥过多,轴销生锈,个别部件生锈以及产生机械变形等,以上情况存在时,可导致隔离开关的操作费力或不能动作,距离减小以致合不到位和同期性差等缺陷。

(3)绝缘子断头、绝缘子折伤和表面脏污等。

80. 设备预试检修中为什么要重点检查断路器分、合闸缓冲器?

答:缓冲器是用于吸收断路器分、合闸末了时的动能,当分、合闸缓冲器失油、调整不当,会失去或改变缓冲性能,缓冲器与断路器失去缓冲配合,断路器分、合闸操作均会对内部部件造成较大振动冲击,多次振动冲击后造成连接部件松动、机械强度下降、机械寿命降低,严重时可能损坏灭弧室内部部件,使断路器开断失败。

81. 怎样使用钳形电流表?

答:(1)在测量前,应估计被测电流大小、电压高低,以便选择适当量程。

(2)测量时,为避免产生误差,被测载流导线的位置应放在钳形口的中央。

(3)钳口要紧密结合,如有杂质或油污应清除。遇有杂声时,可重新开口一次,再闭合。

(4)测量小于5 A的小电流时,为了获得较准确值,有条件时可将被测载流导线多绕几圈,放入钳口内测量,但其实际电流应是读数除以钳口内导线的圈数。

(5)测量完毕把量程开关放到最大量程。

82. 隔离开关的小修项目有哪些要求?

答:检修前应先了解该设备运行中的缺陷,然后主要进行下列检查:

(1)清扫检查瓷质部分及绝缘子胶装接口处有无缺陷。

(2)试验各转动部位有无卡劲,并注润滑油。

(3)清洗动、静触头,检查其接触情况,触指弹簧片应不失效。

(4)检查各相引线卡子及电回路连接。

(5)检查三相接触深度和同期情况。

(6)检查电气或机械闭锁情况,对于电动机构或液压机构,应转动检查各部分附件装置。

83. 隔离开关的大修项目主要有哪些?

答:大修项目包括所有的小修项目,还包括:

(1)列为大修的隔离开关应解体清扫检查。

(2)对各导电回路的连接点均应检修,必要时应做接触电阻测试,对轴承及转动的轴销应解体清洗处理,然后加润滑油。

(3)对电动机构各传动零部件、电气回路、辅助设备检查调试。

(4)液压机构要解体清洗、换油、试漏。按该型号隔离开关的技术要求进行全面调整试验,金属支架及易锈的金属部件要去锈、刷漆,适当部位刷相位标志。

(5)最后填写大修记录。

84. 为什么并联补偿电容器组须同时并联放电线圈?

答:当电容器组与电网断开后,极板上仍有电荷存在,所以电容器两端存在一定的残余电压,由于电容器极板间绝缘较高,其自行放电速度较慢,为避免电容器在残压过高状态下再次投入电网运行,电源电压与电容器残压叠加产生较高的过高电压危及电容器绝缘,所以与电容组并联了放电线圈,在电容器组停电后可自行放电,尽快消除电容器极板上的电荷,使电容器的残压在规定的时间降到安全值以下,以确保安全运行,同时对人身安全也起到相应的保护作用。

85. 继电保护的基本原理是什么?

答:电力系统发生故障时,通常伴有电流增大、电压降低以及电流与电压相位角改变等现象,因此,利用这些基本参数在故障与正常运行时的差别,可构成各种不同原理的继电保护装置,例如,反映电流增大的构成过电流保护,反映电流与电压相位角变化的构成方向保护,反映电压与电流比值变化的构成距离保护等。

86. 高压断路器检修前的准备工作是什么?

答:(1)根据运行、试验发现的缺陷及上次检修后的情况,确定重点检修项目,编制检修计划。

(2)讨论检修项目、进度、需消除缺陷的内容以及有关安全注意事项。

(3)制定技术措施,准备有关检修资料及记录表格和检修报告等。

(4)准备检修时必需的工具、材料、测试仪器和备品备件及施工电源。

(5)按相关规定,办理工作票许可手续,做好现场检修安全措施,完成检修开工手续。

87. SF_6 气体绝缘组合电器(GIS)的小修项目有哪些?

答:(1)密度计、压力表的校验。

(2)SF_6 气体的补气、干燥、过滤,由 SF_6 气体处理车进行。

(3)导电回路接触电阻的测量。

(4)吸附剂的更换。

(5)液压油的补充更换。

(6)不良紧固件或部分密封环的更换。

88. SW6-110 型断路器的灭弧片受潮后如何处理?

答:(1)可进行干燥,干燥前应清洗干净。

(2)干燥的温度为 80～90 ℃。

(3)升温时间不小于 12 h。

(4)干燥时间为 48 h。

(5)取出后立即放入合格的绝缘油中,以防再次受潮。

(6)需进行耐压试验,合格后方可使用。

89. SN10 型断路器的分、合闸速度不符合要求时应如何处理?

答:(1)若分闸速度合格,且在下限,合闸速度不合格时,应检查合闸线圈的端子电压及断路器的机构有无卡劲、线圈直流电阻是否合格等,针对问题及时处理。

(2)若分闸速度合格,且在上限,合闸速度不合格时,可调整分闸弹簧的预拉伸长度使其合格。

(3)若分闸速度不合格,可调整分闸弹簧长度使其合格。

90. SW2-220Ⅰ型断路器大修后应对哪些项目进行必要的调整和测量?

答:(1)动触头总行程的调整和测量。

(2)动触头超行程的调整和测量。

(3)分、合闸速度的调整和测量。

(4)动作时间的测量和调整。

(5)导电回路接触电阻的测量。

(6)闭锁弹簧的调整。

91. GIS 泄漏监测的方法有哪些?

答:(1)SF_6 泄漏报警仪。

(2)氧量仪报警。

(3)生物监测。

(4)密度继电器。

(5)压力表。

(6)年泄漏率法。

(7)独立气室压力检测法(确定微泄漏部位)。

(8)SF_6 检漏仪。

(9)肥皂泡法。

92. SF_6 气体的水分有哪些可能的来源？

答：(1)断路器内部绝缘件处理不良，含水量比较多。

(2)SF_6 新气体质量较差，其含水量较高。

(3)充装气工艺不佳，抽真空工艺不良，管道接头等元件处理不彻底，以致在充装过程带进水分。

(4)断路器密封结构不可靠，运行中水分渗入断路器内部。

(5)为保证断路器中 SF_6 气体含水量合格，必须从上述各个方面严格把关，任何一个环节处理不当都会导致 SF_6 气体含水量超标。

93. SF_6 断路器补气注意事项有哪些？

答：(1)补气、充气前后，应称钢瓶的质量，以计算补入断路器内气体的质量，钢瓶内存有的气体质量应标在标签上，并挂在钢瓶上。

(2)充补气后至少隔 12 h，才可以进行含水量的检测。

(3)当密度继电器发生补气信号，初次可带电补充，并加强监视。若在一个月内又出现补气信号，应停电处理，并检查密度继电器动作的可靠性。

(4)对多次开断的断路器解体检修后的 SF_6 气体，应经吸附剂净化处理，并做生物毒性试验，合格后方可充入设备内。

94. 断路器大修后需要做哪些试验？

答：(1)绝缘电阻。

(2)介质损耗角。

(3)泄漏电流。

(4)交流耐压。

(5)接触电阻。

(6)均压电容值及介质。

(7)油耐压试验。

(8)油化验和油色谱分析。

95. 简述用兆欧表测量绝缘电阻的具体步骤。

答：(1)将被测设备脱离电源，并进行放电，再把设备清扫干净。

(2)测量前应先对兆欧表做一次开路试验和一次短路试验(测量线直接短接一下，摇动手柄，指针应指零)，两测量线不准相互缠交。

(3)在测量时，兆欧表必须放平。以 120 r/min 的恒定速度转动手柄，使表指针逐渐上升，直到出现稳定值后，再读取绝缘电阻值(严禁在有人工作的设备上进行测量)。

(4)对于电容量大的设备，在测量完毕后，必须将被测设备进行对地放电(兆欧表未停止转动时及放电设备切勿用手触及)。

(5)记录被测设备的温度和当时的天气情况。

96. 使用电钻或冲击钻时应注意哪些事项?

答:(1)外壳要接地,防止触电。

(2)经常检查橡皮软线绝缘是否良好。

(3)装拆钻头要用钻锭,不能用其他工具敲打。

(4)清除油污,检查弹簧压力,更换已磨损的电刷,当发生较大火花时要及时修理。

(5)定期更换轴承润滑油。

(6)不能戴手套使用电钻或冲击钻。

97. 为什么母线的对接螺栓不能拧得过紧?

答:螺栓拧得过紧,则垫圈下母线部分被压缩,母线的截面减小,在运行中,母线通过电流而发热。由于铝和铜的膨胀系数比钢大,垫圈下母线被压缩,母线不能自由膨胀,此时如果母线电流减小,温度降低,因母线的收缩率比螺栓大,于是形成一个间隙。这样接触电阻加大,温度升高,接触面就易氧化而使接触电阻更大,最后使螺栓连接部分发生过热现象。一般情况下温度低螺栓应拧紧一点,温度高应拧松一点。所以母线的对接螺栓不能拧得过紧。

98. 影响真空间隙击穿强度的主要因素有哪些?

答:(1)电极的材料。

(2)电极形状及表面状况。

(3)间隙长度。

(4)真空度。

(5)电压的类型及波形。

(6)真空间隙的老炼。

99. 怎样正确使用万用表?

答:(1)使用时应放平,指针指零位,如指针没有指零,需调零。

(2)根据测量对象将转换开关转到所需挡位上。

(3)选择合适的测量范围。

(4)测量直流电压时,一定要分清正负极。

(5)当转换开关在电流挡位时,绝对不能将两个测棒直接跨接在电源上。

(6)每挡测完后,应将转换开关转到测量高电压位置上。

(7)不得受振动、受热、受潮等。

100. 电流、电压互感器二次回路中为什么必须且只能有一点接地?

答:电流、电压互感器二次回路一点接地属于保护性接地,防止一、二次绝缘损坏、击穿,以致高电压窜到二次侧,造成人体触电及设备损坏。如果有两点接地会弄错极性、相位,造成电压互感器二次线圈短路而致烧损,影响保护仪表动作;对电流互感器会造成二次线圈多处短接,使二次电流不能通过保护仪表元件,造成保护拒动,仪表误指示,威胁电力系统安全供电。所以电流、电压互感器二次回路中必须且只能有一点接地。

S1 测量灯泡电压和电流

一、考场准备

变配电所、牵引变电所实训场或操作平台。要求场地整洁,隔离措施良好,无安全隐患。

二、材料工具准备

序 号	名 称	单 位	数 量	序 号	名 称	单 位	数 量
1	单相电源	块	1	4	电流表	块	1
2	开关	个	1	5	灯泡	个	1
3	电压表	块	1	6	个人工具	套	1

三、考核要求

1. 被认定人入场后,首先由考评员告知题目,其次由被认定人检查准备工具材料,确认考核内容,当被认定人告知考评员可以开始时,由考评员开始计时。

2. 考核时间为 15 min。

3. 在被认定人考核期间,考评员可以依据考核内容向被认定人提问,以确认被认定人掌握考核内容。

4. 考核过程中若被认定人出现不安全行为或毁坏设备情况时,终止考试,成绩为零。

5. 考核完毕后,由被认定人在评分表上签字确认。

四、考核评分

1. 考评人数:3 名及以上考评员。

2. 评分程序及规则:考评员根据考生操作情况对照计分标准在评分表上给予记录评分。

3. 算分方法:满分为 100 分,60 分为及格。

五、铁道行业职业技能认定钳工(供电)初级工实作技能考核评分记录表

单位:_______ 姓名:_______ 性别:_______ 准考证号:_______ 工种:_______ 级别:_______

试题名称:测量灯泡电压和电流

考核时间:15 min

操作开始时间:___时___分　　　　操作结束时间:___时___分

项 目	考核内容	标准分	评分标准	扣分因素及扣分	得分
准备工作 10 分	1. 按规定着装	5	不按规定着装和佩戴标志每少一项扣 2 分		
	2. 准备的工具材料齐全	5	准备的工作材料每少一件扣 2 分		

续上表

项　目	考核内容	标准分	评分标准	扣分因素及扣分	得分
技术质量标准及操作程序70分	1. 画接线图	10	接线图不正确扣5分		
	2. 根据接线图接线	10	不按接线图接线扣2分		
	3. 检查其所选择工具材料状态良好	10	工具不检查每件扣2分		
	4. 接线图要求整齐、美观	15	不符合要求每处扣2分		
	5. 接线要求电压表并联在电路中，电流表串联在电路中	25	不符合要求每项扣10分，接线松动每处扣2分		
安全及其他事项20分	1. 安全情况良好，无违章，无不安全因素	10	与带电设备安全距离不够发现取消资格，违章操作扣5分		
	2. 工作场地整洁，材料、工具摆放整齐	10	工作场地不整洁，材料、工具摆放零乱，每处扣5分		
考核时间	规定时间15 min	—	规定时间内未完成，计考试不合格		
合计		100			

考评员签名：　　　　　　　　　　被认定人：　　　　　　　　　　年　　月　　日

S2　使用指针万用表测量电阻

一、考场准备

变配电所、牵引变电所实训场或操作平台。要求场地整洁，隔离措施良好，无安全隐患。

二、材料工具准备

序　号	名　称	单　位	数　量	序　号	名　称	单　位	数　量
1	指针式万用表	块	1	3	个人工具	套	1
2	导线	m	若干				

三、考核要求

1. 被认定人入场后，首先由考评员告知题目，其次由被认定人检查准备工具材料，确认考核内容，当被认定人告知考评员可以开始时，由考评员开始计时。

2. 考核时间为15 min。

3. 在被认定人考核期间，考评员可以依据考核内容向被认定人提问，以确认被认定人掌握考核内容。

4. 考核过程中若被认定人出现不安全行为或毁坏设备情况时，终止考试，成绩为零。

5. 考核完毕后，由被认定人在评分表上签字确认。

四、考核评分

1. 考评人数:3 名及以上考评员。
2. 评分程序及规则:考评员根据考生操作情况对照计分标准在评分表上给予记录评分。
3. 算分方法:满分为 100 分,60 分为及格。

五、铁道行业职业技能认定钳工(供电)初级工实作技能考核评分记录表

单位:________ 姓名:________ 性别:________ 准考证号:________ 工种:________ 级别:________

试题名称:使用指针万用表测量电阻

考核时间:15 min

操作开始时间:____时____分　　　　操作结束时间:____时____分

项　目	考核内容	标准分	评分标准	扣分因素及扣分	得分
准备工作 10 分	1. 按规定着装	5	不按规定着装和佩戴标志每少一项扣 2 分		
	2. 准备的工具材料齐全	5	准备的工作材料每少一件扣 2 分		
技术质量标准及操作程序 70 分	1. 仪表摆放正确	5	摆放不正确扣 5 分		
	2. 检查计量合格证,应在检定周期内	5	未检查扣 5 分		
	3. 机械调零	5	未作扣 5 分		
	4. 电气调零	10	未作扣 10 分		
	5. 电阻测量时挡位选择正确(选满刻度的 2/3 处)	20	每次挡位选择错误一次扣 5 分;测量前进行电气调零,未作扣 5 分		
	6. 阻值测量值误差在±5%	20	超出扣 10 分		
	7. 轻拿轻放	5	未轻拿轻放扣 5 分		
安全及其他事项 20 分	1. 安全情况良好,无违章,无不安全因素	10	发生与带电设备安全距离不够者取消资格,违章操作扣 5 分		
	2. 工作场地整洁,材料、工具摆放整齐	10	工作场地不整洁,材料、工具摆放零乱,每处扣 5 分		
考核时间	规定时间 15 min	—	规定时间内未完成,计考试不合格		
合计		100			

考评员签名:　　　　被认定人:　　　　年　月　日

S3　数字万用表的使用

一、考场准备

变配电所、牵引变电所实训场或操作平台。要求场地整洁,隔离措施良好,无安全隐患。

二、材料工具准备

序　号	仪器、材料名称	单　位	数　量	序　号	仪器、材料名称	单　位	数　量
1	数字式万用表	块	1	3	干电池	块	1
2	交流电源	个	1	4	电阻	个	各 2

三、考核要求

1. 被认定人入场后，首先由考评员告知题目，其次由被认定人检查准备工具材料，确认考核内容，当被认定人告知考评员可以开始时，由考评员开始计时。

2. 考核时间为 15 min。

3. 在被认定人考核期间，考评员可以依据考核内容向被认定人提问，以确认被认定人掌握考核内容。

4. 考核过程中若被认定人出现不安全行为或毁坏设备情况时，终止考试，成绩为零。

5. 考核完毕后，由被认定人在评分表上签字确认。

四、考核评分

1. 考评人数：3 名及以上考评员。

2. 评分程序及规则：考评员根据考生操作情况对照计分标准在评分表上给予记录评分。

3. 算分方法：满分为 100 分，60 分为及格。

五、铁道行业职业技能认定钳工（供电）初级工实作技能考核评分记录表

单位：_______　姓名：_______　性别：_______　准考证号：_______　工种：_______　级别：_______

试题名称：数字万用表的使用

考核时间：15 min

操作开始时间：___时___分　　　　操作结束时间：___时___分

项　目	考核内容	标准分	评分标准	扣分因素及扣分	得分
准备工作 10 分	1. 按规定着装	5	未按规定着装和佩戴标志每少一项扣 2 分		
	2. 准备的工具材料齐全	5	准备的工作材料每少一件扣 2 分		
技术质量 标准及 操作程序 70 分	1. 检查万用表外观状态良好	5	未对万用表进行检查扣 5 分		
	2. 检查万用表红黑表笔棒位置正确	5	未对万用表红黑表笔棒位置检查扣 5 分		
	3. 用万用表测量交流电压，根据被测设备电压大小选择挡位，正确读数	20	测量交流电压时，违反操作规程取消资格；挡位选择错误每次扣 5 分；造成烧表取消资格；读数错误扣 5 分		

续上表

项　目	考核内容	标准分	评分标准	扣分因素及扣分	得分
技术质量标准及操作程序70分	4. 用万用表测量直流电压，根据被测设备电压大小选择挡位，正确读数	20	测量直流电压时，违反操作规程取消资格；挡位选择错误每次扣5分；造成烧表取消资格；读数错误扣5分		
	5. 用万用表测量电阻，根据被测设备电阻大小选择倍率挡位；测量电阻前进行调零，正确读数	20	测量电阻时，违反操作规程取消资格；挡位选择错误每次扣5分；造成烧表取消资格；读数错误扣5分；未调零扣2分		
安全及其他事项20分	安全情况良好，无违章，无不安全因素	20	测量电阻时，未确认被测设备是否完全停电扣5分；误碰带电设备造成短路，发生人体触电取消资格；其他违章每次扣2分		
考核时间	规定时间15 min	—	规定时间内未完成，计考试不合格		
合计		100			

考评员签名：　　　　被认定人：　　　　年　　月　　日

S4　兆欧表的使用

一、考场准备

变配电所、牵引变电所实训场或操作平台。要求场地整洁，隔离措施良好，无安全隐患。

二、材料工具准备

序　号	名　称	单　位	数　量	序　号	名　称	单　位	数　量
1	兆欧表	块	1	3	个人工具	套	1
2	导线	m	若干				

三、考核要求

1. 被认定人入场后，首先由考评员告知题目，其次由被认定人检查准备工具材料，确认考核内容，当被认定人告知考评员可以开始时，由考评员开始计时。

2. 考核时间为20 min。

3. 在被认定人考核期间，考评员可以依据考核内容向被认定人提问，以确认被认定人掌握考核内容。

4. 考核过程中若被认定人出现不安全行为或毁坏设备情况时，终止考试，成绩为零。

5. 考核完毕后，由被认定人在评分表上签字确认。

四、考核评分

1. 考评人数：3 名及以上考评员。

2. 评分程序及规则：考评员根据考生操作情况对照计分标准在评分表上给予记录评分。

3. 算分方法：满分为 100 分，60 分为及格。

五、铁道行业职业技能认定钳工（供电）初级工实作技能考核评分记录表

单位：______ 姓名：______ 性别：______ 准考证号：______ 工种：______ 级别：______

试题名称：兆欧表的使用

考核时间：20 min

操作开始时间：___时___分　　操作结束时间：___时___分

项　目	考核内容	标准分	评分标准	扣分因素及扣分	得分
准备工作 10 分	1. 按规定着装	5	未按规定着装和佩戴标志每少一项扣 2 分		
	2. 准备的工具材料齐全	5	准备的工作材料每少一件扣 2 分		
技术质量标准及操作程序 70 分	1. 兆欧表的选择，电阻测量时挡位选择正确（选满刻度的 2/3 处）	10	选错扣 10 分，造成烧表取消资格		
	2. 使用前的检查	5	不检查扣 5 分		
	3. 安全措施	5	不规范、熟练扣 5 分		
	4. 接线方法	10	接线错误扣 10 分		
	5. 摇速符合兆欧表规定（120 r/min）	15	不符合要求扣 15 分		
	6. 读数方法、结果正确	20	错误一处扣 5 分		
	7. 正确拆线收尾	5	错误一处扣 2 分		
安全及其他事项 20 分	1. 安全情况良好，无违章，无不安全因素	5	出现违章每次扣 2 分		
	2. 安全措施符合规定	10	碰带电设备造成短路取消资格		
	3. 工作场地整洁，材料、工具摆放整齐	5	工作场地不整洁，材料、工具摆放零乱，每处扣 5 分		
考核时间	规定时间 20 min	—	规定时间内未完成，计考试不合格		
合计		100			

考评员签名：　　　　被认定人：　　　　年　　月　　日

S5 钳形电流表的使用

一、考场准备

变配电所、牵引变电所实训场或操作平台。要求场地整洁,隔离措施良好,无安全隐患。

二、材料工具准备

序号	工件(或材料)名称	单位	数量	序号	工件(或材料)名称	单位	数量
1	三相四线配电盘	面	1	4	钳形电流表	块	1
2	抹布	块	1	5	记录本	本	1
3	线手套	副	1				

三、考核要求

1. 被认定人入场后,首先由考评员告知题目,其次由被认定人检查准备工具材料,确认考核内容,当被认定人告知考评员可以开始时,由考评员开始计时。

2. 考核时间为 20 min。

3. 在被认定人考核期间,考评员可以依据考核内容向被认定人提问,以确认被认定人掌握考核内容。

4. 考核过程中若被认定人出现不安全行为或毁坏设备情况时,终止考试,成绩为零。

5. 考核完毕后,由被认定人在评分表上签字确认。

四、考核评分

1. 考评人数:3 名及以上考评员。

2. 评分程序及规则:考评员根据考生操作情况对照计分标准在评分表上给予记录评分。

3. 算分方法:满分为 100 分,60 分为及格。

五、铁道行业职业技能认定钳工(供电)初级工实作技能考核评分记录表

单位:________ 姓名:________ 性别:________ 准考证号:________ 工种:________ 级别:________

试题名称:钳形电流表的使用

考核时间:20 min

操作开始时间:____时____分　　　　操作结束时间:____时____分

项目	考核内容	标准分	评分标准	扣分因素及扣分	得分
准备工作 10 分	1. 按规定着装	5	未按规定着装和佩戴标志每少一项扣 2 分		
	2. 准备的工具材料齐全	5	准备的工作材料每少一件扣 2 分		

续上表

项　目	考核内容	标准分	评分标准	扣分因素及扣分	得分
技术质量标准及操作程序70分	1. 检查钳形电流表外观良好，选择合适的量程	20	未对钳形电流表进行检查扣5分		
	2. 测试前，用抹布擦拭钳口，保持钳口的清洁	10	未用抹布擦拭钳口扣2分		
	3. 测试人应戴手套，将表平端，测量时被测的载流导线应放在钳口内的中心位置	20	未放在钳口中心扣5分		
	4. 钳口的结合面应保护良好的接触	10	钳口接触不良扣5分		
	5. 正确读数	10	读数错误扣10分		
安全及其他事项20分	安全情况良好，无违章，无不安全因素	20	摔、扔仪表，仪表损坏扣5分；误碰带电设备造成短路扣5分；需换挡测量时，应先将导线自钳口内退出，换挡后再将导线放入钳口测量，不正确扣5分；其他违章每次扣2分；人体触电取消资格		
考核时间	规定时间20 min	—	规定时间内未完成，计考试不合格		
合计		100			

考评员签名：　　　　被认定人：　　　　年　月　日

S6　对照设备读馈线二次回路图

一、考场准备

变配电所、牵引变电所实训场。要求场地整洁，隔离措施良好，无安全隐患。

二、材料工具准备

序　号	名　称	单　位	数　量	序　号	名　称	单　位	数　量
1	安全帽	顶	1	4	相关二次设备图	份	1
2	绝缘靴	双	1	5	万用表	块	1
3	绝缘手套	双	1				

三、考核要求

1. 被认定人入场后，首先由考评员告知题目，其次由被认定人检查准备工具材料，确认考核内容，当被认定人告知考评员可以开始时，由考评员开始计时。

2. 考核时间为30 min。

3. 在被认定人考核期间,考评员可以依据考核内容向被认定人提问,以确认被认定人掌握考核内容。

4. 考核过程中若被认定人出现不安全行为或毁坏设备情况时,终止考试,成绩为零。

5. 考核完毕后,由被认定人在评分表上签字确认。

四、考核评分

1. 考评人数:3 名及以上考评员。

2. 评分程序及规则:考评员根据考生操作情况对照计分标准在评分表上给予记录评分。

3. 算分方法:满分为 100 分,60 分为及格。

五、铁道行业职业技能认定钳工(供电)初级工实作技能考核评分记录表

单位:________ 姓名:________ 性别:________ 准考证号:________ 工种:________ 级别:________

试题名称:对照设备读馈线二次回路图

考核时间:30 min

操作开始时间:____时____分　　　　操作结束时间:____时____分

项　目	考核内容	标准分	评分标准	扣分因素及扣分	得分
准备工作 10 分	1. 按规定着装	5	未按规定着装和佩戴标志每少一项扣 2 分		
	2. 准备的工具材料齐全	5	准备的工作材料每少一件扣 2 分		
技术质量 标准及 操作程序 70 分	1. 清楚二次图的种类、特点及用途	10	二次图的种类、特点及用途不清楚每处扣 2 分		
	2. 清楚设备安装单位编号、设备的表示符号及同型号设备的顺序号	10	设备安装单位编号、设备的表示符号及同型号设备的顺序号不清楚每处扣 2 分		
	3. 清楚端子排及其标注	10	端子排及其标注不清楚每处扣 2 分		
	4. 会用相对标号法看图	10	不会用相对标号法看图扣 10 分		
	5. 清楚各元件工作原理	10	各元件工作原理不清楚每处扣 2 分		
	6. 熟悉线路走向	10	不熟悉线路走向扣 10 分		
	7. 准确找出各个回路及各元件所在位置	10	不清楚设备位置每处扣 2 分,遗漏设备每少一处扣 5 分		
安全及 其他事项 20 分	安全情况良好,无违章,无不安全因素	20	与带电设备安全距离不够每处扣 2 分,误碰带电设备造成短路取消资格,人体触电取消资格,其他违章每次扣 2 分		
考核时间	规定时间 30 min	—	规定时间内未完成,计考试不合格		
合计		100			

考评员签名:　　　　被认定人:　　　　年　　月　　日

S7　低压电流互感器的接线

一、考场准备

牵引变电所实训场或相应的操作平台。配合人员 1 人，要求场地整洁，隔离措施良好，无安全隐患。

二、材料工具准备

序　号	材　　料	规　　格	单　位	数　量
1	木制配电板	自制	块	1
2	塑料绝缘线	ϕ2.5 mm、ϕ1.5 mm	m	各 10
3	木螺丝	—	个	10
4	电流互感器	LMZJ-0.5 型，20/5	台	2
5	电流表	5 A	块	2
6	螺丝刀	125 mm（十字、一字）	把	各 1
7	电工刀	—	把	1
8	尖嘴钳	—	把	1
9	克丝钳	200 mm	把	1

三、考核要求

1. 被认定人入场后，首先由考评员告知题目，其次由被认定人检查准备工具材料，确认考核内容，当被认定人告知考评员可以开始时，由考评员开始计时。

2. 考核时间为 30 min。

3. 在被认定人考核期间，考评员可以依据考核内容向被认定人提问，以确认被认定人掌握考核内容。

4. 考核过程中若被认定人出现不安全行为或毁坏设备情况时，终止考试，成绩为零。

5. 考核完毕后，由被认定人在评分表上签字确认。

四、考核评分

1. 考评人数：3 名及以上考评员。

2. 评分程序及规则：考评员根据考生操作情况对照计分标准在评分表上给予记录评分。

3. 算分方法：满分为 100 分，60 分为及格。

五、铁道行业职业技能认定钳工(供电)初级工实作技能考核评分记录表

单位:________ 姓名:________ 性别:________ 准考证号:________ 工种:________ 级别:________

试题名称:低压电流互感器的接线

考核时间:30 min

操作开始时间:____时____分　　　　操作结束时间:____时____分

项　目	考核内容	标准分	评分标准	扣分因素及扣分	得分
准备工作 10分	1. 按规定着装	5	未按规定着装和佩戴标志每少一项扣2分		
	2. 准备的工具材料齐全	5	准备的工作材料每少一件扣2分		
技术质量 标准及 操作程序 70分	1. 安装画线布局合理	10	布局不合理每处扣2分		
	2. 电流互感器安装A、C相,左、右分布	10	错误一处扣5分		
	3. 一次侧配线,按电流互感器规定的电流比绕圈	20	绕线错误一处扣5分		
	4. 一次侧首端和末端应标注极性	10	一处未标扣5分		
	5. 二次侧极性与电流表连接正确	20	每错一处扣5分		
安全及 其他事项 20分	无人身伤害及仪表损坏现象	20	摔、扔仪表扣5分,仪表损坏扣10分,造成短路取消资格,人体被工具割伤扣10分,其他违章每次扣2分		
考核时间	规定时间30 min	—	规定时间内未完成,计考试不合格		
合计		100			

考评员签名:　　　　　　　　被认定人:　　　　　　　　年　　月　　日

S8　电压互感器单项考核

一、考场准备

考场环境:同理论考试。

二、考试形式

笔答或口述。

三、考核要求

1. 被认定人入场后,首先由考评员告知题目,其次由被认定人检查准备工具材料,确认考

核内容，当被认定人告知考评员可以开始时，由考评员开始计时。

2. 考核时间为 10 min。

3. 在被认定人考核期间，考评员可以依据考核内容向被认定人提问，以确认被认定人掌握考核内容。

4. 考核过程中若被认定人出现不安全行为或毁坏设备情况时，终止考试，成绩为零。

5. 考核完毕后，由被认定人在评分表上签字确认。

四、考核评分

1. 考评人数：3 名及以上考评员。

2. 评分程序及规则：考评员根据考生操作情况对照计分标准在评分表上给予记录评分。

3. 算分方法：满分为 100 分，60 分为及格。

五、铁道行业职业技能认定钳工（供电）初级工实作技能考核评分记录表

单位：_______　姓名：_______　性别：_______　准考证号：_______　工种：_______　级别：_______

试题名称：电压互感器单项考核

考核时间：10 min

操作开始时间：___时___分　　　　操作结束时间：___时___分

项　目	考核内容	标准分	评分标准	扣分因素及扣分	得分
准备工作 10 分	按规定着装	10	未按规定着装和佩戴标志每少一项扣 2 分		
考核内容 90 分	1. 说出电压互感器的作用	20	错误扣 20 分，漏项扣 5 分		
	2. 解释型号 JSJW-10、JDJ-10 的意义	20	错误扣 20 分，不符合要求每项扣 5 分		
	3. 口述电压互感器的接线方式有哪几种	20	错误扣 20 分，漏项扣 5 分		
	4. 口述电压互感器在什么情况下应退出运行	30	错误扣 30 分，漏项扣 5 分		
考核时间	规定时间 10 min	—	规定时间内未完成，计考试不合格		
合计		100			

考评员签名：　　　　被认定人：　　　　年　　月　　日

S9　电容器单项考核

一、考场准备

考场环境：同理论考试。

二、考试形式

笔答或口述。

三、考核要求

1. 被认定人入场后,首先由考评员告知题目,其次由被认定人检查准备工具材料,确认考核内容,当被认定人告知考评员可以开始时,由考评员开始计时。

2. 考核时间为 20 min。

3. 在被认定人考核期间,考评员可以依据考核内容向被认定人提问,以确认被认定人掌握考核内容。

4. 考核过程中若被认定人出现不安全行为或毁坏设备情况时,终止考试,成绩为零。

5. 考核完毕后,由被认定人在评分表上签字确认。

四、考核评分

1. 考评人数:3 名及以上考评员。

2. 评分程序及规则:考评员根据考生操作情况对照计分标准在评分表上给予记录评分。

3. 算分方法:满分为 100 分,60 分为及格。

五、铁道行业职业技能认定钳工(供电)初级工实作技能考核评分记录表

单位:______ 姓名:______ 性别:______ 准考证号:______ 工种:______ 级别:______

试题名称:电容器单项考核

考核时间:20 min

操作开始时间:___时___分　　　　操作结束时间:___时___分

项　目	考核内容	标准分	评分标准	扣分因素及扣分	得分
准备工作 10 分	按规定着装	10	未按规定着装和佩戴标志每少一项扣 2 分		
考核内容 90 分	1. 说出电容器的作用	10	错误扣 10 分,漏项扣 5 分		
	2. 画电容器补偿原理图,要求图面整齐美观	30	错误扣 30 分,不符合要求每项扣 5 分		
	3. 口述并联电容器定期维修时,应注意哪些事项	20	错误扣 20 分,漏项扣 5 分		
	4. 口述在电容器组上或进入其围栏内工作时应遵守什么规定	20	错误扣 20 分,漏项扣 5 分		
	5. 口述高压电力电容器上装设串联电抗器的作用	10	错误扣 10 分,漏项扣 5 分		
考核时间	规定时间 20 min	—	规定时间内未完成,计考试不合格		
合计		100			

考评员签名:　　　　被认定人:　　　　年　月　日

S10　自动重合闸装置单项考核

一、考场准备

考场环境:同理论考试。

二、考试形式

笔答或口述。

三、考核要求

1. 被认定人入场后,首先由考评员告知题目,其次由被认定人检查准备工具材料,确认考核内容,当被认定人告知考评员可以开始时,由考评员开始计时。

2. 考核时间为 20 min。

3. 在被认定人考核期间,考评员可以依据考核内容向被认定人提问,以确认被认定人掌握考核内容。

4. 考核过程中若被认定人出现不安全行为或毁坏设备情况时,终止考试,成绩为零。

5. 考核完毕后,由被认定人在评分表上签字确认。

四、考核评分

1. 考评人数:3 名及以上考评员。

2. 评分程序及规则:考评员根据考生操作情况对照计分标准在评分表上给予记录评分。

3. 算分方法:满分为 100 分,60 分为及格。

五、铁道行业职业技能认定钳工(供电)初级工实作技能考核评分记录表

单位:______　姓名:______　性别:______　准考证号:______　工种:______　级别:______

试题名称:自动重合闸装置单项考核

考核时间:20 min

操作开始时间:___时___分　　操作结束时间:___时___分

项　目	考核内容	标准分	评分标准	扣分因素及扣分	得分
准备工作 10 分	按规定着装	10	未按规定着装和佩戴标志每少一项扣 2 分		
考核内容 90 分	1. 说出什么是自动重合闸装置	10	错误扣 10 分,漏项扣 5 分		
	2. 说出为什么要装自动重合闸装置	20	错误扣 20 分,不符合要求每项扣 5 分		
	3. 说出对自动重合闸装置的要求	30	错误扣 30 分,漏项扣 5 分		
	4. 说出本场地哪些装置有自动重合闸装置	30	错误扣 30 分,漏项扣 5 分		

续上表

项　目	考核内容	标准分	评分标准	扣分因素及扣分	得分
考核时间	规定时间 20 min	—	规定时间内未完成,计考试不合格		
合计		100			

考评员签名：　　　　　　　　被认定人：　　　　　　　　年　　月　　日

S11　自投装置单项考核

一、考场准备

考场环境:同理论考试。

二、考试形式

笔答或口述。

三、考核要求

1. 被认定人入场后,首先由考评员告知题目,其次由被认定人检查准备工具材料,确认考核内容,当被认定人告知考评员可以开始时,由考评员开始计时。

2. 考核时间为 20 min。

3. 在被认定人考核期间,考评员可以依据考核内容向被认定人提问,以确认被认定人掌握考核内容。

4. 考核过程中若被认定人出现不安全行为或毁坏设备情况时,终止考试,成绩为零。

5. 考核完毕后,由被认定人在评分表上签字确认。

四、考核评分

1. 考评人数:3 名及以上考评员。

2. 评分程序及规则:考评员根据考生操作情况对照计分标准在评分表上给予记录评分。

3. 算分方法:满分为 100 分,60 分为及格。

五、铁道行业职业技能认定钳工(供电)初级工实作技能考核评分记录表

单位:________　姓名:________　性别:________　准考证号:________　工种:________　级别:________

试题名称:自投装置单项考核

考核时间:20 min

操作开始时间:____时____分　　　　　　　　操作结束时间:____时____分

项　目	考核内容	标准分	评分标准	扣分因素及扣分	得分
准备工作 10 分	按规定着装	10	未按规定着装和佩戴标志每少一项扣 2 分		

续上表

项　目	考核内容	标准分	评分标准	扣分因素及扣分	得分
考核内容 90分	1. 说出什么是自投装置	10	错误扣10分，漏项扣5分		
	2. 说出为什么要装自投装置	20	错误扣20分，不符合要求每项扣5分		
	3. 说出对自投装置的要求	20	错误扣20分，不符合要求每项扣5分		
	4. 说出本所哪些馈出回路装置中有自投装置	20	错误扣20分，不符合要求每项扣5分		
	5. 当馈电线路跳闸后，自投装置与重合闸装置如何配合动作	20	错误扣20分，不符合要求每项扣5分		
考核时间	规定时间20 min	—	规定时间内未完成，计考试不合格		
合计		100			

考评员签名：　　　　　　　　　　被认定人：　　　　　　　　　　年　　月　　日

S12　隔离开关当地操作

一、考场准备

牵引变电所或牵引变电所实训场，配合辅助人员1名。要求场地整洁，隔离措施良好，无安全隐患。

二、材料工具准备

序　号	名　称	单　位	数　量	序　号	名　称	单　位	数　量
1	绝缘靴	双	2	4	钥匙	把	1
2	绝缘手套	副	1	5	操作摇把	把	1
3	安全帽	顶	2				

三、考核要求

1. 被认定人入场后，首先由考评员告知题目，其次由被认定人检查准备工具材料，确认考核内容，当被认定人告知考评员可以开始时，由考评员开始计时。

2. 考核时间为25 min。

3. 在被认定人考核期间，考评员可以依据考核内容向被认定人提问，以确认被认定人掌握考核内容。

4. 考核过程中若被认定人出现不安全行为或毁坏设备情况时，终止考试，成绩为零。

5. 考核完毕后，由被认定人在评分表上签字确认。

四、考核评分

1. 考评人数:3 名及以上考评员。
2. 评分程序及规则:考评员根据考生操作情况对照计分标准在评分表上给予记录评分。
3. 算分方法:满分为 100 分,60 分为及格。

五、铁道行业职业技能认定钳工(供电)初级工实作技能考核评分记录表

单位:______ 姓名:______ 性别:______ 准考证号:______ 工种:______ 级别:______

试题名称:隔离开关当地操作

考核时间:25 min

操作开始时间:___时___分　　　　操作结束时间:___时___分

项　目	考核内容	标准分	评分标准	扣分因素及扣分	得分
准备工作 10 分	1. 人员着装整齐,安全劳保用品齐全	5	不按规定着装和佩戴标志每少一项扣 2 分		
	2. 材料、工具选择正确,并进行检查	5	材料、工具选错一项扣 2 分,未进行检查扣 3 分		
技术质量标准及操作程序 70 分	1. 操作前必须有供电调度倒闸操作的命令编号和批准时间	10	无命令编号和批准时间,缺一项扣 5 分		
	2. 穿戴好个人防用品	5	不符合要求扣 5 分		
	3. 断开电机电源和操作电源	10	操作错误扣 5 分,未断开扣 10 分		
	4. 操作过程要迅速可靠,隔离开关操作要一次开合到位	15	未一次操作到位扣 5 分		
	5. 操作时先确认设备编号,操作时手指眼看、呼唤应答,标准用语	20	未确认或未执行呼唤应答制度每项扣 5 分		
	6. 当地电动或操作机构不能分合时,应用摇把操作	10	不会使用扣 10 分		
安全及其他事项 20 分	安全情况良好,无违章,无不安全因素	20	出现危及人身及设备安全情况不得分		
			操作后,及时与供电调度联系消除倒闸操作命令,并及时填写相关记录,否则扣 10 分		
考核时间	规定时间 25 min	—	规定时间内未完成,计考试不合格		
合计		100			

考评员签名:　　　　被认定人:　　　　年　　月　　日

S13　二氧化碳灭火器的使用

一、考场准备

牵引变电所院内或牵引变电所实训场。要求场地整洁,隔离措施良好,无安全隐患。

二、材料工具准备

序　号	名　称	单　位	数　量	序　号	名　称	单　位	数　量
1	二氧化碳灭火器	个	1	3	水基灭火器	个	1
2	干粉灭火器	个	1	4	手套	副	1

三、考核要求

1. 被认定人入场后，首先由考评员告知题目，其次由被认定人检查准备工具材料，确认考核内容，当被认定人告知考评员可以开始时，由考评员开始计时。

2. 考核时间为 10 min。

3. 在被认定人考核期间，考评员可以依据考核内容向被认定人提问，以确认被认定人掌握考核内容。

4. 考核过程中若被认定人出现不安全行为或毁坏设备情况时，终止考试，成绩为零。

5. 考核完毕后，由被认定人在评分表上签字确认。

四、考核评分

1. 考评人数：3 名及以上考评员。

2. 评分程序及规则：考评员根据考生操作情况对照计分标准在评分表上给予记录评分。

3. 算分方法：满分为 100 分，60 分为及格。

五、铁道行业职业技能认定钳工(供电)级工实作技能考核评分记录表

单位：_______　姓名：_______　性别：_______　准考证号：_______　工种：_______　级别：_______

试题名称：二氧化碳灭火器的使用

考核时间：10 min

操作开始时间：___时___分　　　　操作结束时间：___时___分

项　目	考核内容	标准分	评分标准	扣分因素及扣分	得分
准备工作 10 分	1. 按规定着装	5	不按规定着装和佩戴标志每少一项扣 2 分		
	2. 准备的工具材料齐全	5	准备的工作材料每少一件扣 2 分		
技术质量标准及操作程序 70 分	1. 选择相应的灭火器类型		选择错误取消资格		
	2. 检查二氧化碳灭火器的状态良好	10	未检查扣 10 分，漏项扣 2 分		
	3. 口述引起电气火灾的原因有哪些	10	错误扣 10 分，漏一项扣 5 分		
	4. 拔去保险销子	10	未拔去保险销子扣 10 分		
	5. 一手紧握喷射喇叭上的木柄	10	抓握位置不正确扣 10 分		

续上表

项　目	考核内容	标准分	评分标准	扣分因素及扣分	得分
技术质量标准及操作程序70分	6. 一手揿动鸭舌开关或旋转转动开关,然后提握机身	10	顺序不正确扣10分		
	7. 人站在上风处,尽量靠近火源,要从火势蔓延最危险的一边对准火焰根部喷起,然后逐渐移动	15	未站在上风向扣15分,选择喷射方向不对扣5分,未对准火焰根部扣5分		
	8. 在空气不流畅的场合,喷射后要立即通风	5	此项需口述,未说扣5分		
安全及其他事项20分	安全情况良好,无违章,无不安全因素	20	与带电设备安全距离不够每处扣2分,违章操作扣5分		
			未戴手套扣5分,手有冻伤扣10分		
考核时间	规定时间10 min	—	规定时间内未完成,计考试不合格		
合计		100			

考评员签名:　　　　　　　　被认定人:　　　　　　　　年　　月　　日

S14　接地线的挂设

一、考场准备

牵引变电所院内或牵引变电所实训场。要求场地整洁,隔离措施良好,无安全隐患。

二、材料工具准备

序　号	名　称	单　位	数　量	序　号	名　称	单　位	数　量
1	接地线	组	1	4	安全帽	顶	1
2	绝缘手套	双	1	5	个人工具	套	1
3	绝缘靴	双	1				

三、考核要求

1. 被认定人入场后,首先由考评员告知题目,其次由被认定人检查准备工具材料,确认考核内容,当被认定人告知考评员可以开始时,由考评员开始计时。

2. 考核时间为10 min。

3. 在被认定人考核期间,考评员可以依据考核内容向被认定人提问,以确认被认定人掌握考核内容。

4. 考核过程中若被认定人出现不安全行为或毁坏设备情况时,终止考试,成绩为零。

5. 考核完毕后,由被认定人在评分表上签字确认。

四、考核评分

1. 考评人数:3 名及以上考评员。
2. 评分程序及规则:考评员根据考生操作情况对照计分标准在评分表上给予记录评分。
3. 算分方法:满分为 100 分,60 分为及格。

五、铁道行业职业技能认定钳工(供电)初级工实作技能考核评分记录表

单位:_______　姓名:_______　性别:_______　准考证号:_______　工种:_______　级别:_______
试题名称:接地线的挂设
考核时间:10 min
操作开始时间:___时___分　　　　　　操作结束时间:___时___分

项　目	考核内容	标准分	评分标准	扣分因素及扣分	得分
准备工作 10 分	1. 按规定着装	5	不按规定着装和佩戴标志每少一项扣 2 分		
	2. 准备的工具材料齐全	5	准备的工作材料每少一件扣 2 分		
技术质量标准及操作程序 70 分	1. 验电器自检,确认良好,在停电的设备上验明无电	10	验电器未自检扣 5 分,未验电扣 10 分		
	2. 接地线的外观检查	10	每项检查不符合要求扣 5 分,使用小于电压等级的接地线取消资格		
	3. 挂设接地线顺序正确,应先接好接地端,后接导体端	20	接地顺序不正确扣 20 分		
	4. 挂地线时,接地线的导体尽量远离身体各部位	10	不符合要求扣 10 分		
	5. 接地线的卡子与设备的导体接触应紧密,禁止用缠绕的方法进行接地	10	不符合要求扣 10 分		
	6. 正确使用接地线无缠绕现象	10	接地线出现缠绕扣 10 分		
安全及其他事项 20 分	安全情况良好,无违章,无不安全因素	20	与带电设备安全距离不够每处扣 2 分;违章操作扣 5 分;挂地线时戴绝缘手套,穿绝缘靴,漏一处扣 5 分		
考核时间	规定时间 10 min	—	规定时间内未完成,计考试不合格		
合计		100			

考评员签名:　　　　　　　　被认定人:　　　　　　　　年　　月　　日

S15　绝缘安全用具的使用

一、考场准备

牵引变电所或牵引变电所实训场。要求场地整洁,隔离措施良好,无安全隐患。

二、材料工具准备

序　号	名　称	单　位	数　量	序　号	名　称	单　位	数　量
1	绝缘手套	双	1	3	安全帽	顶	1
2	绝缘靴	双	1				

三、考核要求

1. 被认定人入场后，首先由考评员告知题目，其次由被认定人检查准备工具材料，确认考核内容，当被认定人告知考评员可以开始时，由考评员开始计时。

2. 考核时间为 25 min。

3. 在被认定人考核期间，考评员可以依据考核内容向被认定人提问，以确认被认定人掌握考核内容。

4. 考核过程中若被认定人出现不安全行为或毁坏设备情况时，终止考试，成绩为零。

5. 考核完毕后，由被认定人在评分表上签字确认。

四、考核评分

1. 考评人数：3 名及以上考评员。

2. 评分程序及规则：考评员根据考生操作情况对照计分标准在评分表上给予记录评分。

3. 算分方法：满分为 100 分，60 分为及格。

五、铁道行业职业技能认定钳工(供电)初级工实作技能考核评分记录表

单位：________　姓名：________　性别：________　准考证号：________　工种：________　级别：________

试题名称：绝缘安全用具的使用

考核时间：25 min

操作开始时间：____时____分　　　　　　操作结束时间：____时____分

项　目	考核内容	标准分	评分标准	扣分因素及扣分	得分
准备工作 10 分	1. 按规定着装	5	不按规定着装和佩戴标志每少一项扣 2 分		
	2. 准备的工具材料齐全	5	准备的工作材料每少一件扣 2 分		
技术质量标准及操作程序 70 分	1. 口述高压绝缘安全用具种类	5	漏、错一项扣 2 分		
	2. 正确使用绝缘棒	5	错误扣 5 分		
	3. 正确使用绝缘夹钳	5	错误扣 5 分		
	4. 正确使用验电器	5	错误扣 5 分		
	5. 口述使用绝缘棒安全注意事项	20	漏、错一项扣 3 分		

续上表

项　目	考核内容	标准分	评分标准	扣分因素及扣分	得分
技术质量标准及操作程序70分	6. 口述使用绝缘夹钳安全注意事项	15	漏、错一项扣4分		
	7. 口述使用验电器安全注意事项	15	漏、错一项扣4分		
安全及其他事项20分	1. 安全情况良好，无违章，无不安全因素	10	与带电设备安全距离不够每处扣2分，违章操作扣5分		
	2. 无扔摔工具现象	10	扔摔一次扣5分		
考核时间	规定时间25 min	—	规定时间内未完成，计考试不合格		
合计分		100			

考评员签名：　　　　　　　　　　被认定人：　　　　　　　　　　年　　月　　日

S16　正确使用辅助绝缘安全用具

一、考场准备

牵引变电所或牵引变电所实训场。要求场地整洁，隔离措施良好，无安全隐患。

二、材料工具准备

序　号	名　称	单　位	数　量	序　号	名　称	单　位	数　量
1	绝缘手套	双	1	3	安全帽	顶	1
2	绝缘靴	双	1				

三、考核要求

1. 被认定人入场后，首先由考评员告知题目，其次由被认定人检查准备工具材料，确认考核内容，当被认定人告知考评员可以开始时，由考评员开始计时。

2. 考核时间为40 min。

3. 在被认定人考核期间，考评员可以依据考核内容向被认定人提问，以确认被认定人掌握考核内容。

4. 考核过程中若被认定人出现不安全行为或毁坏设备情况时，终止考试，成绩为零。

5. 考核完毕后，由被认定人在评分表上签字确认。

四、考核评分

1. 考评人数：3名及以上考评员。

2. 评分程序及规则:考评员根据考生操作情况对照计分标准在评分表上给予记录评分。

3. 算分方法:满分为100分,60分为及格。

五、铁道行业职业技能认定钳工(供电)初级工实作技能考核评分记录表

单位:________ 姓名:________ 性别:________ 准考证号:________ 工种:________ 级别:________

试题名称:正确使用辅助绝缘安全用具

考核时间:40 min

操作开始时间:____时____分 操作结束时间:____时____分

项　目	考核内容	标准分	评分标准	扣分因素及扣分	得分
准备工作 10分	1. 按规定着装	5	不按规定着装和佩戴标志每少一项扣2分		
	2. 准备的工具材料齐全	5	准备的工作材料每少一件扣2分		
技术质量标准及操作程序 70分	1. 口述高压绝缘安全用具种类	4	漏、错一项扣1分		
	2. 正确使用绝缘手套	4	错误扣4分		
	3. 正确使用绝缘鞋	4	错误扣4分		
	4. 正确使用绝缘垫	4	错误扣4分		
	5. 正确使用绝缘台	4	错误扣4分		
	6. 口述使用绝缘手套注意事项	20	漏、错一项扣5分		
	7. 口述使用绝缘鞋安全注意事项	10	漏、错一项扣5分		
	8. 口述使用低压验电器安全注意事项	10	漏、错一项扣5分		
	9. 口述使用绝缘台安全注意事项	10	漏、错一项扣5分		
安全及其他事项 20分	安全情况良好,无违章,无不安全因素	10	与带电设备安全距离不够每处扣2分,违章操作扣5分		
	无扔摔工具现象	10	扔摔一次扣5分		
考核时间	规定时间40 min	—	规定时间内未完成,计考试不合格		
合计		100			

考评员签名: 被认定人: 年　月　日

S17　摇测绝缘测杆的绝缘电阻

一、考场准备

牵引变电所或牵引变电所实训场。要求场地整洁,隔离措施良好,无安全隐患。

二、材料工具准备

序　号	工件(或材料)名称	单　位	数　量	序　号	工件(或材料)名称	单　位	数　量
1	绝缘测杆	套	1	4	2 500 V 兆欧表	块	1
2	试验线	根	2	5	测量记录单	张	1
3	抹布	块	1				

三、考核要求

1. 被认定人入场后，首先由考评员告知题目，其次由被认定人检查准备工具材料，确认考核内容，当被认定人告知考评员可以开始时，由考评员开始计时。

2. 考核时间为 15 min。

3. 在被认定人考核期间，考评员可以依据考核内容向被认定人提问，以确认被认定人掌握考核内容。

4. 考核过程中若被认定人出现不安全行为或毁坏设备情况时，终止考试，成绩为零。

5. 考核完毕后，由被认定人在评分表上签字确认。

四、考核评分

1. 考评人数：3 名及以上考评员。

2. 评分程序及规则：考评员根据考生操作情况对照计分标准在评分表上给予记录评分。

3. 算分方法：满分为 100 分，60 分为及格。

五、铁道行业职业技能认定钳工(供电)初级工实作技能考核评分记录表

单位：_______　姓名：_______　性别：_______　准考证号：_______　工种：_______　级别：_______

试题名称：摇测绝缘测杆的绝缘电阻

考核时间：15 min

操作开始时间：___时___分　　　　操作结束时间：___时___分

项　目	考核内容	标准分	评分标准	扣分因素及扣分	得分
准备工作 10 分	1. 按规定着装	5	未按规定着装和佩戴标志每少一项扣 2 分		
	2. 准备的工具材料齐全	5	准备的工作材料每少一件扣 2 分		
技术质量标准及操作程序 70 分	1. 检查兆欧表外观良好，对兆欧表进行“开路”“短路”试验	10	未对兆欧表进行检查扣 5 分		
	2. 测试前，将绝缘杆用抹布擦拭干净，保持绝缘杆清洁、干燥	10	未用抹布擦拭绝缘杆扣 2 分		
	3. 正确接线，电极间距 20 mm	20	接线错误扣 15 分		

续上表

项　目	考核内容	标准分	评分标准	扣分因素及扣分	得分
技术质量标准及操作程序70分	4. 以 120 r/min 的速度摇动手柄,待表的指针稳定后,立即读取数据	10	未以 120 r/min 的速度摇动手柄扣 5 分		
	5. 根据读数判断绝缘杆绝缘状态	20	读数错误扣 10 分,未判断出绝缘杆状态好坏扣 10 分		
安全及其他事项20分	安全情况良好,无违章,无不安全因素	20	摔、扔仪表扣 5 分,仪表损坏扣 5 分,人体触电取消资格,其他违章每次扣 2 分		
考核时间	规定时间 15 min	—	规定时间内未完成,计考试不合格		
合计		100			

考评员签名:　　　　　　　　被认定人:　　　　　　　　年　　月　　日

S18　红外线测温仪使用

一、考场准备

牵引变电所或牵引变电所实训场。要求场地整洁,隔离措施良好,无安全隐患。

二、材料工具准备

序　号	名　称	单　位	数　量	序　号	名　称	单　位	数　量
1	红外线测温仪	台	1	2	记录本	本	1

三、考核要求

1. 被认定人入场后,首先由考评员告知题目,其次由被认定人检查准备工具材料,确认考核内容,当被认定人告知考评员可以开始时,由考评员开始计时。

2. 考核时间为 15 min。

3. 在被认定人考核期间,考评员可以依据考核内容向被认定人提问,以确认被认定人掌握考核内容。

4. 考核过程中若被认定人出现不安全行为或毁坏设备情况时,终止考试,成绩为零。

5. 考核完毕后,由被认定人在评分表上签字确认。

四、考核评分

1. 考评人数:3 名及以上考评员。

2. 评分程序及规则：考评员根据考生操作情况对照计分标准在评分表上给予记录评分。

3. 算分方法：满分为 100 分，60 分为及格。

五、铁道行业职业技能认定钳工（供电）初级工实作技能考核评分记录表

单位：________ 姓名：________ 性别：________ 准考证号：________ 工种：________ 级别：________

试题名称：红外线测温仪使用

考核时间：15 min

操作开始时间：____时____分　　　　操作结束时间：____时____分

项　目	考核内容	标准分	评分标准	扣分因素及扣分	得分
准备工作 10 分	1. 按规定着装	5	未按规定着装和佩戴标志每少一项扣 2 分		
	2. 仪器、材料准备齐全，并进行检查	5	材料、工具选错一项扣 2 分，未进行检查扣 3 分		
技术质量 标准及 操作程序 70 分	1. 按动开关，将激光点对准设备需测温部位保持 3 s	10	光点对不准扣 5 分		
	2. 读取显示屏温度数据。多次测量设备数据，取最高温度值	20	数据读取不正确扣 5 分，不记录扣 5 分		
	3. 当设备较小或测量距离较远时，按动开关使光点在设备区域缓慢移动，时刻查看显示屏并记录最大值	10	未按要求进行扣 2 分		
	4. 熟悉测温关键部位及记录填写标准	20	不熟悉设备测温关键部位扣 5 分		
	5. 清楚测量的目的及设备温度警戒值(80 ℃)	10	不清楚设备温度警戒值扣 5 分		
安全及 其他事项 20 分	安全情况良好，无违章，无不安全因素	20	摔、扔仪表或仪表损坏扣 5 分；测量时与带电部分保持足够的安全距离，安全距离不够扣 10 分；其他违章每次扣 2 分		
考核时间	规定时间 15 min	—	规定时间内未完成，计考试不合格		
合计		100			

考评员签名：　　　　被认定人：　　　　年　　月　　日

S19　微机后台信息查询

一、考场准备

牵引变电所或牵引变电所实训场。要求场地整洁，隔离措施良好，无安全隐患。

二、材料工具准备

序 号	名 称	单 位	数 量	序 号	名 称	单 位	数 量
1	后台机口令	—	—	2	记录单	张	1

三、考核要求

1. 被认定人入场后，首先由考评员告知题目，其次由被认定人检查准备工具材料，确认考核内容，当被认定人告知考评员可以开始时，由考评员开始计时。

2. 考核时间为 10 min。

3. 在被认定人考核期间，考评员可以依据考核内容向被认定人提问，以确认被认定人掌握考核内容。

4. 考核过程中若被认定人出现不安全行为或毁坏设备情况时，终止考试，成绩为零。

5. 考核完毕后，由被认定人在评分表上签字确认。

四、考核评分

1. 考评人数：3 名及以上考评员。

2. 评分程序及规则：考评员根据考生操作情况对照计分标准在评分表上给予记录评分。

3. 算分方法：满分为 100 分，60 分为及格。

五、铁道行业职业技能认定钳工(供电)初级工实作技能考核评分记录表

单位：_______ 姓名：_______ 性别：_______ 准考证号：_______ 工种：_______ 级别：_______

试题名称：微机后台信息查询

考核时间：10 min

操作开始时间：___时___分 操作结束时间：___时___分

项 目	考核内容	标准分	评分标准	扣分因素及扣分	得分
准备工作 10 分	1. 按规定着装	5	未按规定着装和佩戴标志每少一项扣 2 分		
	2. 准备的工具材料齐全	5	不知道后台机口令的扣 5 分，不带记录纸张扣 2 分		
技术质量标准及操作程序 70 分	1. 调取跳闸信息、故障录波、跳闸报告正确、熟练	10	不会调取跳闸信息、故障录波、跳闸报告扣 10 分，不熟练扣 5 分		
	2. 调取日报、负荷、分钟、小时采样统计正确、熟练	20	不会调取日报、负荷、分钟、小时采样统计扣 10 分，不熟练扣 5 分		
	3. 调取各回路保护投入情况正确、会查询定值	20	调取各回路保护投入情况不正确扣 5 分，不会查询定值扣 5 分		
	4. 正确通过后台查看本所以及相邻分区所的通道是否畅通	10	不会或不熟练查看通道扣 5 分		
	5. 会查看远动信息、开关投入情况	10	不会查看远动信息、开关投入情况扣 5 分		

续上表

项　目	考核内容	标准分	评分标准	扣分因素及扣分	得分
安全及其他事项20分	1. 不得更改后台上相关信息，不得变更开关位置	10	随意更改后台上相关信息或开关位置扣10分		
	2. 禁止在后台电脑上进行与设备运行无关的事	10	在后台电脑上插接U盘的扣10分，进行与设备运行无关的事取消资格		
考核时间	规定时间10 min	—	规定时间内未完成，计考试不合格		
合计		100			

考评员签名：　　　　　　　　　　被认定人：　　　　　　　　　　年　　月　　日

S20　接地电阻表使用

一、考场准备

牵引变电所或牵引变电所实训场，辅助作业人员1名。要求场地整洁，隔离措施良好，无安全隐患。

二、材料工具准备

序　号	名　称	单　位	数　量	序　号	名　称	单　位	数　量
1	接地电阻表	台	1	5	对讲机	台	3
2	接地针	根	2	6	手锤	把	2
3	测量线	根	3	7	试验报告单	张	1
4	温湿度表	块	1				

三、考核要求

1. 被认定人入场后，首先由考评员告知题目，其次由被认定人检查准备工具材料，确认考核内容，当被认定人告知考评员可以开始时，由考评员开始计时。

2. 考核时间为30 min。

3. 在被认定人考核期间，考评员可以依据考核内容向被认定人提问，以确认被认定人掌握考核内容。

4. 考核过程中若被认定人出现不安全行为或毁坏设备情况时，终止考试，成绩为零。

5. 考核完毕后，由被认定人在评分表上签字确认。

四、考核评分

1. 考评人数：3名及以上考评员。

2. 评分程序及规则:考评员根据考生操作情况对照计分标准在评分表上给予记录评分。

3. 算分方法:满分为 100 分,60 分为及格。

五、铁道行业职业技能认定钳工(供电)初级工实作技能考核评分记录表

单位:________ 姓名:________ 性别:________ 准考证号:________ 工种:________ 级别:________

试题名称:接地电阻表使用

考核时间:30 min

操作开始时间:____时____分　　　　　　　　　　　　操作结束时间:____时____分

项　目	考核内容	标准分	评分标准	扣分因素及扣分	得分
准备工作 10 分	1. 按规定着装	5	未按规定着装和佩戴标志每少一项扣 2 分		
	2. 仪器、材料准备齐全,并进行检查	5	材料、工具选错一项扣 2 分,未进行检查扣 3 分		
技术质量标准及操作程序 70 分	1. 确认被测设备接地装置与引下线已断开	5	未确认接地装置是否断开扣 5 分		
	2. 将两个接地探针沿接地体辐射方向分别插入距接地体 20 m、40 m 的地下,插入深度为 400 mm,仪器和接地探针要擦拭干净,特别是接地探针,一定要将其表面影响导电能力的污垢及锈渍清理干净	10	接地探针操作错误一处扣 5 分		
	3. 将接地电阻测量仪平放于接地体附近,并进行接线。 ①用最短的专用导线将接地体与接地测量仪的接线端“P2”“C2”短接后的公共端(四端钮的测量仪)相连; ②用最长的专用导线将距接地体 40 m 的测量探针(电流探针)与测量仪的接线端“C1”相连; ③用余下的长度居中的专用导线将距接地体 20 m 的测量探针(电位探针)与测量仪的接线端“P1”相连	20	接线错误每处扣 10 分		
	4. 将测量仪表水平放置后,检查检流计的指针是否指向中心线,否则调节“零位调整器”使测量仪指针指向中心线	10	未检查检流计的指针是否指向中心线扣 5 分		
	5. 将“倍率标度”(或称粗调旋钮)置于最佳倍数,并慢慢地转动发电机转柄(指针开始偏移),同时旋动“测量标度盘”(或称细调旋钮)使检流计指针指向中心线	10	“倍率标度”未置于最佳倍数,同时旋动“测量标度盘”未使检流计指针指向中心线,每错误一处扣 5 分		

续上表

项　目	考核内容	标准分	评分标准	扣分因素及扣分	得分
技术质量标准及操作程序70分	6. 当检流计的指针接近于平衡时(指针近于中心线)加快摇动转柄,使其转速达到 120 r/min 以上,同时调整"测量标度盘"使指针指向中心线。若"测量标度盘"的读数过小(小于 1)不易读准确时,说明倍率标度倍数过大,此时应将"倍率标度"置于较小的倍数,重新调整"测量标度盘"使指针指向中心线上并读出准确读数	10	测量过程中不断调节"测量标度盘",使指针指向中心线,根据读数的大小调节倍率,操作错误一处扣 5 分		
	7. 计算测量结果,即 $R_{地}$="倍率标度"读数×"测量标度盘"读数	5	读数错误扣 5 分		
安全及其他事项20分	安全情况良好,无违章,无不安全因素	20	测量过程中要呼唤应答,做好互控,未进行互控扣 5 分;测量过程中与带电设备保持足够的安全距离,不合格扣 10 分;清楚接地电阻合格标准,不清楚扣 10 分		
考核时间	规定时间 30 min	—	规定时间内未完成,计考试不合格		
合计		100			

考评员签名：　　　　被认定人：　　　　年　　月　　日

第二部分　中　级　工

本题库100道，分为五个部分：1～20题为10分题；21～40题为15分题；41～60题为20分题；61～80题为25分题；81～100题为30分题。

1. 《铁路电力管理规则》中规定电力设备检修，应贯彻什么原则？

答：电力设备检修，应贯彻"预防为主，保养与维修、一般修与重点修、状态检测与计划检修相结合"的原则，按标准精检细修，不断提高检修质量。

2. 根据《铁路电力安全工作规程》简述什么是带电作业。

答：带电作业，系指采用各种绝缘工具带电从事高压测量工作，检修或穿越低压带电线路，拆、装引入线等工作，以及在高压带电设备外壳上的工作。

3. 熔断器的主要作用是什么？

答：熔断器是一种简单而有效的保护电器。在使用时，熔断器串联在所保护的电路中，主要作为电路的短路保护装置。

4. 在屋顶以及其他危险的边沿进行工作，对临空一面有哪些要求？

答：在屋顶以及其他危险的边沿进行工作，临空一面应装设安全网或防护栏杆，否则，作业人员应使用安全带。

5. 在带电设备附近测量绝缘电阻时应注意什么？

答：测量人员和绝缘电阻表安放位置应选择适当，保持安全距离，以免绝缘电阻表引线或引线支持物触碰带电部分。移动引线时，应注意监护，防止工作人员触电。

6. 简述单母线分段接线的优点。

答：(1)在母线发生短路的情况下，仅故障段停止工作，非故障段仍可继续运行。

(2)对重要用户来说，可以采用从不同母线分段引出的双回路供电，以保证可靠地向重要负荷供电。

7. 简述二次回路展开接线图的优点。

答：展开接线图接线清晰，易于阅读，便于了解整套装置的动作程序和工作原理，特别是在复杂电路中其优点更为突出。

8. 什么是端子排图?

答:端子排图是表示屏上需要装设的端子数目、类型及排列次序,以及它与屏外设备连接情况的图纸。通常在屏背面接线图上亦包括端子排在内。

9. 什么叫就地控制? 使用范围是什么?

答:(1)就地控制就是在断路器安装地点进行控制。

(2)使用范围:对 6～10 kV 线路以及厂用电动机等采用就地控制。

10. 操作机构自由脱扣功能有何要求?

答:当短路器在合闸过程中,机构又接到分闸命令,这时不管合闸过程是否终了,应立即分闸,保证及时切断故障。

11. 弹簧操作机构的使用场合是什么?

答:(1)适用于 220 kV 以下断路器。

(2)是 35 kV 以下油断路器配用操作机构的主要品种。

12. 绝缘油在变压器和少油断路器中各有哪些作用?

答:(1)在变压器中起绝缘和冷却的作用。

(2)在少油断路器中起灭弧、绝缘的作用。

13. 哪些是气体绝缘材料?

答:气体绝缘材料是指空气、氮气、六氟化硫等气体。

14. 对操作机构的保持合闸功能有何技术要求?

答:合闸功消失后,触头能可靠地保持在合闸位置,任何短路电动力及振动等均不致引起触头分离。

15. 电动操作机构主要适用于哪些隔离开关?

答:电动操作机构适用于需远距离操作的重型隔离开关及 110 kV 以上的户外隔离开关。

16."三专两闭锁"指的是什么?

答:"三专":专用变压器、专用开关、专用电缆。"两闭锁":风电闭锁、瓦斯电闭锁。

17. 什么叫漏电?

答:当电气设备或导线的绝缘损坏或人体触及一相带电体时,电源和大地形成回路,有电流流过的现象,称为漏电。

18. 三相异步电动机怎样改变其旋转方向?

答:只要将电子绕组与电源相线的三个接头中任意两根对调连接即可。

19. 什么叫漏电闭锁?

答:漏电闭锁是指在开关合闸前对电网进行绝缘监测,当电网对地绝缘阻值低于闭锁值时开关不能合闸,起闭锁作用。

20. 画出串联补偿电容器的原理图。

答:串联补偿电容器原理如图 2-1 所示。

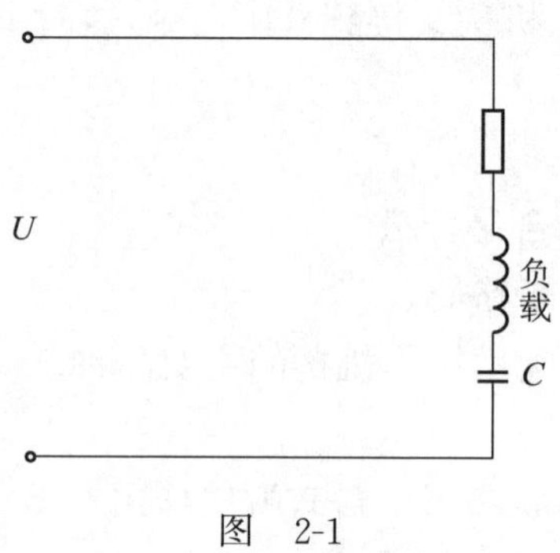

图 2-1

21. 试验结束时,试验人员在现场需做哪些工作?

答:试验结束时,试验人员应拆除自装的接地短路线,并对被试设备进行检查,恢复试验前的状态,经试验负责人复查后,进行现场清理。

22. 值班员在办理工作票中应做好哪些工作?

答:(1)复查工作票中必须采取的安全措施符合规定要求。

(2)经复查无误后,向供电调度(或用电主管单位)申请(或联系)停电或撤除重合闸。

(3)按照有关规定和工作票的要求做好安全措施,办理准许作业手续。

23. 绝缘工具要有合格证并进行哪些试验?

答:(1)对使用中的绝缘工具定期进行试验。

(2)绝缘工具的机电性能发生损伤或对其怀疑时,进行相应的试验。

禁止使用未经试验或试验不合格或超过试验期的绝缘工具。

24. 运行中的发电机发生哪些情况时,应停机或解列?

答:(1)励磁回路接地,转子绕组短路,发电机冒烟时。

(2)发现并列运行的发电机,因失掉励磁或其他故障而失去同步时。

(3)轻载运转时,电刷发生强烈火花。

25. 电容器组在运行中发生什么情况时,应立即全部或部分撤除运行?

答:(1)电容器外壳膨胀、严重渗油、内部有异音及外部有火花时。

(2)因电容器组投入而引起电压升高超过规定范围时。

(3)室内温度超过制造厂规定时,若无制造厂规定,当室内温度超过 35 ℃。

26. 当一个工作组在几个工作地点依次进行工作时,应如何转移工地?

答:(1)工作人员在规定时间内只可在指定地点工作,如无工作执行人命令,不得自行转移工地。

(2)每次转移到新工地时,应履行工作许可手续,并在工作票上注明新工作地点及在安全措施栏内记录装设接地线的电杆号数。

(3)转移工地时,应在工作票上填记。

27. 在发、变、配电所内检修时,必须停电的设备有哪些?

答:(1)检修的设备。

(2)工作人员的正常活动范围与带电设备之间的安全距离小于规定的设备。

(3)带电部分在工作人员后面或两侧,且无可靠安全措施的设备。

28. 牵引变电所哪些技术改造,须经铁路局集团公司审批并报部核备?

答:(1)改变电源和主接线时。

(2)变更主变压器、断路器的容量和型号时。

(3)变更保护形式、控制和测量方式时。

29. 当远动系统故障或被控设备检修时,应如何处理?

答:远动系统故障或被控设备检修时,由值班调度员下令,将相应变电所的控制开关由“远动”位切换到“当地”位,变电所值班员根据供电调度命令倒闸。同时值班调度员应将故障情况如实记录在日志上。

30. 阀门的主要作用有哪些?

答:(1)启闭作用:截断或沟通管内液体的流动。

(2)调节作用:调节管内流体的流量。

(3)节流作用:调节阀门开度,改变压力降,达到调节压力的作用。

31. 简述工作监护人的职责。

答:(1)在现场不断监护工作人员的安全。

(2)发现危及人身安全的情况时,应立即采取措施,坚决制止继续作业。

(3)一旦发生意外情况,应迅速采取正确的抢救措施。

32. 简述工作执行人的职责。

答:(1)检查现场安全措施是否完备。

(2)向工作组员正确布置工作,说明停电区段和带电设备的具体位置。

(3)监护工作组员的安全,检查工作质量,按时完成任务。

33. 简述工作许可人的职责。

答:(1)完成作业现场的停电、检电、接地封线等安全措施。

(2)检查停电设备有无突然来电的可能。

(3)向工作执行人报告允许开工时间。

34. 手持电器的电压应符合什么要求?

答:(1)在一般场所不超过 220 V。

(2)在较危险及危险场所不得超过 36 V,在特别危险场所不得超过 12 V。

35. 有载调压开关的中修,除小修的全部要求外,还要进行哪些检查、修理?

答:(1)更换开关弧触头,测量触头接触电阻及接触压力应合格。

(2)测量开关工作顺序、动作连续性及可靠性,测量过渡电阻应正确无误。

(3)绝缘油化验、瓦斯继电器检验、触头烧蚀补偿的调整、选择开关级进机构和接触系统检修等。

36. 简述单母线分段接线的缺点。

答:(1)当单母线的一个分段发生故障或检修时,必须断开该分段上的电源和全部引出线,这样自然减少了系统的发电量,部分用户供电受到限制和中断。

(2)任一回路的断路器检修时,该回路必须停止工作。

37. 二次回路接线的图纸有哪三种常见形式?

答:(1)原理接线图。

(2)展开接线图。

(3)安装接线图。

38. 二次回路安装接线图是由哪三部分组成的?

答:(1)屏面布置图。

(2)屏背面接线图。

(3)端子排图。

39. 画出并联补偿电容器的原理图。

答:并联补偿电容器原理如图 2-2 所示。

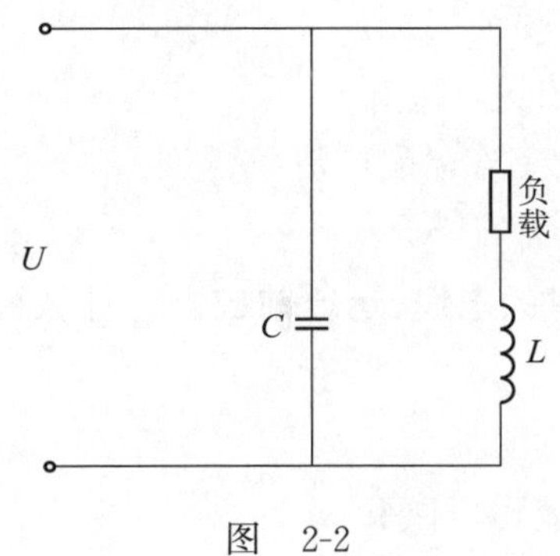

图　2-2

40. 断路器控制回路由哪三部分组成?

答:断路器控制回路由控制元件、中间放大元件、操作机构三部分组成。

41. 允许作业人员在不停电的高压设备上进行哪些作业?

答:(1)清扫外壳,更换整修附件(如油位指示器等),更换硅胶,整修基础等。

(2)补油。

(3)取油样。

(4)能保证人身安全和设备安全运行的简单作业。

42. 使用绝缘工具前应做哪些检查?

答:使用绝缘工具前应仔细检查其是否损坏、变形、失灵,并使用 2 500 V 绝缘兆欧表或绝缘检测仪进行分段绝缘检测(电极宽 2 cm,极间宽 2 cm),阻值应不低于 700 MΩ。

操作绝缘工具时应戴清洁、干燥的手套,并应防止绝缘工具在使用中脏污和受潮。

43. 有载调压开关的小修范围和标准是什么?

答:(1)切换开关吊出检修、清洗切换开关本体。

(2)清洗油箱,检查清除已发现的缺陷,更换绝缘油。

(3)检查切换开关触头的烧损程度并处理。

(4)测量绝缘电阻,检修机构等。

44. 避雷针的小修范围和标准是什么?

答:(1)检查杆塔无倾斜和弯曲,固定牢靠;除锈补漆,必要时全面涂漆。

(2)检查避雷针,无熔化和断裂。

(3)检查底部装置。

45. 遇有哪些情况时,配电装置应立即停止运行?

答:(1)断路器漏油,油面超过下限。

(2)故障跳闸后,断路器内部喷油冒烟。

(3)断路器合闸和跳闸操作失灵。

(4)电流互感器二次开路,磁套管爆裂或流胶冒烟。

46. 新设、大修或重做电缆盒的电缆,运行前应进行什么检查和测试?

答:(1)检查电缆芯线并定相。

(2)测量电缆绝缘电阻。

(3)测量电缆泄漏电流及直流耐压试验。

(4)测量接地电阻。

47. 在什么情况下工作执行人可参加具体工作?

答:(1)在变、配电设备上进行全部停电作业。

(2)在变、配电设备上进行邻近带电作业,工作组员不超过三人,且无偶然触及带电设备可能时。

(3)架空线路停电作业的工作地点较集中,且附近又无其他电线路时。

48. 当主要设备用油的 pH 接近 4.4 或骤然变深时,应如何处理?

答:主要设备用油的 PH 接近 4.4 或骤然变深时,其他指标接近允许值或者不合格时,应缩短试验周期,增加试验项目,必要时采取处理措施。

49. 对装设接地线有何要求?

答:装设接地线应接触良好,必须先接接地端,后接导体端。同杆架设的多层电力线路同时挂接地线时,应先挂低压后挂高压,先挂下层后挂上层,拆除接地线的顺序与此相反。在导线上装拆接地线时,应使用绝缘棒并戴绝缘手套。

50. 在电力设备上工作,应怎样遵守工作票制度?

答:(1)填用停电作业工作票。

(2)填用带电作业工作票。

(3)填用倒闸作业票。

(4)以口头或电话命令时,应填入安全工作命令记录簿。安全工作命令记录簿应看作与工作票同等重要。

51. 电力设备检修中大修的定义是什么?

答:大修:属彻底性修理,对设备进行全部解体,全面检查、试验、探伤、调整,更换全部不合标准零部件及附属装置。大修应结合运输生产发展的需要进行技术改造。通过大修提高设备的性能与效率,保证质量良好地使用。大修由设备使用年限或状态检测结果确定。

52. 在运行的电流互感器二次回路上工作时,应采取哪些安全措施?

答:(1)严禁将电流回路断开。

(2)为了可靠地将电流互感器二次线圈短路,必须使用短路片或短路线,禁止使用导线缠绕。

(3)禁止在电流互感器与短路端子之间的回路和导线上进行任何工作。

(4)工作时应有专人监护,使用绝缘工具,站在绝缘垫上,并不得将回路中的永久接点断开。

53. 在哪些设备上作业,应填写带电作业工作票?

答:(1)在高压线路和两路电源供电的低压线路上的带电作业。

(2)在控制屏(台)和二次线路上的工作,无需将高压设备停电的作业。

(3)在旋转的高压发电机励磁回路上,或高压电动机转子电阻回路上的工作。

(4)用绝缘棒和电压互感器定相,以及用钳形电流表测量高压回路的电流。

54. 在哪些设备上作业,按口头或电话命令执行?

答:(1)单一电源供电的低压线路停电作业。

(2)测量接地电阻,悬挂杆号牌,修剪树枝,测量电杆裂纹、打绑桩和杆塔基础上的工作。

(3)低压电缆上的作业。

(4)拉、合线路高压开关,配电变压器一、二次开关和变、配电所内开关的单一操作。

55. 怎样降低电气触头的接触电阻?

答:(1)增加触头接触面的压力,使接触点数目增加。

(2)减小触头表面的氧化程度。

(3)触头在开闭过程中应具有研磨过程,以擦去氧化膜。

(4)经常对触头清扫,使触头表面无油污、尘埃,保持干燥。

56. 断路器操作机构根据操作能源的不同可分为哪些类型?

答:(1)电磁操作机构。

(2)弹簧操作机构。

(3)气动操作机构。

(4)液压操作机构。

57. 简述 CT8 型弹簧机构的主要优点。

答:(1)动作快,能自动重合闸。

(2)电源容量小。

(3)交直流均可使用。

(4)暂时换电仍可操作一次。

58. 在全部停电或部分停电的电气设备上工作,必须完成的措施是什么?

答:(1)停电。

(2)验电。

(3)装设接地线。

(4)悬挂标示牌和装设遮栏。

59. 对操作机构的分闸功能有何技术要求?

答:应满足断路器分闸速度要求,不仅能电动分闸,而且能手动分闸,并应尽可能省力。

60. 电弧的主要性质是什么?

答:(1)温度极高。

(2)亮度很大。

(3)热游离度大。

(4)电流密度大。

61. 装设接地线的操作顺序和要求是什么?

答:当验明设备确已停电,则要及时装设接地线。装设接地线的顺序是先接接地端,再将其一端通过接地杆接在停电设备裸露的导电部分上(此时人体不得接触接地线);拆除接地线时,其顺序与装设时相反。接地线须用专用的线夹,连接牢固,接触良好,严禁缠绕。

62. 在电力设备上工作,保证安全的组织措施有哪些?

答:(1)工作票制度(包括口头命令或电话命令)。

(2)工作许可制度。

(3)工作监护制度。

(4)工作间断和转移工地制度。

(5)工作结束和送电制度。

63. 凡经变、配电所停电的作业,工作许可人(值班员)应做好哪些工作?

答:凡经变、配电所停电的作业,工作许可人(值班员)应审查工作票所列安全措施是否完备,是否符合现场条件,在完成所内停电、检电、接地封线等安全措施后还应:

(1)会同工作执行人检查安全措施,以手触试证明检修设备确无电压。

(2)对工作执行人指明带电设备的位置,接地线安装处所和注意事项。

(3)双方在工作票上签名后方可开始工作。

64. 在全部停电作业和邻近带电作业,必须完成哪些安全措施?

答:(1)停电。

(2)检电。

(3)接地封线。

(4)悬挂标示牌及装设防护物。

上述措施由配电值班员执行。对无人值班的电力设备(包括电线路),由工作执行人指定工作许可人执行。

65. 变压器铁芯为什么必须接地且只允许一点接地?

答:变压器在运行或试验时,铁芯及零件等金属部件均处在强电场之中,由于静电感应作用在铁芯或其他金属结构上产生悬浮电位,造成对地放电而损坏零件,这是不允许的,除穿芯螺杆外,铁芯及其所有金属构件都必须可靠接地。如果有两点或两点以上的接地,在接地点之间便形成了闭合回路,当变压器运行时,其主磁通穿过此闭合回路时,就会产生环流,将会造成铁芯的局部过热,烧损部件及绝缘,造成事故,所以只允许一点接地。

66. 停电检修时有何要求和规定?

答:停电检修时,必须把各方面的电源完全断开(运用中的星形接线设备的中性线,应视为带电设备)。断开断路器、隔离开关的操作电(能)源。断路器、隔离开关的操作机构必须加锁。检查柱上断路器"分、合"指示器。禁止在只经断路器断开电源的设备上工作,必须拉开隔离开关,使各方面至少有一个明显的断开点。与停电设备有关的变压器和电压互感器,还必须从低压侧断开,防止向停电设备反送电。

67. 新安装和长期停运的电容器在投入运行前,应进行哪些检查和试验?

答:(1)检查熔断器是否良好,熔丝的额定电流应不超过电容器额定电流的1.3倍。

(2)检查各部接触是否良好,测量放电回路是否完整。

(3)检查电容器室通风装置是否完善。

(4)测量电容值,不应超过额定值的10%。各相电容值应尽量保持平衡,若相差超过±5%,应互相换装。

(5)测量绝缘电阻。

68. 蓄电池组巡视项目和要求是什么?

答:(1)蓄电池组巡视时蓄电池容器完好,表面清洁,碱性蓄电池无爬碱现象。

(2)电池极柱间连接片及连接线安装牢固,接触良好,无腐蚀现象。

(3)蓄电池部件完好,无脱落、损坏。

(4)检查蓄电池电解液的液面高度应符合要求。

(5)测量领示电池的电压,应符合规定。充电设备运行正常,蓄电池切换器位置正确,浮充电流、蓄电池放电电流正常,检查交直流绝缘监测表指示情况。

69. 隔离开关的中修范围和标准有哪些?

答:除小修全部要求外还要进行以下检查、修理:

(1)解体检修触头和操作机构,按工艺重新装配调整。对于烧损严重的碳刷及刷握应予更换。更换烧损严重的限位开关及分、合闸接触器。

(2)清洗传动机构的轴承及电动操作机构中的传动轴、齿轮及电动机轴承并注油。

(3)检修构架及支撑装置,并全面除锈、涂漆。

70. 电容器组的小修范围和标准有哪些?

答:(1)清扫检查电容器的外部和连接部分。各部分清洁完好必要时对电容器局部涂漆;连接部分螺栓紧固。

(2)检查电容器。外壳无膨胀、变形,焊缝无开裂、渗漏油,必要时进行处理。

(3)检查熔断器、接地放电间隙、母线、支持绝缘子等。各部件完好无损,作用良好。

(4)检查支撑固定装置。安装牢固、端正,无变形;必要时局部除锈、涂漆。

(5)根据试验结果对电容器组各列重新进行组合,更换不合格的电容器。

71. 牵引变电所编写操作卡片及倒闸表要遵守哪些原则?

答:(1)停电时的操作程序:先断开负荷侧后断开电源侧;先断开断路器后断开隔离开关。送电时,与上述操作程序相反。

(2)隔离开关分闸时,先断开主闸刀后闭合接地闸刀;合闸时,与上述程序相反。

(3)禁止带负荷进行隔离开关的倒闸作业和在接地闸刀闭合的状态下闭合主闸刀。

72. 在哪些设备上进行全部停电、邻近带电的作业,应签发停电工作票?

答:(1)高压变、配电设备上的作业。

(2)高压架空线路和高压电缆线路上的作业。

(3)高压发电所停电(机)检修,或两套以上有并车装置的低压发电机组,其中任一机组停电作业。

(4)在控制屏(台)或高压室内二次接线和照明回路上工作时,需要将高压设备停电或采取安全措施者。

(5)在两路电源供电的低压线路上的作业。

73. 在高压试验中,对于试验装置有哪些规定?

答:试验装置的金属外壳应可靠接地,高压引线应尽量缩短,并采用专用的高压试验线,必要时用绝缘物支持牢固。试验装置的电源开关,应使用明显断开的双极刀闸。为了防止误合刀闸,可在刀刃上加绝缘罩。试验装置的低压回路中应有两个串联电源开关,并加装过载自动跳闸装置。

74. 对常压容器检查有哪几方面的内容?

答:(1)检查容器内有无积垢。

(2)检查容器壁及各连接法兰有无泄漏,连接螺栓有无松动。

(3)检查焊缝有无裂纹。

(4)检查容器有无局部变形。

(5)测量容器壁厚。对长期液面固定的容器,应在液相区、气相区、气液相界面处进行多点测量。

(6)检查容器防腐保温完好情况。

75. 断路器操作机构必须满足哪些性能要求?

答:(1)能可靠合闸。

(2)合闸后保持。

(3)能可靠分闸。

(4)正确复位。

(5)具备防跳跃能力。

76. 影响载流体接头接触电阻的主要因素是什么?

答:(1)施工时接头的结构是否合理。

(2)使用材料的导电性能是否良好,接触性能是否良好(严格按工艺制作)。

(3)所用材料与接触压力是否合适,接触面的氧化程度等。

为防止接头发热,在设计和施工中应尽量减少以上三方面的影响。

77. 润滑剂的作用有哪些?

答:(1)降低摩擦、减轻磨损。

(2)保护零件不锈蚀。

(3)散热降温,带走摩擦产生的热量。

(4)缓冲吸振。

(5)冲洗和带走摩擦产生的脏污。

78. GIS由哪些元件构成?

答:在变电站里除主变压器、高压电抗器以外的高压一次元件都可含在GIS中,有断路器、隔离开关、接地开关、电流互感器、电压互感器、避雷器、母线和终端。

79. 长期运行的隔离开关,其常见的缺陷有哪些?

答:(1)触头弹簧的压力降低,触头的接触面氧化或积存油泥而导致触头发热。

(2)传动及操作部分的润滑油干涸,油泥过多,轴销生锈,个别部件生锈以及产生机械变形等,以上情况存在时,可导致隔离开关的操作费力或不能动作,距离减小以致合不到位和同期性差等缺陷。

(3)绝缘子断头、绝缘子折伤和表面脏污等。

80. 设备预试检修中为什么要重点检查断路器分、合闸缓冲器?

答:缓冲器是用于吸收断路器分、合闸末了时的动能,当分、合闸缓冲器失油、调整不当,会失去或改变缓冲性能,缓冲器与断路器失去缓冲配合,断路器分、合闸操作均会对内部部件造成较大振动冲击,多次振动冲击后造成连接部件松动、机械强度下降、机械寿命降低,严重时可能损坏灭弧室内部部件,使断路器开断失败。

81. 用兆欧表测量高压设备的绝缘电阻时的注意事项是什么?

答:用兆欧表测量高压设备的绝缘电阻时,应由两个人进行,并从各方面断开电源,检验无电和确认设备上无人工作后方可进行,在测量前后必须将被测设备(包括电缆)对地放电,在测量中禁止任何人触及设备。

在有感应电压反应的线路上(同杆架设的双回线或与其他线路平行、交叉)测量绝缘时,必须将另一回线或平行、交叉的其他线路同时停电。

雷、雨天气,禁止测量线路绝缘。

82. 变压器并联运行的条件是什么?

答:联结组别相同、电压比相同、短路电压相同。对电压比和短路电压不相同的变压器,在任何一台都不会过负荷的情况下可以并联运行。当短路电压不相同的变压器并联运行时,应适当提高短路电压较大的变压器的二次电压,以充分利用变压器容量。

83. 倒闸作业时对值班员和助理值班员的要求是什么?

答:倒闸作业必须由助理值班员操作,值班员监护。值班员在接到倒闸命令后,要立即进行倒闸。用手动操作时操作人和监护人均必须穿绝缘靴,戴安全帽,同时操作人还要戴绝缘手套。

84. 当SF_6断路器发生什么情况时应退出运行?

答:(1)拒动或误动。

(2)操作次数或故障电流开断次数已达到最大允许的数值。

(3)SF_6 气体泄漏,气体有臭味,气压低于下限值。

(4)绝缘套管严重破损和放电。

(5)合闸缓冲器、分闸缓冲器及密封圈出现泄漏油迹。

(6)断路器爆炸或着火。

85. 远动设备的运行维护包括哪些?

答:(1)定期巡视、检查和测试运行中的设备。

(2)中心调度端、远方执行端定期校核遥测精度和遥信、遥调的正确性。

(3)若遥控、遥调、遥信误动或拒动,遥测误差值大于规定值,应查明原因及时处理。

(4)定期记录远动装置接收及发送电平,发现问题及时处理。

(5)建立设备台账、运行日志、设备缺陷、测试数据等记录簿。

(6)保持设备的整齐清洁。

86. 继电保护及自动装置小修范围及标准有哪些?

答:(1)盘体和相关的二次回路的小修范围和标准同低压盘有关规定。

(2)根据厂家说明书或参照电力部《继电保护及系统自动装置》进行机械及电气特性试验。

(3)调整或更换不合标准的继电器、插件、打印机等元器件。

(4)检查继电器、接线端子应牢固可靠,继电器内部及外壳清洁无尘。

(5)进行整定和试验并绘制电气特性图。

(6)进行整体传动试验。

87.《铁路电力管理规则》对检修的技术管理是如何规定的?

答:(1)修前调查:设备修理前应进行质量状态检查,确定检修项目,认真做好设计文件和材料、工具、备件及劳力的准备工作。

(2)修中检查:检修过程中检修人员必须按工艺精检细修,解决技术关键,加强零部件的中间检查,保证检修质量。同时对设备的关键部件、主要的技术参数和隐蔽工程,应认真做好记录。

(3)修后验收:按设备鉴定标准进行验收。大修工程验收应按《铁路建筑安装工程质量评定验交标准(电力)》的有关规定进行,并提出验收报告。验收报告包括竣工图纸、试验合格证、各种记录和技术文件,并及时纳入技术档案。

88. 安装避雷器有哪些要求?

答:(1)首先固定避雷器底座,然后由下而上逐级安装避雷器各单元。

(2)避雷器在出厂前已经过装配试验并合格,现场安装应严格按制造厂编号组装,不能互换,以免使特性改变。

(3)带串并联电阻的阀式避雷器,安装时应进行选配,使同相组合单元间的非线性系数互相接近,其差值应不大于0.04。

(4)避雷器应垂直安装,垂度偏差不大于2%,必要时可在法兰面间垫金属片予以校正。三相中心应在同一直线上,铭牌应位于易观察的同一侧,均压环应安装水平,最后用腻子将缝隙抹平并涂以油漆。

(5)拉紧绝缘子串,使之紧固,同相各串的拉力应均衡,以免避雷器受到额外的拉应力。

(6)放电计数器应密封良好,动作可靠,三相安装位置一致,便于观察。接地可靠,计数器指示恢复零位。

(7)氧化锌避雷器的排气通道应通畅,安装时应避免其排出气体,引起相间短路或对地闪络,并不得喷及其他设备。

89. 隔离开关验收检查的主要内容是什么?

答:(1)底座及瓷柱部分:外观检查应无损伤,稳定牢固,水平、垂直及中心距离误差尺寸应满足要求。

(2)导电部分:接触表面清洁,平整并涂有薄层中性凡士林或电力复合脂,接触紧密,压力均匀,触头动作灵活。

(3)传动装置:三相连杆中心线误差尺寸符合要求,拉杆平直无弯曲,传动部件清洁无锈蚀、变形,安装正确,固定牢靠。

(4)操作机构:外观良好,固定牢靠,电气控制回路接线正确、美观,二次回路元件电气性能良好,闭锁准确。操作机构工作正确可靠,符合制造厂要求。

(5)金属表面油漆完整,相色标志正确,镀锌件镀锌质量良好,各部位接地符合要求。

90. 新装或大修后的配电装置,经哪些检验合格后方准运行?

答:(1)测量绝缘电阻,必要时作耐压试验。

(2)母线连接点严密,构架坚固。

(3)相位正确。

(4)开关触头严密,操作机构动作灵活。

(5)充油设备中的绝缘油经简化分析合格。

(6)二次回路的接线正确,继电保护试验和绝缘电阻合格。

(7)过电压保护和接地装置完整。

(8)安全用具、事故备品和消防器具齐全。

91. 检修发电机时应采取哪些安全措施?

答:(1)断开发电机的油开关和隔离开关。

(2)待发电机完全停止转动后,在操作把手、机组的启动装置、并车装置上悬挂"有人工作,禁止合闸"的标示牌。

(3)若本机还可从其他电源获得励磁电流时,也必须将此电源断开,并悬挂"有人工作,禁止合闸”的标示牌。

(4)将电压互感器从高低压两侧断开。

(5)验明无电后，在发电机和开关之间装设接地线。

(6)检修发电机时，应将与其他发电机中性点的连线断开。

(7)禁止在转动着的发电机上工作，即使未加励磁，亦应认为有电压。

92. 在运行的电压互感器二次回路上工作时，应采取哪些安全措施？

答：(1)严格防止短路或接地。

(2)应使用绝缘工具，戴绝缘手套，必要时在工作前停用有关继电保护装置。

(3)接临时负荷时，必须装有专用的开关和熔断器。

(4)二次回路通电试验时，为防止由二次侧向一次侧反电压，除将二次回路断开外，还应取下一次熔断器。

(5)二次回路通电或耐压试验前，应通知值班员和有关人员，并派人看守现场，检查回路，确认无人工作后方可加压。

检查继电保护和二次回路的工作人员，未经值班员许可，不准进行任何倒闸操作。

93. 各种巡视中，一般项目和要求是什么？

答：(1)绝缘子瓷体应清洁、无破损和裂纹、无放电痕迹及现象，瓷釉剥落面积不得超过 300 mm^2。

(2)电气连接部分(引线、二次接线)应连接牢固，接触良好，无过热、断股和散股、过紧或过松。

(3)设备音响正常，无异味。

(4)充油设备的油标、油阀、油位、油温、油色应正常，充油、充胶、充气设备应无渗漏、喷油现象。充气设备气压和气体状态应正常。

(5)设备安装牢固，无倾斜，外壳应无严重锈蚀，接地良好，基础、支架应无严重破损和剥落。设备室和围栅应完好并锁住。

94. 当变压器有什么情况须立即停止运行？

答：(1)变压器音响很大且不均匀或有爆裂声。

(2)油枕、防爆管或压力释放器喷油。

(3)冷却及油温测量系统正常但油温较平素在相同条件下运行时高出 10 ℃以上或不断上升时，变压器须立即停止运行。

(4)套管严重破损和放电。

(5)由于漏油致使油位不断下降或低于下限。

(6)油色不正常(隔膜式油枕除外)或油内有碳质等杂物。

(7)变压器着火。

(8)重瓦斯保护动作。

(9)因变压器内部故障引起差动保护动作。

95. 电力电缆的小修范围和标准有哪些?

答:(1)检查电缆头、套管、引线和接线盒。电缆头、套管不渗油,引线相间和距接地物的距离符合规定。

(2)检查电缆。排列整齐、固定牢靠且不受张力,铠装无松散、无严重锈蚀和断裂,弯曲半径符合规定,接地良好,涂刷防腐剂;电缆外露部分应有保护管,管口应密封,保护管应完整无损,且固定牢靠,其锈蚀面积不得超过总面积的5%。

(3)清扫电缆沟。沟内应无积水、杂物;支架完好、固定牢靠不锈蚀;盖板齐全无严重破损。电缆沟通向室内的入口处应有完好的防止小动物的措施。

(4)检查电缆的埋设。覆盖的泥土无下陷和被水冲刷等异状。

(5)检查电缆桩及标示牌,齐全、正确、清楚。

96. 凡有高压设备的变配电所应具备哪些安全用具?

答:(1)高压绝缘拉杆、绝缘夹钳。

(2)验电器和低压验电器。

(3)绝缘手套、绝缘靴、鞋及绝缘台、垫。

(4)有足够数量的接地线。

(5)各种标示牌。

(6)各种登高作业的安全用具,如安全腰带、绝缘绳、安全帽等。

(7)有色护目眼镜。

97. 检修工作中哪些项目应填入倒闸作业票?

答:(1)应拉合的断路器和隔离开关。

(2)检查断路器和隔离开关位置。

(3)检查接地线是否拆除。

(4)装、拆接地线。

(5)安装或拆除控制回路以及电压互感器回路的熔断器。

(6)切换保护回路和检验是否确无电压等。

(7)其他需要检查、确认的项目。

98. 牵引变电所作业全部完成后应进行哪些工作作业才能结束?

答:作业全部完成时,由作业组负责清理作业地点,工作领导人会同值班员检查作业中涉及的所有设备,确认可以投入运行,工作领导人在工作票中填写结束时间并签字,然后值班员即可按下列程序结束作业:

(1)拆除所有的接地线,点清其数目,并核对号码。

(2)拆除临时防护栅和标示牌,恢复常设的防护栅和标志。

(3)必要时应测量设备状态。

在完成上述工作后,值班员在工作票中填写结束时间并签字,作业方告结束。

99. 牵引变电所油浸电容、电抗器的巡视内容有哪些?

答:(1)巡视电容、电抗器套管有无裂纹、放电痕迹及瓷釉剥落现象,油标、油位、油色是否正常,有无渗漏油,硅胶颜色是否正常,防爆是否完好,二次引线有无老化,连接是否牢固。

(2)巡视呼吸器油杯内油位是否适当。

(3)巡视本体有无锈蚀,连接螺栓是否紧固。

(4)巡视分接开关指示是否正确。

100. 变配电装置的定期巡视检查项目有哪些?

答:(1)检查瓷绝缘和各种接点以及接触部分是否良好,有无脏污、裂纹、倾斜、放电现象,有无过热、变色现象。

(2)各部装置是否清洁,有无异常音响及绝缘焦化等异常气味。

(3)各注油设备的油面、油温是否符合规定,有无漏油、渗油。

(4)测量仪表、信号显示是否正确。

(5)接地网是否良好,有无破损。

(6)安全用具及消防用具是否齐全。

S1 触电急救

一、考场准备

要求场地整洁,隔离措施良好,无安全隐患。

二、材料工具准备

序 号	名 称	单 位	数 量	序 号	名 称	单 位	数 量
1	心脏复苏模拟人	个	1	3	心脏复苏模拟人配套设备	套	1
2	电源	个	1				

三、考核要求

1. 被认定人入场后,首先由考评员告知题目,其次由被认定人检查准备工具材料,确认考核内容,当被认定人告知考评员可以开始时,由考评员开始计时。

2. 考核时间为 20 min。

3. 在被认定人考核期间,考评员可以依据考核内容向被认定人提问,以确认被认定人掌握考核内容。

4. 考核过程中若被认定人出现不安全行为或毁坏设备情况时,终止考试,成绩为零。

5. 考核完毕后,由被认定人在评分表上签字确认。

四、考核评分

1. 考评人数:3 名及以上考评员。

2. 评分程序及规则:考评员根据考生操作情况对照计分标准在评分表上给予记录评分。

3. 算分方法:满分为 100 分,60 分为及格。

五、铁道行业职业技能认定钳工(供电)中级工实作技能考核评分记录表

单位:________ 姓名:________ 性别:________ 准考证号:________ 工种:________ 级别:________

试题名称:触电急救

考核时间:20 min

操作开始时间:____时____分 操作结束时间:____时____分

项 目	考核内容	标准分	评分标准	扣分因素及扣分	得分
准备工作 10 分	1. 按规定着装	5	未按规定着装和佩戴标志每少一项扣 2 分		
	2. 准备的工具材料齐全	5	准备的工具材料每少一件扣 2 分		

续上表

项　目	考核内容	标准分	评分标准	扣分因素及扣分	得分
技术质量标准及操作程序70分	1. 仰卧姿势、呼救	5	有呼唤被触电者和摆好手脚等动作，没有每项扣2分		
	2. 检查有无呼吸、心跳	5	未按要求执行扣5分		
	3. 检查口中有无异物，松开触电者衣服，救护人员站位正确	10	未按要求执行每项扣2分		
	4. 畅通气道方法正确	10	方法不正确扣10分		
	5. 口对口人工呼吸抢救过程正确	20	未按要求执行每项扣5分		
	6. 胸外心脏按压，正确找到压力点	5	压力点选择错误扣5分		
	7. 抢救人员姿势正确	5	姿势不正确扣5分		
	8. 抢救人员按压触电者时，按压力度大小合适，频率正确	5	未按要求执行每项扣2分		
	9. 整个抢救过程协调性好	5	协调性不好扣5分		
安全及其他事项20分	安全情况良好，无违章，无不安全因素	20	口对口人工呼吸吹气力度太大扣5分		
			胸外心脏按压力度太大扣5分		
			抢救过程中未进行再判断扣10分		
考核时间	规定时间20 min	—	规定时间内未完成，计考试不合格		
合计		100			

考评员签名：　　　　　　　　　　被认定人：　　　　　　　　　　年　　月　　日

S2　使用指针万用表测量电压

一、考场准备

变配电所、牵引变电所实训场或操作平台。要求场地整洁，隔离措施良好，无安全隐患。

二、材料工具准备

序　号	名　称	单　位	数　量	序　号	名　称	单　位	数　量
1	指针式万用表	块	1	3	个人工具	套	1
2	导线	m	若干				

三、考核要求

1. 被认定人入场后，首先由考评员告知题目，其次由被认定人检查准备工具材料，确认考核内容,当被认定人告知考评员可以开始时,由考评员开始计时。

2. 考核时间为 15 min。

3. 在被认定人考核期间,考评员可以依据考核内容向被认定人提问,以确认被认定人掌握考核内容。

4. 考核过程中若被认定人出现不安全行为或毁坏设备情况时,终止考试,成绩为零。

5. 考核完毕后,由被认定人在评分表上签字确认。

四、考核评分

1. 考评人数:3 名及以上考评员。

2. 评分程序及规则:考评员根据考生操作情况对照计分标准在评分表上给予记录评分。

3. 算分方法:满分为 100 分,60 分为及格。

五、铁道行业职业技能认定钳工(供电)中级工实作技能考核评分记录表

单位:________ 姓名:________ 性别:________ 准考证号:________ 工种:________ 级别:________

试题名称:使用指针万用表测量电压

考核时间:15 min

操作开始时间:____时____分　　　　操作结束时间:____时____分

项　目	评分标准	标准分	评分标准	扣分因素及扣分	得分
准备工作 10 分	1. 按规定着装	5	未按规定着装和佩戴标志每少一项扣 2 分		
	2. 准备的工具材料齐全	5	准备的工具材料每少一件扣 2 分		
技术质量标准及操作程序 70 分	1. 检查计量合格证,应在检定周期内	4	未检查扣 4 分		
	2. 机械调零	8	未作扣 8 分		
	3. 电气调零	8	未作扣 8 分		
	4. 相电压测量时挡位选择正确(根据万用表型号定)	15	测量前进行电气调零,未作扣 5 分		
	5. 线电压测量时挡位选择正确(根据万用表型号定)	15	测量前进行电气调零,未作扣 5 分		
	6. 相电压读数正确	10	错误扣 10 分		
	7. 线电压读数正确	10	错误扣 10 分		
安全及其他事项 20 分	安全情况良好,无违章,无不安全因素	20	未轻拿轻放扣 5 分		
			发生触电取消资格		
			仪表损坏扣 20 分		
考核时间	规定时间 15 min	—	规定时间内未完成,计考试不合格		
合计		100			

考评员签名:　　　　被认定人:　　　　年　月　日

S3　单相电度表的安装

一、考场准备

变配电所、牵引变电所实训场或操作平台。要求场地整洁，隔离措施良好，无安全隐患。

二、材料工具准备

序　号	材　　料	规　　格	单　位	数　量
1	木制配电板	400 mm×300 mm	块	1
2	绝缘线	ϕ2.5 mm	m	5
3	单相双联空气开关	15 A	个	1
4	小钉	—	—	若干
5	瓷嘴	—	个	1
6	单相电度表	10～20 A	块	1
7	盒尺	2 m	把	1
8	螺丝刀	十字、一字	把	各 1
9	电工刀	—	把	1
10	尖嘴钳	—	把	1
11	克丝钳	200 mm	把	1

三、考核要求

1. 被认定人入场后，首先由考评员告知题目，其次由被认定人检查准备工具材料，确认考核内容，当被认定人告知考评员可以开始时，由考评员开始计时。

2. 考核时间为 30 min。

3. 在被认定人考核期间，考评员可以依据考核内容向被认定人提问，以确认被认定人掌握考核内容。

4. 考核过程中若被认定人出现不安全行为或毁坏设备情况时，终止考试，成绩为零。

5. 考核完毕后，由被认定人在评分表上签字确认。

四、考核评分

1. 考评人数：3 名及以上考评员。

2. 评分程序及规则：考评员根据考生操作情况对照计分标准在评分表上给予记录评分。

3. 算分方法：满分为 100 分，60 分为及格。

五、铁道行业职业技能认定钳工(供电)中级工实作技能考核评分记录表

单位:________ 姓名:________ 性别:________ 准考证号:________ 工种:________ 级别:________

试题名称:单相电度表的安装

考核时间:30 min

操作开始时间:____时____分　　　　操作结束时间:____时____分

项　目	评分标准	标准分	评分标准	扣分因素及扣分	得分
准备工作 10 分	1. 按规定着装	5	未按规定着装和佩戴标志每少一项扣 2 分		
	2. 准备的工具材料齐全	5	准备的工具材料每少一件扣 2 分		
技术质量 标准及 操作程序 70 分	1. 安装画线布局合理	20	布局不合理每处扣 5 分		
	2. 电度表安装垂直、水平	10	有偏差扣 5 分		
	3. 单相双联空气开关的安装垂直、水平	10	有偏差扣 5 分		
	4. 瓷嘴安装牢固	10	有破损或松动每处扣 5 分		
	5. 配线正确、美观	20	接线错误扣 10 分,工艺差每处扣 2 分		
安全及 其他事项 20 分	安全情况良好,无违章,无不安全因素	20	发生触电取消资格		
			仪表,工具损坏扣 20 分		
			被工具划伤扣 10 分		
考核时间	规定时间 30 min	—	规定时间内未完成,计考试不合格		
合计		100			

考评员签名:　　　　被认定人:　　　　年　　月　　日

S4　识读设备的额定电压、额定电流、额定容量

一、考场要求

考场环境:同理论考试。

二、考试形式

笔答或口述。

三、考核要求

1. 被认定人入场后,首先由考评员告知题目,其次由被认定人检查准备工具材料,确认考核内容,当被认定人告知考评员可以开始时,由考评员开始计时。

2. 考核时间为 10 min。

3. 在被认定人考核期间，考评员可以依据考核内容向被认定人提问，以确认被认定人掌握考核内容。

4. 考核过程中若被认定人出现不安全行为或毁坏设备情况时，终止考试，成绩为零。

5. 考核完毕后，由被认定人在评分表上签字确认。

四、考核评分

1. 考评人数：3 名及以上考评员。

2. 评分程序及规则：考评员根据考生操作情况对照计分标准在评分表上给予记录评分。

3. 算分方法：满分为 100 分，60 分为及格。

五、铁道行业职业技能认定钳工(供电)中级工实作技能考核评分记录表

单位：________　姓名：________　性别：________　准考证号：________　工种：________　级别：________

试题名称：识读设备的额定电压、额定电流、额定容量

考核时间：10 min

操作开始时间：____时____分　　　　操作结束时间：____时____分

项　目	考核内容	标准分	评分标准	扣分因素及扣分	得分
准备工作 10 分	按规定着装	10	未按规定着装和佩戴标志每少一项扣 2 分		
考核内容 90 分	1. 口述额定电压的含义	20	错误扣 20 分，漏项扣 5 分		
	2. 口述额定电流的含义	20	错误扣 20 分，不符合要求每项扣 5 分		
	3. 口述额定容量的含义	20	错误扣 20 分，漏项扣 5 分		
	4. 说出现场变压器铭牌上的额定电压、额定电流、额定容量分别是多少	30	错误一项扣 10 分		
考核时间	规定时间 10 min	—	规定时间内未完成，计考试不合格		
合计		100			

考评员签名：　　　　　　被认定人：　　　　　　年　　月　　日

S5　绝缘安全用具的使用

一、考场准备

牵引变电所或牵引变电所实训场。要求场地整洁，隔离措施良好，无安全隐患。

二、材料工具准备

序号	名称	单位	数量	序号	名称	单位	数量
1	绝缘手套	双	1	3	安全帽	顶	1
2	绝缘靴	双	1				

三、考核要求

1. 被认定人入场后，首先由考评员告知题目，其次由被认定人检查准备工具材料，确认考核内容，当被认定人告知考评员可以开始时，由考评员开始计时。

2. 考核时间为 20 min。

3. 在被认定人考核期间，考评员可以依据考核内容向被认定人提问，以确认被认定人掌握考核内容。

4. 考核过程中若被认定人出现不安全行为或毁坏设备情况时，终止考试，成绩为零。

5. 考核完毕后，由被认定人在评分表上签字确认。

四、考核评分

1. 考评人数：3 名及以上考评员。

2. 评分程序及规则：考评员根据考生操作情况对照计分标准在评分表上给予记录评分。

3. 算分方法：满分为 100 分，60 分为及格。

五、铁道行业职业技能认定钳工(供电)中级工实作技能考核评分记录表

单位：_______ 姓名：_______ 性别：_______ 准考证号：_______ 工种：_______ 级别：_______

试题名称：绝缘安全用具的使用

考核时间：20 min

操作开始时间：___时___分 操作结束时间：___时___分

项目	考核内容	标准分	评分标准	扣分因素及扣分	得分
准备工作 10 分	1. 按规定着装	5	不按规定着装和佩戴标志每少一项扣 2 分		
	2. 准备的工具材料齐全	5	准备的工作材料每少一件扣 2 分		
技术质量标准及操作程序 70 分	1. 口述高压绝缘安全用具种类	5	漏、错一项扣 2 分		
	2. 正确使用绝缘棒	5	错误扣 5 分		
	3. 正确使用绝缘夹钳	5	错误扣 5 分		
	4. 正确使用验电器	5	错误扣 5 分		
	5. 口述使用绝缘棒安全注意事项	20	漏、错一项扣 3 分		
	6. 口述使用绝缘夹钳安全注意事项	15	漏、错一项扣 4 分		
	7. 口述使用验电器安全注意事项	15	漏、错一项扣 4 分		

续上表

项　目	考核内容	标准分	评分标准	扣分因素及扣分	得分
安全及其他事项20分	1. 安全情况良好,无违章,无不安全因素	10	与带电设备安全距离不够每处扣2分,违章操作扣5分		
	2. 无扔摔工具现象	10	扔摔一次扣5分		
考核时间	规定时间20 min	—	规定时间内未完成,计考试不合格		
合计分		100			

考评员签名：　　　　　　被认定人：　　　　　　年　月　日

S6　正确使用辅助绝缘安全用具

一、考场准备

牵引变电所或牵引变电所实训场。要求场地整洁,隔离措施良好,无安全隐患。

二、材料工具准备

序　号	名　称	单　位	数　量	序　号	名　称	单　位	数　量
1	绝缘手套	双	1	3	安全帽	顶	1
2	绝缘靴	双	1				

三、考核要求

1. 被认定人入场后,首先由考评员告知题目,其次由被认定人检查准备工具材料,确认考核内容,当被认定人告知考评员可以开始时,由考评员开始计时。

2. 考核时间为25 min。

3. 在被认定人考核期间,考评员可以依据考核内容向被认定人提问,以确认被认定人掌握考核内容。

4. 考核过程中若被认定人出现不安全行为或毁坏设备情况时,终止考试,成绩为零。

5. 考核完毕后,由被认定人在评分表上签字确认。

四、考核评分

1. 考评人数:3名及以上考评员。

2. 评分程序及规则:考评员根据考生操作情况对照计分标准在评分表上给予记录评分。

3. 算分方法:满分为100分,60分为及格。

五、铁道行业职业技能认定钳工(供电)中级工实作技能考核评分记录表

单位:________ 姓名:________ 性别:________ 准考证号:________ 工种:________ 级别:________

试题名称:正确使用辅助绝缘安全用具

考核时间:25 min

操作开始时间:____时____分 操作结束时间:____时____分

项 目	考核内容	标准分	评分标准	扣分因素及扣分	得分
准备工作 10分	1. 按规定着装	5	不按规定着装和佩戴标志每少一项扣2分		
	2. 准备的工具材料齐全	5	准备的工作材料每少一件扣2分		
技术质量 标准及 操作程序 70分	1. 口述高压绝缘安全用具种类	4	漏、错一项扣1分		
	2. 正确使用绝缘手套	4	错误扣4分		
	3. 正确使用绝缘鞋	4	错误扣4分		
	4. 正确使用绝缘垫	4	错误扣4分		
	5. 正确使用绝缘台	4	错误扣4分		
	6. 口述使用绝缘手套注意事项	20	漏、错一项扣5分		
	7. 口述使用绝缘鞋安全注意事项	10	漏、错一项扣5分		
	8. 口述使用低压验电器安全注意事项	10	漏、错一项扣5分		
	9. 口述使用绝缘台安全注意事项	10	漏、错一项扣5分		
安全及 其他事项 20分	1. 安全情况良好,无违章,无不安全因素	10	与带电设备安全距离不够每处扣2分,违章操作扣5分		
	2. 无扔摔工具现象	10	扔摔一次扣5分		
考核时间	规定时间25 min	—	规定时间内未完成,计考试不合格		
合计		100			

考评员签名: 被认定人: 年 月 日

S7 GW4-35D隔离开关型号的含义

一、考场要求

考场环境:同理论考试。

二、考试形式

笔答或口述。

三、考核要求

1. 被认定人入场后,首先由考评员告知题目,其次由被认定人检查准备工具材料,确认考

核内容，当被认定人告知考评员可以开始时，由考评员开始计时。

2. 考核时间为 10 min。

3. 在被认定人考核期间，考评员可以依据考核内容向被认定人提问，以确认被认定人掌握考核内容。

4. 考核过程中若被认定人出现不安全行为或毁坏设备情况时，终止考试，成绩为零。

5. 考核完毕后，由被认定人在评分表上签字确认。

四、考核评分

1. 考评人数：3 名及以上考评员。

2. 评分程序及规则：考评员根据考生操作情况对照计分标准在评分表上给予记录评分。

3. 算分方法：满分为 100 分，60 分为及格。

五、铁道行业职业技能认定钳工（供电）中级工实作技能考核评分记录表

单位：________　姓名：________　性别：________　准考证号：________　工种：________　级别：________

试题名称：GW4-35D 隔离开关型号的含义

考核时间：10 min

操作开始时间：____时____分　　　　操作结束时间：____时____分

项　目	考核内容	标准分	评分标准	扣分因素及扣分	得分
准备工作 10 分	按规定着装	10	未按规定着装和佩戴标志每少一项扣 2 分		
考核内容 90 分	1. 口述 G 的含义	20	错误扣 20 分		
	2. 口述 W 的含义	20	错误扣 20 分		
	3. 口述 4 的含义	10	错误扣 10 分		
	4. 口述 35 的含义	20	错误扣 20 分		
	5. 口述 D 的含义	20	错误扣 20 分		
考核时间	规定时间 10 min	—	规定时间内未完成，计考试不合格		
合计		100			

考评员签名：　　　　　　　　　被认定人：　　　　　　　　　年　　月　　日

S8　兆欧表的使用

一、考场准备

变配电所、牵引变电所实训场或操作平台。要求场地整洁，隔离措施良好，无安全隐患。

二、材料工具准备

序 号	名 称	单 位	数 量	序 号	名 称	单 位	数 量
1	兆欧表	块	1	3	个人工具	套	1
2	导线	m	若干				

三、考核要求

1. 被认定人入场后，首先由考评员告知题目，其次由被认定人检查准备工具材料，确认考核内容，当被认定人告知考评员可以开始时，由考评员开始计时。

2. 考核时间为 15 min。

3. 在被认定人考核期间，考评员可以依据考核内容向被认定人提问，以确认被认定人掌握考核内容。

4. 考核过程中若被认定人出现不安全行为或毁坏设备情况时，终止考试，成绩为零。

5. 考核完毕后，由被认定人在评分表上签字确认。

四、考核评分

1. 考评人数：3 名及以上考评员。

2. 评分程序及规则：考评员根据考生操作情况对照计分标准在评分表上给予记录评分。

3. 算分方法：满分为 100 分，60 分为及格。

五、铁道行业职业技能认定钳工(供电)中级工实作技能考核评分记录表

单位：________ 姓名：________ 性别：________ 准考证号：________ 工种：________ 级别：________

试题名称：兆欧表的使用

考核时间：15 min

操作开始时间：____时____分　　　　操作结束时间：____时____分

项 目	考核内容	标准分	评分标准	扣分因素及扣分	得分
准备工作 10分	1. 按规定着装	5	未按规定着装和佩戴标志每少一项扣 2 分		
	2. 准备的工具材料齐全	5	准备的工作材料每少一件扣 2 分		
技术质量 标准及 操作程序 70分	1. 兆欧表的选择。电阻测量时挡位选择正确(选满刻度的 2/3 处)	10	选错扣 10 分，造成烧表取消资格		
	2. 使用前的检查	5	不检查扣 5 分		
	3. 安全措施	5	不规范、熟练扣 5 分		
	4. 接线方法	10	接线错误扣 10 分		
	5. 摇速符合兆欧表规定(120 r/min)	15	不符合要求扣 15 分		
	6. 读数方法、结果正确	20	错误一处扣 5 分		
	7. 正确拆线收尾	5	错误一处扣 2 分		

续上表

项　目	考核内容	标准分	评分标准	扣分因素及扣分	得分
安全及其他事项 20分	1. 安全情况良好，无违章，无不安全因素	5	出现违章每次扣2分		
	2. 安全措施符合规定	10	误碰带电设备造成短路扣5分		
	3. 工作场地整洁，材料、工具摆放整齐	5	工作场地不整洁，材料、工具摆放零乱，每处扣5分		
考核时间	规定时间15 min	—	规定时间内未完成，计考试不合格		
合计		100			

考评员签名：　　　　　　　　　　被认定人：　　　　　　　　　　年　　月　　日

S9　CJX1-□/□□交流接触器型号的含义

一、考场要求

考场环境：同理论考试。

二、考试形式

笔答或口述。

三、考核要求

1. 被认定人入场后，首先由考评员告知题目，其次由被认定人检查准备工具材料，确认考核内容，当被认定人告知考评员可以开始时，由考评员开始计时。

2. 考核时间为10 min。

3. 在被认定人考核期间，考评员可以依据考核内容向被认定人提问，以确认被认定人掌握考核内容。

4. 考核过程中若被认定人出现不安全行为或毁坏设备情况时，终止考试，成绩为零。

5. 考核完毕后，由被认定人在评分表上签字确认。

四、考核评分

1. 考评人数：3名及以上考评员。

2. 评分程序及规则：考评员根据考生操作情况对照计分标准在评分表上给予记录评分。

3. 算分方法：满分为100分，60分为及格。

五、铁道行业职业技能认定钳工(供电)中级工实作技能考核评分记录表

单位:________ 姓名:________ 性别:________ 准考证号:________ 工种:________ 级别:________

试题名称:CJX1-□/□□交流接触器型号的含义

考核时间:10 min

操作开始时间:___时___分 操作结束时间:___时___分

项 目	考核内容	标准分	评分标准	扣分因素及扣分	得分
准备工作 10分	按规定着装	10	未按规定着装和佩戴标志每少一项扣2分		
考核内容 90分	1. 口述C的含义	10	错误扣10分		
	2. 口述J的含义	10	错误扣10分		
	3. 口述X的含义	10	错误扣10分		
	4. 口述1的含义	10	错误扣10分		
	5. 口述斜杠上方方框的含义	10	错误扣10分		
	6. 口述斜杠下方第一个方框的含义	20	错误扣20分		
	7. 口述斜杠下方第二个方框的含义	20	错误扣20分		
考核时间	规定时间10 min	—	规定时间内未完成,计考试不合格		
合计		100			

考评员签名: 被认定人: 年 月 日

S10 三相异步电动机点动正转控制

一、考场准备

三相异步电动机1台。要求场地整洁,隔离措施良好,无安全隐患。

二、材料工具准备

序 号	名 称	单 位	数 量	序 号	名 称	单 位	数 量
1	安全帽	顶	1	5	交流接触器	个	1
2	空气开关	个	1	6	热继电器	个	1
3	熔断器	个	5	7	A4纸	张	1
4	按钮开关	个	1	8	导线	m	若干

三、考核要求

1. 被认定人入场后,首先由考评员告知题目,其次由被认定人检查准备工具材料,确认考

核内容，当被认定人告知考评员可以开始时，由考评员开始计时。

2. 考核时间为 30 min。

3. 在被认定人考核期间，考评员可以依据考核内容向被认定人提问，以确认被认定人掌握考核内容。

4. 考核过程中若被认定人出现不安全行为或毁坏设备情况时，终止考试，成绩为零。

5. 考核完毕后，由被认定人在评分表上签字确认。

四、考核评分

1. 考评人数：3 名及以上考评员。

2. 评分程序及规则：考评员根据考生操作情况对照计分标准在评分表上给予记录评分。

3. 算分方法：满分为 100 分，60 分为及格。

五、铁道行业职业技能认定钳工(供电)中级工实作技能考核评分记录表

单位：_______　姓名：_______　性别：_______　准考证号：_______　工种：_______　级别：_______

试题名称：三相异步电动机点动正转控制

考核时间：30 min

操作开始时间：____时____分　　　　操作结束时间：____时____分

项　目	考核内容	标准分	评分标准	扣分因素及扣分	得分
准备工作 10 分	1. 按规定着装	5	未按规定着装和佩戴标志每少一项扣 2 分		
	2. 准备的工具材料齐全	5	准备的工具材料每少一件扣 2 分		
技术质量 标准及 操作程序 70 分	1. 画出三相异步电动机点动正转控制原理图	20	要求图面整齐、美观，不符合要求每处扣 5 分；图形符号不正确，每处扣 5 分；绘图错误扣 20 分		
	2. 根据所画的图正确接线	20	接线不正确，每处扣 10 分		
	3. 接线布局合理	10	接线布局不合理，每处扣 5 分		
	4. 接线无松动，导线横平竖直	20	接线松动，每处扣 5 分；导线凌乱，不横平竖直，扣 10 分		
安全及 其他事项 20 分	安全情况良好，无违章，无不安全因素	20	工具材料使用前未检查每项扣 10 分		
			接线过程中有碰伤、划伤现象扣 20 分		
考核时间	规定时间 30 min	—	规定时间内未完成，计考试不合格		
合计		100			

考评员签名：　　　　　　　　被认定人：　　　　　　　　年　　月　　日

S11　接地网的接地电阻测量

一、考场准备

牵引变电所或牵引变电所实训场，辅助作业人员1名。要求场地整洁，隔离措施良好，无安全隐患。

二、材料工具准备

序　号	名　称	单　位	数　量	序　号	名　称	单　位	数　量
1	接地电阻表	台	1	5	对讲机	台	3
2	接地针	根	2	6	手锤	把	2
3	测量线	根	3	7	试验报告单	张	1
4	温湿度表	块	1				

三、考核要求

1. 被认定人入场后，首先由考评员告知题目，其次由被认定人检查准备工具材料，确认考核内容，当被认定人告知考评员可以开始时，由考评员开始计时。

2. 考核时间为20 min。

3. 在被认定人考核期间，考评员可以依据考核内容向被认定人提问，以确认被认定人掌握考核内容。

4. 考核过程中若被认定人出现不安全行为或毁坏设备情况时，终止考试，成绩为零。

5. 考核完毕后，由被认定人在评分表上签字确认。

四、考核评分

1. 考评人数：3名及以上考评员。

2. 评分程序及规则：考评员根据考生操作情况对照计分标准在评分表上给予记录评分。

3. 算分方法：满分为100分，60分为及格。

五、铁道行业职业技能认定钳工(供电)中级工实作技能考核评分记录表

单位：________　姓名：________　性别：________　准考证号：________　工种：________　级别：________

试题名称：接地网的接地电阻测量

考核时间：20 min

操作开始时间：____时____分　　　　操作结束时间：____时____分

项　目	考核内容	标准分	评分标准	扣分因素及扣分	得分
准备工作 10分	1. 按规定着装	5	未按规定着装和佩戴标志每少一项扣2分		

续上表

项　目	考核内容	标准分	评分标准	扣分因素及扣分	得分
准备工作10分	2. 仪器、材料准备齐全，并进行检查	5	材料、工具选错一项扣2分，未进行检查扣3分		
技术质量标准及操作程序70分	1. 确认被测设备接地装置与引下线已断开	5	未确认接地装置是否断开扣5分		
	2. 将两个接地探针沿接地体辐射方向分别插入距接地体20 m、40 m的地下，插入深度为400 mm，仪器和接地探针要擦拭干净，特别是接地探针，一定要将其表面影响导电能力的污垢及锈渍清理干净	10	接地探针操作错误一处扣5分		
	3. 将接地电阻测量仪平放于接地体附近，并进行接线。 ①用最短的专用导线将接地体与接地测量仪的接线端“P2”“C2”短接后的公共端（四端钮的测量仪）相连； ②用最长的专用导线将距接地体40 m的测量探针（电流探针）与测量仪的接线端“C1”相连； ③用余下的长度居中的专用导线将距接地体20 m的测量探针（电位探针）与测量仪的接线端“P1”相连	20	接线错误每处扣10分		
	4. 将测量仪表水平放置后，检查检流计的指针是否指向中心线，否则调节“零位调整器”使测量仪指针指向中心线	10	未检查检流计的指针是否指向中心线扣5分		
	5. 将“倍率标度”（或称粗调旋钮）置于最佳倍数，并慢慢地转动发电机转柄（指针开始偏移），同时旋动“测量标度盘”（或称细调旋钮）使检流计指针指向中心线	10	“倍率标度”未置于最佳倍数，同时旋动“测量标度盘”未使检流计指针指向中心线，每错误一处扣5分		
	6. 当检流计的指针接近于平衡时（指针近于中心线）加快摇动转柄，使其转速达到120 r/min以上，同时调整“测量标度盘”，使指针指向中心线。若“测量标度盘”的读数过小（小于1）不易读准确时，说明倍率标度倍数过大，此时应将“倍率标度”置于较小的倍数，重新调整“测量标度盘”使指针指向中心线上并读出准确读数	10	测量过程中不断调节“测量标度盘”，使指针指向中心线，根据读数的大小调节倍率，操作错误一处扣5分		
	7. 计算测量结果，即$R_{地}$=“倍率标度”读数×“测量标度盘”读数	5	读数错误扣5分		

续上表

项　目	考核内容	标准分	评分标准	扣分因素及扣分	得分
安全及其他事项 20 分	安全情况良好,无违章,无不安全因素	20	测量过程中要呼唤应答,做好互控,未进行互控扣 5 分;测量过程中与带电设备保持足够的安全距离,不合格扣 10 分;清楚接地电阻合格标准,不清楚扣 10 分		
考核时间	规定时间 20 min	—	每超时 1 min,从总分里扣 2 分,超时 5 min 停止考试		
合计		100			

考评员签名:　　　　被认定人:　　　　年　　月　　日

S12　电压互感器一次绕组绝缘电阻测量

一、考场准备

电压互感器 1 台,配合辅助人员 1 名。要求场地整洁,隔离措施良好,无安全隐患。

二、材料工具准备

序　号	名　　称	单　位	数　量	序　号	名　　称	单　位	数　量
1	安全帽	顶	1	4	电工工具	套	1
2	绝缘手套	双	1	5	2 500 V 绝缘电阻表	个	1
3	绝缘靴	双	1	6	5 000 V 绝缘电阻表	个	1

三、考核要求

1. 被认定人入场后,首先由考评员告知题目,其次由被认定人检查准备工具材料,确认考核内容,当被认定人告知考评员可以开始时,由考评员开始计时。
2. 考核时间为 30 min。
3. 在被认定人考核期间,考评员可以依据考核内容向被认定人提问,以确认被认定人掌握考核内容。
4. 考核过程中若被认定人出现不安全行为或毁坏设备情况时,终止考试,成绩为零。
5. 考核完毕后,由被认定人在评分表上签字确认。

四、考核评分

1. 考评人数:3 名及以上考评员。
2. 评分程序及规则:考评员根据考生操作情况对照计分标准在评分表上给予记录评分。
3. 算分方法:满分为 100 分,60 分为及格。

五、铁道行业职业技能认定钳工(供电)中级工实作技能考核评分记录表

单位:________ 姓名:________ 性别:________ 准考证号:________ 工种:________ 级别:________

试题名称:电压互感器一次绕组绝缘电阻测量

考核时间:30 min

操作开始时间:____时____分　　　　　　　　　　操作结束时间:____时____分

项　目	考核内容	标准分	评分标准	扣分因素及扣分	得分
准备工作 10分	1. 按规定着装	5	未按规定着装和佩戴标志每少一项扣2分		
	2. 准备的工具材料齐全	5	准备的工具材料每少一件扣2分		
技术质量标准及操作程序 70分	1. 确认电压互感器已停电,并对其进行清扫	5	未确认、未清扫每项扣5分		
	2. 正确选择绝缘电阻表,对绝缘电阻表的质量状态进行检查,进行"开路""短路"试验	5	绝缘电阻表选择错误扣5分,未对绝缘电阻表的质量状态进行检查扣5分		
	3. 使用绝缘工具对电压互感器各绕组接地放电	5	未放电扣5分;放电未使用绝缘工具扣5分;各绕组放电,每漏一处扣5分		
	4. 绝缘电阻表的接线正确。电压互感器一次绕组末端(即"X"端)与地解开,并与"A"短接;绝缘电阻表"L"端接电压互感器一次绕组首端(即"A"端),"E"端接地,电压互感器二次绕组短路接地	20	接线错误,每项扣10分		
	5. 以120 r/min的速度摇动手柄,待表的指针稳定后,将"L"端测试线搭上电压互感器一次绕组"A"端或"X"端,读取60 s绝缘电阻值并记录	20	转速达不到要求扣5分,测试线接线错误扣10分,读数不正确扣5分		
	6. 测量完毕后,应先取下"L"线,再停止摇动	5	先停止摇动再取下测试线扣5分		
	7. 对电压互感器一次绕组放电并接地	5	未放电并接地扣5分		
	8. 作业完毕,清理作业现场	5	未清理扣5分		
安全及其他事项 20分	安全情况良好,无违章,无不安全因素	20	工具材料、安全用具使用前未检查每项扣10分		
			接线过程中有碰伤、划伤现象扣20分		
考核时间	规定时间30 min	—	规定时间内未完成,计考试不合格		
合计		100			

考评员签名:　　　　　　　　　　被认定人:　　　　　　　　　　年　　月　　日

S13　电压互感器二次绕组绝缘电阻测量

一、考场准备

电压互感器1台,配合辅助人员1名。要求场地整洁,隔离措施良好,无安全隐患。

二、材料工具准备

序号	名称	单位	数量	序号	名称	单位	数量
1	安全帽	顶	1	4	电工工具	套	1
2	绝缘手套	双	1	5	2 500 V绝缘电阻表	个	1
3	绝缘靴	双	1	6	5 000 V绝缘电阻表	个	1

三、考核要求

1. 被认定人入场后,首先由考评员告知题目,其次由被认定人检查准备工具材料,确认考核内容,当被认定人告知考评员可以开始时,由考评员开始计时。

2. 考核时间为30 min。

3. 在被认定人考核期间,考评员可以依据考核内容向被认定人提问,以确认被认定人掌握考核内容。

4. 考核过程中若被认定人出现不安全行为或毁坏设备情况时,终止考试,成绩为零。

5. 考核完毕后,由被认定人在评分表上签字确认。

四、考核评分

1. 考评人数:3名及以上考评员。

2. 评分程序及规则:考评员根据考生操作情况对照计分标准在评分表上给予记录评分。

3. 算分方法:满分为100分,60分为及格。

五、铁道行业职业技能认定钳工(供电)中级工实作技能考核评分记录表

单位:________　姓名:________　性别:________　准考证号:________　工种:________　级别:________

试题名称:电压互感器二次绕组绝缘电阻测量

考核时间:30 min

操作开始时间:____时____分　　　　操作结束时间:____时____分

项目	考核内容	标准分	评分标准	扣分因素及扣分	得分
准备工作10分	1. 按规定着装	5	未按规定着装和佩戴标志每少一项扣2分		
	2. 准备的工具材料齐全	5	准备的工具材料每少一件扣2分		

续上表

项　目	考核内容	标准分	评分标准	扣分因素及扣分	得分
技术质量标准及操作程序70分	1. 确认电压互感器已停电，并对其进行清扫	5	未确认或未清扫每项扣5分		
	2. 正确选择绝缘电阻表，对绝缘电阻表的质量状态进行检查，进行“开路”“短路”试验	5	绝缘电阻表选择错误扣5分，未对绝缘电阻表的质量状态进行检查扣5分		
	3. 使用绝缘工具对电压互感器各绕组接地放电	5	未放电扣5分；放电未使用绝缘工具扣5分；各绕组放电，每漏一处扣5分		
	4. 绝缘电阻表的接线正确。电压互感器一次绕组短路接地，二次绕组分别短路。绝缘电阻表“L”端接电压互感器测量绕组，“E”端接地，非测量绕组接地	20	接线错误，每项扣10分		
	5. 以120 r/min的速度摇动手柄，待表的指针稳定后，将“L”端测试线搭上电压互感器测量绕组，读取60 s绝缘电阻值并记录	20	转速达不到要求扣5分，测试线接线错误扣10分，读数不正确扣5分		
	6. 测量完毕后，应先取下“L”线，再停止摇动	5	先停止摇动再取下测试线扣5分		
	7. 对电压互感器一次绕组放电并接地	5	未放电接地扣5分		
	8. 作业完毕，清理作业现场	5	未清理扣5分		
安全及其他事项20分	安全情况良好，无违章，无不安全因素	20	工具材料、安全用具使用前未检查每项扣10分		
			接线过程中有碰伤、划伤现象扣20分		
考核时间	规定时间30 min	—	规定时间内未完成，计考试不合格		
合计		100			

考评员签名：　　　　　　　　　　被认定人：　　　　　　　　　　年　　月　　日

S14　变压器一次侧绝缘电阻测量

一、考场准备

10 kV油浸式变压器1台，配合辅助人员1名。要求场地整洁，隔离措施良好，无安全隐患。

二、材料工具准备

序 号	名 称	单 位	数 量	序 号	名 称	单 位	数 量
1	安全帽	顶	1	4	电工工具	套	1
2	绝缘手套	双	1	5	2 500 V 绝缘电阻表	个	1
3	绝缘靴	双	1	6	1 000 V 绝缘电阻表	个	1

三、考核要求

1. 被认定人入场后，首先由考评员告知题目，其次由被认定人检查准备工具材料，确认考核内容，当被认定人告知考评员可以开始时，由考评员开始计时。

2. 考核时间为 30 min。

3. 在被认定人考核期间，考评员可以依据考核内容向被认定人提问，以确认被认定人掌握考核内容。

4. 考核过程中若被认定人出现不安全行为或毁坏设备情况时，终止考试，成绩为零。

5. 考核完毕后，由被认定人在评分表上签字确认。

四、考核评分

1. 考评人数：3 名及以上考评员。

2. 评分程序及规则：考评员根据考生操作情况对照计分标准在评分表上给予记录评分。

3. 算分方法：满分为 100 分，60 分为及格。

五、铁道行业职业技能认定钳工(供电)中级工实作技能考核评分记录表

单位：_______ 姓名：_______ 性别：_______ 准考证号：_______ 工种：_______ 级别：_______

试题名称：变压器一次侧绝缘电阻测量

考核时间：30 min

操作开始时间：___时___分 操作结束时间：___时___分

项 目	考核内容	标准分	评分标准	扣分因素及扣分	得分
准备工作 10 分	1. 按规定着装	5	未按规定着装和佩戴标志每少一项扣 2 分		
	2. 准备的工具材料齐全	5	准备的工具材料每少一件扣 2 分		
技术质量标准及操作程序 70 分	1. 确认变压器已停电，并对其进行清扫	5	未确认或未清扫每项扣 5 分		
	2. 正确选择绝缘电阻表，对绝缘电阻表的质量状态进行检查，进行"开路""短路"试验	5	绝缘电阻表选择错误扣 5 分，未对绝缘电阻表的质量状态进行检查扣 5 分		
	3. 使用绝缘工具对变压器各绕组接地放电	5	未放电扣 5 分；放电未使用绝缘工具扣 5 分；各绕组放电，每漏一处扣 5 分		

续上表

项　目	考核内容	标准分	评分标准	扣分因素及扣分	得分
技术质量标准及操作程序70分	4. 正确接线	20	接线错误，每项扣10分		
	5. 以120 r/min的速度摇动手柄，待表的指针稳定后，将“L”端测试线搭上变压器一次被测端，读取60 s绝缘电阻值并记录	20	转速达不到要求扣5分，测试线接线错误扣20分，读数不正确扣5分		
	6. 测量完毕后，应先取下“L”线，再停止摇动	5	先停止摇动再取下测试线扣5分		
	7. 对变压器一次绕组放电，判断变压器绝缘是否合格	5	未放电扣5分，判断错误扣5分		
	8. 作业完毕，清理作业现场	5	未清理扣5分		
安全及其他事项20分	安全情况良好，无违章，无不安全因素	20	工具材料、安全用具使用前未检查每项扣10分		
			接线过程中有碰伤、划伤现象扣20分		
考核时间	规定时间30 min	—	规定时间内未完成，计考试不合格		
合计		100			

考评员签名：　　　　　　　　　　被认定人：　　　　　　　　　　年　　月　　日

S15　变压器二次侧绝缘电阻测量

一、考场准备

10 kV油浸式变压器1台，配合辅助人员1名。要求场地整洁，隔离措施良好，无安全隐患。

二、材料工具准备

序　号	名　　称	单　位	数　量	序　号	名　　称	单　位	数　量
1	安全帽	顶	1	4	电工工具	套	1
2	绝缘手套	双	1	5	2 500 V绝缘电阻表	个	1
3	绝缘靴	双	1	6	1 000 V绝缘电阻表	个	1

三、考核要求

1. 被认定人入场后，首先由考评员告知题目，其次由被认定人检查准备工具材料，确认考核内容，当被认定人告知考评员可以开始时，由考评员开始计时。

2. 考核时间为30 min。

3. 在被认定人考核期间,考评员可以依据考核内容向被认定人提问,以确认被认定人掌握考核内容。

4. 考核过程中若被认定人出现不安全行为或毁坏设备情况时,终止考试,成绩为零。

5. 考核完毕后,由被认定人在评分表上签字确认。

四、考核评分

1. 考评人数:3 名及以上考评员。

2. 评分程序及规则:考评员根据考生操作情况对照计分标准在评分表上给予记录评分。

3. 算分方法:满分为 100 分,60 分为及格。

五、铁道行业职业技能认定钳工(供电)中级工实作技能考核评分记录表

单位:________ 姓名:________ 性别:________ 准考证号:________ 工种:________ 级别:________

试题名称:变压器二次绕组绝缘电阻测量

考核时间:30 min

操作开始时间:____时____分　　　　操作结束时间:____时____分

项　目	考核内容	标准分	评分标准	扣分因素及扣分	得分
准备工作 10 分	1. 按规定着装	5	未按规定着装和佩戴标志每少一项扣 2 分		
	2. 准备的工具材料齐全	5	准备的工具材料每少一件扣 2 分		
技术质量标准及操作程序 70 分	1. 确认变压器已停电,并对其进行清扫	5	未确认或未清扫每项扣 5 分		
	2. 正确选择绝缘电阻表,对绝缘电阻表的质量状态进行检查,进行"开路""短路"试验	5	绝缘电阻表选择错误扣 5 分,未对绝缘电阻表的质量状态进行检查扣 5 分		
	3. 使用绝缘工具对变压器各绕组接地放电	15	未放电扣 5 分;放电未使用绝缘工具扣 5 分;各绕组放电,每漏一处扣 5 分		
	4. 正确接线	20	接线错误,每项扣 10 分		
	5. 以 120 r/min 的速度摇动手柄,待表的指针稳定后,将"L"端测试线搭上变压器二次被测端,读取 60 s 绝缘电阻值并记录	10	转速达不到要求扣 5 分,测试线接线错误扣 10 分,读数不正确扣 5 分		
	6. 测量完毕后,应先取下"L"线,再停止摇动	5	先停止摇动再取下测试线扣 5 分		
	7. 对变压器二次绕组放电,判断变压器绝缘是否合格	5	未放电扣 5 分,判断错误扣 5 分		
	8. 作业完毕,清理作业现场	5	未清理扣 5 分		

续上表

项　目	考核内容	标准分	评分标准	扣分因素及扣分	得分
安全及其他事项20分	安全情况良好，无违章，无不安全因素	20	工具材料、安全用具使用前未检查每项扣10分		
			接线过程中有碰伤、划伤现象扣20分		
考核时间	规定时间30 min	—	规定时间内未完成，计考试不合格		
合计		100			

考评员签名：　　　　　　被认定人：　　　　　　年　月　日

S16　变压器绝缘油取样

一、考场准备

10 kV油浸式变压器1台，或变电所主变压器1台。要求场地整洁，隔离措施良好，无安全隐患。

二、材料工具准备

序　号	名　称	单　位	数　量	序　号	名　称	单　位	数　量
1	安全帽	顶	1	4	扳手	套	1
2	橡胶手套	双	1	5	广口瓶	个	5
3	绝缘鞋	双	1	6	抹布	块	若干

三、考核要求

1. 被认定人入场后，首先由考评员告知题目，其次由被认定人检查准备工具材料，确认考核内容，当被认定人告知考评员可以开始时，由考评员开始计时。
2. 考核时间为30 min。
3. 在被认定人考核期间，考评员可以依据考核内容向被认定人提问，以确认被认定人掌握考核内容。
4. 考核过程中若被认定人出现不安全行为或毁坏设备情况时，终止考试，成绩为零。
5. 考核完毕后，由被认定人在评分表上签字确认。

四、考核评分

1. 考评人数：3名及以上考评员。
2. 评分程序及规则：考评员根据考生操作情况对照计分标准在评分表上给予记录评分。
3. 算分方法：满分为100分，60分为及格。

五、铁道行业职业技能认定电机钳工中级工实作技能考核评分记录表

单位:________ 姓名:________ 性别:________ 准考证号:________ 工种:________ 级别:________

试题名称:变压器绝缘油取样

考核时间:30 min

操作开始时间:____时____分　　　　操作结束时间:____时____分

项　目	考核内容	标准分	评分标准	扣分因素及扣分	得分
准备工作 10分	1. 按规定着装	5	未按规定着装和佩戴标志每少一项扣2分		
	2. 准备的工具材料齐全	5	准备的工具材料每少一件扣2分		
技术质量标准及操作程序 70分	1. 变压器放油程序正确	4	错误一次扣4分		
	2. 将放油阀擦拭干净	8	未擦拭扣8分		
	3. 取样前先放出1～2 kg变压器油,冲洗放油阀油道	8	未冲洗扣8分		
	4. 取样前应将广口瓶干燥处理	20	未处理扣20分		
	5. 用放出的变压器油冲洗广口瓶	20	少一次冲洗扣10分		
	6. 放油取样时瓶口不得接触放油阀	10	触及放油阀扣10分		
安全及其他事项 20分	1. 根据安全操作规程进行取样; 2. 安全情况良好,无违章,无不安全因素	20	违反操作规程扣10分		
			工具材料、安全用具使用前未检查每项扣10分		
			操作过程中工具损坏一件扣5分		
			造成变压器故障的取消资格		
考核时间	规定时间30 min	—	规定时间内未完成,计考试不合格		
合计		100			

考评员签名:　　　　被认定人:　　　　年　月　日

S17　指针万用表判断三相电动机的首尾端

一、考场准备

变配电所、牵引变电所实训场或操作平台。要求场地整洁,隔离措施良好,无安全隐患。

二、材料工具准备

序　号	名　称	单　位	数　量	序　号	名　称	单　位	数　量
1	指针式万用表	块	1	4	电池	—	若干
2	导线	m	若干	5	三相电动机	台	1
3	个人工具	套	1				

三、考核要求

1. 被认定人入场后，首先由考评员告知题目，其次由被认定人检查准备工具材料，确认考核内容，当被认定人告知考评员可以开始时，由考评员开始计时。

2. 考核时间为 30 min。

3. 在被认定人考核期间，考评员可以依据考核内容向被认定人提问，以确认被认定人掌握考核内容。

4. 考核过程中若被认定人出现不安全行为或毁坏设备情况时，终止考试，成绩为零。

5. 考核完毕后，由被认定人在评分表上签字确认。

四、考核评分

1. 考评人数：3 名及以上考评员。

2. 评分程序及规则：考评员根据考生操作情况对照计分标准在评分表上给予记录评分。

3. 算分方法：满分为 100 分，60 分为及格。

五、铁道行业职业技能认定钳工(供电)中级工实作技能考核评分记录表

单位：_______　姓名：_______　性别：_______　准考证号：_______　工种：_______　级别：_______

试题名称：指针万用表判断三相电动机的首尾端

考核时间：30 min

操作开始时间：___时___分　　　　操作结束时间：___时___分

项目	考核内容	标准分	评分标准	扣分因素及扣分	得分
准备工作 10 分	1. 按规定着装	5	未按规定着装和佩戴标志每少一项扣 2 分		
	2. 准备的工具材料齐全	5	准备的工具材料每少一件扣 2 分		
技术质量标准及操作程序 70 分	1. 万用表外观、性能检查	5	未检查扣 5 分		
	2. 万用表机械、电气调零	5	未检查扣 5 分		
	3. 检查计量合格证，应在检定周期内	5	未检查扣 5 分		
	4. 万用表与变压器的接线	10	错误扣 10 分		
	5. 电池与电动机接线应正确	5	错误扣 5 分		
	6. 根据接线判断极性	20	方法错误扣 20 分		
	7. 将线圈连成星形、角形接线	20	错误一次扣 10 分		
安全及其他事项 20 分	安全情况良好，无违章，无不安全因素	20	工具材料、安全用具使用前未检查每项扣 10 分		
			接线过程中有碰伤、划伤现象扣 20 分		
考核时间	规定时间 30 min	—	规定时间内未完成，计考试不合格		
合计		100			

考评员签名：　　　　被认定人：　　　　年　　月　　日

S18　更换高压熔断器

一、考场准备

变配电所或变电实训场地。要求场地整洁,隔离措施良好,无安全隐患。

二、材料工具准备

序　号	名　　称	规　　格	数　量
1	安全帽	顶	2
2	绝缘靴	双	2
3	绝缘手套	双	1
4	数字万用表	块	1
5	高压熔断器	根据实际设备所用型号	2
6	接地线	组	1
7	钥匙	把	1
8	标示牌	“有人工作,禁止合闸”	1
9	验电器	根据设备电压等级选择	1

三、考核要求

1. 被认定人入场后,首先由考评员告知题目,其次由被认定人检查准备工具材料,确认考核内容,当被认定人告知考评员可以开始时,由考评员开始计时。

2. 考核时间为 20 min。

3. 在被认定人考核期间,考评员可以依据考核内容向被认定人提问,以确认被认定人掌握考核内容。

4. 考核过程中若被认定人出现不安全行为或毁坏设备情况时,终止考试,成绩为零。

5. 考核完毕后,由被认定人在评分表上签字确认。

四、考核评分

1. 考评人数:3 名及以上考评员。

2. 评分程序及规则:考评员根据考生操作情况对照计分标准在评分表上给予记录评分。

3. 算分方法:满分为 100 分,60 分为及格。

五、铁道行业职业技能认定钳工(供电)中级工实作技能考核评分记录表

单位:________　姓名:________　性别:________　准考证号:________　工种:________　级别:________

试题名称:更换高压熔断器

考核时间:20 min

操作开始时间:____时____分　　　　　　　　　　操作结束时间:____时____分

项　目	考核内容	标准分	评分标准	扣分因素及扣分	得分
准备工作 10 分	1. 按规定着装	5	未按规定着装和佩戴标志每少一项扣 2 分		
	2. 准备的工具材料齐全	5	准备的工具材料每少一件扣 2 分		
技术质量 标准及 操作程序 70 分	1. 确认签发工作票	5	未确认扣 5 分		
	2. 确认设备已停电,按要求办理安全措施	5	未确认安全措施及设备已停电扣 5 分		
	3. 戴好绝缘手套、安全帽,穿好绝缘靴,操作人戴防护眼镜	5	未按规定执行每项扣 2 分		
	4. 检查更换后的高压熔断器是否熔断,进行测量	20	操作错误每项扣 5 分		
	5. 按程序更换熔断器	25	未按程序更换缺一项扣 5 分		
	6. 确认更换后的状态	5	未确认扣 5 分		
	7. 监护人及操作人相互确认	5	未确认扣 5 分		
	8. 作业完毕,向调度汇报,清理作业现场	5	未按规定执行每项扣 2 分		
安全及 其他事项 20 分	安全情况良好,无违章,无不安全因素	20	安全用具,工具材料使用前未检查,每项扣 5 分		
			操作中与带电设备安全距离不够扣 10 分		
考核时间	规定时间 20 min	—	规定时间内未完成,计考试不合格		
合计		100			

考评员签名:　　　　　　　　　　　被认定人:　　　　　　　　　　　年　　月　　日

S19　根据馈线二次图纸使用回路法查电位

一、考场准备

牵引变电所或牵引变电所实训场,配合辅助人员 1 名。要求场地整洁,隔离措施良好,无安全隐患。

二、材料工具准备

序 号	名 称	单 位	数 量	序 号	名 称	单 位	数 量
1	二次图纸	套	1	2	数字式万用表	台	1

三、考核要求

1. 被认定人入场后,首先由考评员告知题目,其次由被认定人检查准备工具材料,确认考核内容,当被认定人告知考评员可以开始时,由考评员开始计时。

2. 考核时间为 20 min。

3. 在被认定人考核期间,考评员可以依据考核内容向被认定人提问,以确认被认定人掌握考核内容。

4. 考核过程中若被认定人出现不安全行为或毁坏设备情况时,终止考试,成绩为零。

5. 考核完毕后,由被认定人在评分表上签字确认。

四、考核评分

1. 考评人数:3 名及以上考评员。

2. 评分程序及规则:考评员根据考生操作情况对照计分标准在评分表上给予记录评分。

3. 算分方法:满分为 100 分,60 分为及格。

五、铁道行业职业技能认定钳工(供电)中级工实作技能考核评分记录表

单位:_______ 姓名:_______ 性别:_______ 准考证号:_______ 工种:_______ 级别:_______

试题名称:根据馈线二次图纸使用回路法查电位

考核时间:20 min

操作开始时间:___时___分　　　　操作结束时间:___时___分

项 目	考核内容	标准分	评分标准	扣分因素及扣分	得分
准备工作 10 分	1. 按规定着装	5	未按规定着装和佩戴标志每少一项扣 2 分		
	2. 准备的工具材料齐全	5	准备的工具材料每少一件扣 2 分		
技术质量标准及操作程序 70 分	1. 对万用表进行使用前检查	5	未检查扣 5 分		
	2. 对整个二次回路清楚,能根据图纸准确找到实际设备位置及正确的点位	30	找不到对应的位置每处扣 5 分		
	3. 能正确使用万用表进行测量	5	万用表使用不熟练扣 5 分		
	4. 对照二次回路测量电位,考试点共设 3 个	30	测量错误,每处扣 10 分		

续上表

项　目	考核内容	标准分	评分标准	扣分因素及扣分	得分
安全及其他事项20分	安全情况良好，无违章，无不安全因素	20	查电位中时刻与带电设备保持足够的安全距离，安全距离不够者，每处扣5分		
			查电位时严禁电流互感器二次开路，电压互感器二次短路，交直流接地或短路，未按要求执行每处扣10分		
			发生设备故障或危及人身安全的行为，取消资格		
考核时间	规定时间20 min	—	规定时间内未完成，计考试不合格		
合计		100			

考评员签名：　　　　被认定人：　　　　年　　月　　日

S20　保护定值区切换、定值修改、保护投退

一、考场准备

牵引变电所实训场。要求场地整洁，隔离措施良好，无安全隐患。

二、材料工具准备

序　号	名　称	单　位	数　量	序　号	名　称	单　位	数　量
1	定值单	份	1	3	录像设备	台	1
2	记录本	本	1				

三、考核要求

1. 被认定人入场后，首先由考评员告知题目，其次由被认定人检查准备工具材料，确认考核内容，当被认定人告知考评员可以开始时，由考评员开始计时。

2. 考核时间为20 min。

3. 在被认定人考核期间，考评员可以依据考核内容向被认定人提问，以确认被认定人掌握考核内容。

4. 考核过程中若被认定人出现不安全行为或毁坏设备情况时，终止考试，成绩为零。

5. 考核完毕后，由被认定人在评分表上签字确认。

四、考核评分

1. 考评人数：3名及以上考评员。

2. 评分程序及规则：考评员根据考生操作情况对照计分标准在评分表上给予记录评分。

3. 算分方法:满分为 100 分,60 分为及格。

五、铁道行业职业技能认定钳工(供电)中级工实作技能考核评分记录表

单位:________ 姓名:________ 性别:________ 准考证号:________ 工种:________ 级别:________

试题名称:保护定值区切换、定值修改、保护投退

考核时间:20 min

操作开始时间:____时____分　　　　操作结束时间:____时____分

项　目	考核内容	标准分	评分标准	扣分因素及扣分	得分
准备工作 10 分	1. 按规定着装	5	未按规定着装和佩戴标志每少一项扣 2 分		
	2. 准备的工具材料齐全	5	准备的工具材料每少一件扣 2 分		
技术质量 标准及 操作程序 70 分	1. 正常调取保护	5	保护定值不能正常调取扣 5 分		
	2. 清楚各保护的名称以及定值查询,定值区查询的方法	20	不清楚各保护的名称以及定值查询,定值区查询,扣 10 分		
	3. 正确进行保护定值区切换,定值修改	20	不清楚保护定值区切换,定值修改操作,扣 10 分		
	4. 熟练操作各保护的投退方法	20	能找出投入的保护,不清楚保护投退方法扣 5 分		
	5. 清楚后台操作密码	5	不清楚后台操作密码扣 5 分		
安全及 其他事项 20 分	安全情况良好,无违章,无不安全因素	20	严禁非专业人员进行后台操作,否则扣 10 分		
			不得更改后台上相关信息,不得变更开关位置,否则扣 10 分;影响运行的取消资格		
考核时间	规定时间 20 min	—	规定时间内未完成,计考试不合格		
合计		100			

考评员签名:　　　　被认定人:　　　　年　月　日

第三部分　高　级　工

本题库100道，分为五个部分：1～20题为10分题；21～40题为15分题；41～60题为20分题；61～80题为25分题；81～100题为30分题。

1. 现场标准化作业指导书编制及实施过程应遵循的基本原则是什么？

答：现场标准化作业指导书编制应遵循：简单、实用、可靠。

现场标准化作业指导书实施过程应遵循：持续改进。

2. 电压互感器的二次回路通电试验时有哪些要求？

答：电压互感器的二次回路通电试验时，为防止由二次侧向一次侧反充电，除应将二次回路断开外，还应取下电压互感器高压熔断器或断开电压互感器一次刀闸。

3. 全部停电的工作是指哪些工作？

答：全部停电的工作，系指室内高压设备全部停电（包括架空线路与电缆引入线在内），通至邻接高压室的门全部闭锁，以及室外高压设备全部停电（包括架空线路与电缆引入线在内）。

4. 部分停电的工作是指哪些工作？

答：部分停电的工作，系指高压设备部分停电，或室内虽全部停电，而通至邻接高压室的门并未全部闭锁。

5. 创伤急救的原则是什么？

答：创伤急救原则上是先抢救，后固定，再搬运，并注意采取措施，防止伤情加重或污染。需要送医院救治的，应立即做好保护伤员措施后送医院救治。

6. 脱离电源的正确措施是什么？

答：脱离电源就是要把触电者接触的那一部分带电设备的开关、刀闸或其他断路设备断开，或设法将触电者与带电设备脱离。在脱离电源中，救护人员既要救人，也要注意保护自己。

7. 有害气体中毒有何症状？

答：气体中毒开始时有流泪、眼痛、呛咳、咽部干燥等症状，应引起警惕。稍重时头痛、气促、胸闷、眩晕。严重时会引起惊厥昏迷。

8. 中暑有何主要症状?

答:中暑症状一般为恶心、呕吐、胸闷、眩晕、嗜睡、虚脱,严重时抽搐、惊厥甚至昏迷。

9. 紧急救护的基本原则是什么?

答:紧急救护基本原则是在现场采取积极措施保护伤员生命,减轻伤情、减少痛苦并根据伤情需要迅速联系医疗部门救治。

10. 如何提高真空断路器动作的可靠性?

答:学习掌握真空断路器的知识;认真安装、维护;做好事故分析、总结经验;与制造部门通力合作,提高产品可靠性。

11. 画出并联补偿电容器的原理图。

答:并联补偿电容器原理如图 3-1 所示。

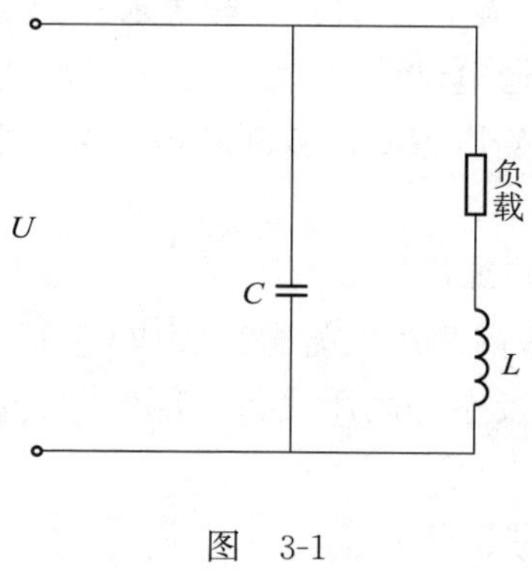

图 3-1

12. 对操作机构的合闸功能有何技术要求?

答:(1)满足所配断路器刚合速度要求。

(2)必须足以克服短路反力,有足够的合闸功率。

13. 短路回路的电压和阻抗相同的情况下,三相短路电流和两相短路电流哪个大?

答:短路回路的电压和阻抗相同的情况下,三相短路电流比两相短路电流大。

14. 说明 LCWB6-110 设备型号的含义。

答:L—电流互感器;C—瓷绝缘;W—户外型;B—有保护级;6—第 6 次系列统一设计;110—额定电压为 110 kV。

15. 地面主变压器应具备哪些保护?

答:地面主变压器应具备瓦斯、差动、过流、过负荷保护。

16. 6 kV 馈电板应具备哪些保护？

答：6 kV 馈电板应具备过流、速断保护。

17. 高、低压电力电缆敷设在巷道同一侧时，对其间距有何要求？

答：高、低压电力电缆敷设在巷道同一侧时，高、低压电缆之间的距离应大于 0.1 m。高压电缆之间、低压电缆之间的距离不得小于 50 mm。

18. 电力变压器常用的冷却方式有哪几种？

答：油浸自然空气冷却和油浸风冷却。

19. 对操作机构的保持合闸功能有何技术要求？

答：合闸功能消失后，触头能可靠地保持在合闸位置，任何短路电动力及振动等均不致引起触头分离。

20. 对三相交流、直流母线油漆颜色有什么要求？

答：母线油漆颜色应按下列规定进行：

(1)三相交流母线：A 相—黄色；B 相—绿色；C 相—红色。

(2)直流母线：正极—褐色；负极—蓝色。

21. 在继电保护装置、安全自动装置及自动化监控系统屏(柜)上或附近进行打眼等振动较大的工作时，应采取哪些措施？

答：应采取防止运行中设备误动作的措施，必要时向调度申请，经值班调度员或运行值班负责人同意，将保护暂时停用。

22. 二次回路通电或耐压试验前有哪些要求？

答：二次回路通电或耐压试验前，应通知运行人员和有关人员，并派人到现场看守，检查二次回路及一次设备上确认无人工作后，方可加压。

23. 检验继电保护、安全自动装置、自动化监控系统和仪表的工作人员，不准进行哪些操作？

答：检验继电保护、安全自动装置、自动化监控系统和仪表的工作人员，不准对运行中的设备、信号系统、保护压板进行操作，但在取得运行人员许可并在检修工作盘两侧开关把手上采取防误操作措施后，可拉合检修断路器(开关)。

24. 二次系统试验工作结束后，现场应做哪些工作？

答：试验工作结束后，按“二次工作安全措施票”逐项恢复同运行设备有关的接线，拆除临时接线,检查装置内无异物,屏面信号及各种装置状态正常,各相关压板及切换开关位置恢复至工作许可时的状态。

25. 按结构形式,触头可分为哪几类?

答:触头按结构形式分为三类:可断触头,固定触头,滑动触头。

26. 简述 CT8 型弹簧机构合闸不到位或合闸速度偏低的原因。

答:(1)断路器与机构连接的构件蹩劲、卡滞、阻力过大。

(2)断路器大轴或固定柜刚度差,变形大。

(3)超程过大。

27. 什么是三大保护?

答:过流保护、漏电保护、接地保护。

28. 什么是失爆? 举出三种以上失爆现象。

答:电气设备的隔爆外壳失去了耐爆性或隔爆性,就是失爆。常见的失爆:隔爆面严重锈蚀;连接电缆没有使用密封圈;隔爆外壳焊缝开裂,有裂纹。

29. 简述瓦斯发生爆炸须具备的条件。

答:(1)瓦斯浓度在爆炸界限内,一般为 5%~16%。

(2)氧气浓度不低于 12%。

(3)有足够热量的引火热源。

30. GW5-110 型隔离开关三相接触同期误差大时应如何调整?

答:(1)改变相同连杆的长度。

(2)利用底座上球面调整环节,松紧其周围的 4 个调节螺钉,同时观察底座内伞齿轮的啮合情况,卡劲时可移动伞齿轮位置,调整时不要使绝缘子柱向两侧倾倒。

31. 触电者触及高压带电设备,救护人员如何处理?

答:触电者触及高压带电设备,救护人员应迅速切断电源,或用适合该电压等级的绝缘工具(戴绝缘手套、穿绝缘靴并用绝缘棒)解脱触电者。救护人员在抢救过程中应注意保持自身与周围带电部分必要的安全距离。

32. 心肺复苏法支持生命的三项措施是什么?

答:触电伤员呼吸和心跳均停止时,应立即按心肺复苏法支持生命的三项基本措施,正确进行就地抢救。

(1)通畅气道。

(2)口对口(鼻)人工呼吸。

(3)胸外按压(人工循环)。

33. 被狗咬伤后,应如何救护?

答:犬咬伤后应立即用浓肥皂水冲洗伤口,同时用挤压法自上而下将残留伤口内唾液挤出,然后再用碘酒涂抹伤口。

(1)少量出血时,不要急于止血,也不要包扎或缝合伤口。

(2)尽量设法查明该犬是否为"疯狗",对医院制订治疗计划有较大帮助。

34. 怎样进行高温中暑急救?

答:应立即将病员从高温或日晒环境转移到阴凉通风处休息。用冷水擦浴,湿毛巾覆盖身体,电扇吹风,或在头部置冰袋等方法降温,并及时给病人口服盐水。严重者送医院治疗。

35. 画出测量负载直流电压接线图(注明极性)。

答:测量负载直流电压接线如图 3-2 所示。

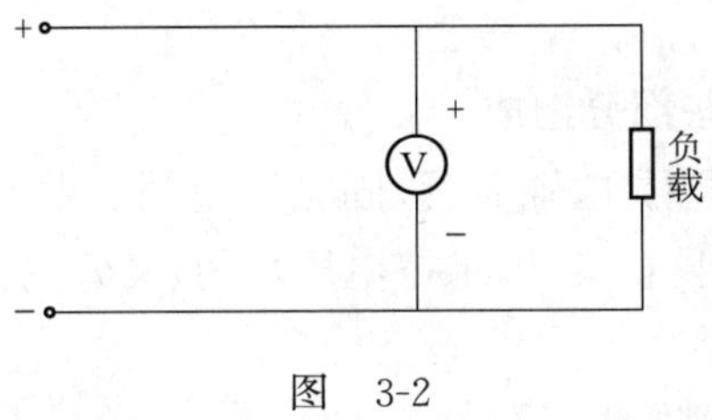

图　3-2

36. 为什么要对变压器油进行色谱分析?

答:气相色谱分析是一种物理分离分析法。对变压器油的分析就是从运行的变压器或其他充油设备中取出油样,用脱气装置脱出溶于油中的气体,由气相色谱仪分析从油中脱出气体的组成成分和含量,借此判断变压器内部有无故障及故障性质。

37. 真空滤油机是怎样起到滤油作用的?

答:(1)通过滤油纸滤除固体杂质。

(2)通过雾化和抽真空除去水分和气体。

(3)通过对油加热,促进水分蒸发和气体析出。

38. 简述短路电流的危害。

答:短路电流对安全供电和正常生产的危害极大,主要有:

(1)短路电流会使电气设备过热,电气绝缘遭受破坏,严重时可以引起电气火灾等重大事故。

(2)强大的短路电流还会在导体间产生很大的电动力,造成设备机械部分的损坏。

(3)电网短路会使系统产生强大的电压降,而迫使某些设备停止工作。

39. 人体触电有哪几种方式?

答:单相触电、两相触电、跨步电压触电。

40. CD2 型合闸电磁铁检修质量要求有哪些?

答:(1)缓冲橡胶垫弹性应良好。

(2)铁芯行程 80 mm,顶杆空程 6 mm。

(3)手动合闸顶杆过冲间隙为 1～2 mm。

41. 高压断路器的主要作用是什么?

答:(1)能切断或闭合高压线路的空载电流。

(2)能切断与闭合高压线路的负荷电流。

(3)能切断与闭合高压线路的故障电流。

(4)与继电保护配合,可快速切除故障,保证系统安全运行。

42. 变压器充油套管由哪些部分组成?

答:变压器充油套管由穿芯铜杆、瓷套管、固定用金属法兰和监视油位的油位计组成。穿芯铜杆周围用绝缘带及金属薄膜卷紧,以维持电压均匀,套管内充满绝缘油。

43. 真空断路器开距的调试方法是什么?

答:旋转与真空开关管动导电杆连接件,若开距大,则松几扣;反之,则紧几扣。对于分闸限位器为橡皮垫或毡垫的真空断路器,可以增加其厚度,减小开距,反之则增大开距。

44. 在运行的电流互感器二次回路上工作时,应采取哪些安全措施?

答:(1)严禁将电流回路断开。

(2)为了可靠地将电流互感器二次线圈短路,必须使用短路片或短路线,禁止使用导线缠绕。

(3)禁止在电流互感器与短路端子之间的回路和导线上进行任何工作。

(4)工作时应有专人监护,使用绝缘工具,站在绝缘垫上,并不得将回路中的永久接点断开。

45. 检修高压电动机和启动装置时,应采取哪些安全措施?

答:(1)断开断路器、隔离开关,验明无电压后,装设接地线或在隔离开关刀闸间装绝缘隔板,断路器手车应从成套配电装置内拉出,并关门上锁。

(2)在断路器、隔离开关操作把手上悬挂“禁止合闸,有人工作!”的标示牌。

(3)拆开后的电缆头须三相短路接地。

(4)做好防止被其带动的机械(如水泵、空气压缩机、引风机等)引起电动机转动的措施,并在阀门上悬挂“禁止操作!”的标示牌。

46. 牵引变电所发生接地故障时的要求是什么?

答:(1)牵引变电所发生高压(对地电压为 250 V 以上)接地故障时,在切断电源之前,任何人与接地点的距离:室内不得小于 4 m,室外不得小于 8 m。

(2)必须进入上述范围内作业时,作业人员要穿绝缘靴,接触设备外壳和构架时要戴绝缘手套。

(3)作业人员进入电容器组围栅内或在电容器上工作时,要将电容器逐个放电并接地后方准作业。

47. 非专业人员在牵引变电所工作时须遵守哪些规定?

答:(1)若需设备停电,要按停电性质和范围填写相应的工作票,办理停电手续,并须在安全等级不低于三级人员的监护下进行工作,工作票一张交给当班值班员,另一张交给监护人,监护人负责有关电气安全方面的监护职责。

(2)若设备不需停电,由值班员负责做好电气方面的安全措施(如加设防护栅、悬挂标示牌等),向有关作业负责人讲清安全注意事项,并记录在值班日志或有关记录中,双方签认后方准开工。必要时可派安全等级不低于二级的人员进行电气安全监护。

48. 漏电的危害性有哪些?

答:(1)人接触到漏电设备或电缆时会造成触电伤亡事故。

(2)可能引起瓦斯爆炸。

(3)可能使雷管爆炸。

(4)电气设备漏电不及时切断电源会扩大为短路故障,烧毁设备,造成火灾。

49. 直流电动机有哪些特点?

答:(1)结构复杂。

(2)电刷和换向器需要经常进行维护和修理。

(3)调速范围大,且能实现无级调速。

(4)能实现自动控制的直流调速系统,具有优良的调速性能。

50. 简述使用内径千分尺的注意事项。

答:(1)内径千分尺的测量面与工件的被测面应保持干净。

(2)使用前必须用标准卡规校准尺寸。

(3)测量时,先转动微分筒,当测量面将接近零件时,改用测力装置,直到棘轮发出"嗒嗒"声为止。

(4)测量时,内径千分尺要放正,保证被测面与内径千分尺测量面接触良好。

51. 轴的装配精度包括哪些内容?

答:(1)轴的尺寸精度。

(2)轴颈的几何形状精度。

(3)轴颈和轴的圆柱面、端面的相互位置精度。

(4)表面粗糙度。

52. 引起隔离开关触头发热的原因是什么?

答:(1)隔离开关过载或者接触面不严密使电流通路的截面减小,接触电阻增加。

(2)运行中接触面产生氧化,使接触电阻增加。因此,当电流通过时触头温度就会超过允许值,甚至有烧红熔化以至熔接的可能。在正常情况下触头的最高允许温度为 75 ℃,因此应调整接触电阻使其值不大于 200 $\mu\Omega$。

53. 调整隔离开关的主要标准是什么?

答:(1)三相不同期差即三极连动的隔离开关中,闸刀与静触头之间的最大距离。不同期差值越小越好,在开、合小电流时有利于灭弧及减少机械损伤。差值较大时,可通过调整拉杆绝缘子上螺杆、拧入闸刀上螺母的深浅来解决。若安装时隔离开关已调整合格,只需松紧螺杆 1~2 扣即可,调整时需反复、仔细进行。

(2)合闸后剩余间隙(指合闸后,闸刀底面与静触头底部的最小距离),应保持适当的剩余间隙。

54. 在带电设备附近使用喷灯时应注意什么?

答:(1)使用喷灯时,火焰与带电部分的距离:

①电压在 10 kV 及以下者不得小于 1.5 m;

②电压在 10 kV 以上者不得小于 3 m。

(2)不得在下列设备附近将喷灯点火:

①带电导线;

②带电设备;

③变压器;

④油断路器。

55. 在电气设备上工作,保证安全的组织措施有哪些制度?

答:(1)工作票制度。

(2)工作许可制度。

(3)工作监护制度。

(4)工作间断、转移和终结制度。

56. 在电气设备上工作，应填用工作票或按命令执行，其方式有哪几种？

答：在电气设备上及电气场所工作，应填用工作票或按口头或电话命令执行，其方式有下列四种：

(1)变电所第一种工作票。

(2)变电所第二种工作票。

(3)变电所第三种工作票。

(4)口头或电话命令。

57. SF_6 全封闭组合电器如何与避雷器组合？

答：SF_6 全封闭组合电器防雷保护按下列要求组合：

(1)66 kV 及以上进线无电缆段，应在 SF_6 全封闭组合的 SF_6 管道与架空线路连接处，装设无间隙金属氧化物避雷器，其接地端应与管道金属外壳连接。

(2)进线段有电缆时，在电缆与架空线路连接处装设无间隙氧化锌避雷器，接地端与电缆的金属外皮连接。

在 SF_6 管道侧三芯电缆的外皮应与管道金属外壳相连接地。单芯电缆的外皮应经无间隙氧化锌避雷器接地。

58. 高压断路器的型号中各符号代表什么意思？

答：(1)第一个拼音字母表示断路器的种类：S—少油；D—多油；K—压缩空气；Z—真空；L—六氟化硫；Q—自产气；C—磁吹。

(2)第二个拼音字母表示使用场合：N—户内；W—户外。

(3)拼音字母后的数字依次表示设计序列、额定电压、额定电流和额定开断电流。

(4)在额定电压后面有时增加 1 个拼音字母，用来表示某种特殊性能，例如，G—改进型；D—增容；W—防污；Q—耐振。

59. 断路器在大修时为什么要测量速度？

答：(1)速度是保证断路器正常工作和系统安全运行的主要参数。

(2)速度过慢，会加长灭弧时间，切除故障时易导致加重设备损坏和影响电力系统稳定。

(3)速度过慢，易造成越级跳闸，扩大停电范围。

(4)速度过慢，易烧坏触头，增高内压，引起爆炸。

60. ZN28-10 系列真空断路器在哪些情况下应更换真空灭弧室?

答:(1)断路器动作达 10 000 次。

(2)满容量开断短路电流 30 次。

(3)触头电磨损达 3 mm 及以上。

(4)真空灭弧室内颜色异常或耐压不合格,证明灭弧室真空度下降。

61. 牵引变电所要按规定的班制昼夜值班,值班人员在值班期间要做好哪些工作?

答:(1)掌握设备现状,监视设备运行。

(2)按规定进行倒闸作业,做好作业地点的安全措施,办理准许及结束作业的手续,并参加有关的验收工作。

(3)及时、正确地填写值班日志和有关记录。

(4)及时发现和准确、迅速处理故障,并将处理情况报告供电调度及有关部门。

(5)保持所内整洁,禁止无关人员进入控制室和设备区。

62. 当设备的出厂额定电压与实际使用的额定工作电压不同时,应根据什么原则确定试验电压的标准?

答:(1)当采用额定电压较高的设备用以加强绝缘者,应按照设备的额定电压标准进行试验。

(2)采用额定电压较高的设备用以满足产品通用性的要求时,可以按照设备实际使用的额定工作电压或出厂额定电压的标准进行试验。

(3)采用较高电压等级的设备用以满足高海拔地区要求时,应在安装地点按照实际使用的额定工作电压的标准进行试验。

63. 值班员在做好安全措施后,要到作业地点进行哪些工作?

答:(1)会同工作领导人按工作票的要求共同检查作业地点的安全措施。

(2)向工作领导人指明准许作业的范围、接地线和旁路设备的位置、附近有电(停电作业时)或接地(直接带电作业时)的设备,以及其他有关注意事项。

(3)经工作领导人确认符合要求后,双方在两份工作票上签字后,工作票一份交工作领导人,另一份值班员留存,即可开始作业。

64. 直流接地点查找步骤是什么?

答:发现直流接地在分析、判断基础上,用拉路查找、分段处理的方法,以先信号和照明部分后操作部分,先室外后室内部分为原则,依次:

(1)区分是控制系统还是信号系统接地。

(2)信号和照明回路。

(3)控制和保护回路。

(4)取熔断器的顺序,正极接地时,先断(+),后断(−);恢复熔断器时,先投(−),后投(+)。

65. 隔离开关可能出现哪些故障?

答:(1)触头过热。

(2)绝缘子表面闪络和松动。

(3)隔离开关拉不开。

(4)刀片自动断开。

(5)片刀弯曲。

66. 一般影响断路器(电磁机构)分闸时间的因素有哪些?

答:(1)分闸铁芯的行程。

(2)分闸机构的各部分连板情况。

(3)分闸锁扣扣入的深度。

(4)分闸弹簧的情况。

(5)传动机构、主轴、中间静触头机构等处情况。

67. 新型互感器使用了哪些新材料?这类产品具有哪些优越性?

答:新型互感器采用环氧树脂、不饱和树脂绝缘和塑料外壳,还有的采用 SF_6 气体绝缘,代替老产品的瓷绝缘和油浸绝缘,铁芯采用优质硅钢片和新结构,使产品具有体积小、质量轻、精度高、损耗小、动热稳定倍数高等优越性,而且满足了防潮、防霉、防盐雾的“三防”要求。

68. 电气设备火灾的防范措施有哪些?

答:(1)保持电气设备的完好。

(2)机房通风良好,避免设备温升过高。

(3)保持电气设备的清洁,电缆吊挂整齐。

(4)机房内不得存放易燃、易炸物品。

(5)按规定配备消防器材,并加强管理。

69. 变压器运行时可能出现哪些故障?

答:(1)局部过热。

(2)出现异声。

(3)套管闪络。

(4)瓦斯继电器动作。

(5)油温不断上升。

70. 对电气触头有何要求?

答:(1)结构可靠。

(2)有良好的导电性能和接触性能,即触头必须有低的电阻值。

(3)通过规定的电流时,表面不过热。

(4)能可靠地开断规定容量的电流及有足够的抗熔焊和抗电弧烧伤性能。

(5)通过短路电流时,具有足够的动态稳定性和热稳定性。

71. CY4 型机构的储压器分解后,应检查哪些方面?

答:(1)检查缸体内壁和活塞表面有无划伤、变形和锈蚀现象。轻微划伤、锈蚀,可用 800 号水砂纸打光,严重变形、划伤和锈蚀的应更换。

(2)检查活塞杆是否弯曲,表面是否光洁,有无磨损和锈蚀现象。

(3)检查连接板有无变形。

72. 杆上或高处有人触电,应如何抢救?应注意什么?

答:(1)发现杆上或高处有人触电,应争取时间及早在杆上或高处进行抢救。

(2)救护人员登高时应随身携带必要的绝缘工具及牢固的绳索等,并紧急呼救。

(3)救护人员应在确认触电者已与电源隔离,且救护人员本身所涉及环境在安全距离内,无危险电源时,方能接触伤员进行抢救。

(4)并应注意防止发生高处坠落。

73. 220 kV 及以上大容量变压器都采用什么方法进行注油?为什么?

答:均采用抽真空的方法进行注油。因为大型变压器体积大,器身上附着的气泡多,不易排出,易使绝缘性能下降。抽真空可以将气体抽出来,同时也可抽出因注油时带进去的潮气,可防止变压器受潮,所以采用真空注油。

74. SF_6 断路器及 GIS 组合电器检修时应注意哪些事项?

答:(1)检修时首先回收 SF_6 气体并抽真空,对断路器内部进行通风。

(2)工作人员应戴防毒面具和橡皮手套,将金属氟化物粉末集中起来,装入钢制容器,并深埋处理,以防金属氟化物与人体接触中毒。

(3)检修中严格注意断路器内部各带电导体表面不应有尖角毛刺,装配中力求电场均匀,符合厂家各项调整、装配尺寸的要求。

75. 维修电工作业前的一般准备有哪些工作?

答:(1)作业前对所有工具、仪表、保护用品进行认真检查、调试,确保准确、安全、可靠。

(2)检修负责人应向检修人员讲清检修内容、人员分工及安全注意事项。

(3)作业前要搞清整个供电系统各部的电压等级,使用与电压等级相符的合格的低压验电器时，要逐渐接近导体。

(4)在进行定期检查或大修设备前，应按照作业计划，做好相应的准备工作。

76. 电气设备检修后，还应做好哪些工作？

答：(1)设备检修后在送电前要清点人员、工具、测试仪器、仪表和更换的材料、配件是否齐全。

(2)对检修作业场所进行清扫，搞好设备和场所的环境卫生。

(3)检修后的设备状况，要由检修负责人向操作人员交代清楚，由检修、管理、使用三方共同检查验收后，方可移交正常使用。

(4)认真填写检修记录，将检修内容、处理结果及遗留问题交代清楚，双方签字。

77. 变配电设备的"设备完好"要求做到哪几点？

答：(1)电源电缆、控制线和信号线电缆接线规范，引出引入密封良好，不用的喇叭口应用挡板封堵严密，无失爆现象。

(2)有无异常声响、过热、异味。

(3)控制部分、闭锁装置、信号显示是否正常、有效。

(4)接地(接零)应规范、牢固、无锈蚀。

78. 《电气设备通用完好标准》规定接地螺栓应符合哪些标准？

答：(1)电气设备金属外壳和铠装接线盒的外接地螺栓应齐全完整，并标志"⊥"符号。

(2)电气设备接线盒应设有内接地螺栓，并标志"⊥"符号。

(3)外接地螺栓直径：容量小于或等于 5 kW 的不小于 M8，容量为 5～10 kW 的不小于 M10，容量大于 10 kW 的不小于 M12；通信、信号、按钮、照明等小型设备不小于 M6。

(4)接地螺栓应进行电镀防锈处理。

79. GIS 中盆式绝缘子的结构和作用是什么？

答：盆式绝缘子由优质环氧树脂浇注而成，导电座浇注在中间，边缘与金属法兰盘浇注在一起，盆式绝缘子爬电距离较短，因此要求其表面绝对不能受到污染，否则将降低其绝缘水平。中间有孔的起到支持导体作用，但不分隔气室。中间浇注导电座的可以起到连接导体及分隔气室的作用。

80. 运行中的变压器，常见的铁芯故障有哪些？

答：铁芯可能出现的故障有：铁芯及铁芯零部件接地不良或没有接地，引起断续放电；铁芯有两点或者多点接地，构成的短路回路引起铁芯过热或接触不良处发生放电；部分铁芯片短路，是涡流损耗增加而引起铁芯局部过热等。

81. 新装或大修后的配电装置,经哪些检验合格后方准运行?

答:(1)测量绝缘电阻,必要时做耐压试验。

(2)母线连接点严密,构架坚固。

(3)相位正确。

(4)开关触头严密,操作机构动作灵活。

(5)充油设备中的绝缘油经简化分析合格。

(6)二次回路的接线正确,继电保护试验和绝缘电阻合格。

(7)过电压保护和接地装置完整。

(8)安全用具、事故备品和消防器具齐全。

82. 检修发电机时应采取哪些安全措施?

答:(1)断开发电机的油开关和隔离开关。

(2)待发电机完全停止转动后,在操作把手、机组的启动装置、并车装置上悬挂“有人工作,禁止合闸!”的标示牌。

(3)若本机还可从其他电源获得励磁电流时,也必须将此电源断开,并悬挂“禁止合闸,有人工作!”的标示牌。

(4)将电压互感器从高、低压两侧断开。

(5)验明无电后,在发电机和开关之间装设接地线。

(6)检修发电机时,应将与其他发电机中性点的连线断开。

(7)禁止在转动着的发电机上工作,即使未加励磁,亦应认为有电压。

83. 在运行的电压互感器二次回路上工作时,应采取哪些安全措施?

答:(1)严格防止短路或接地。

(2)应使用绝缘工具,戴绝缘手套,必要时在工作前停用有关继电保护装置。

(3)接临时负荷时,必须装有专用的开关和熔断器。

(4)二次回路通电试验时,为防止由二次侧向一次侧反送电,除将二次回路断开外,还应取下一次熔断器。

(5)二次回路通电或耐压试验前,应通知值班员和有关人员,并派人看守现场,检查回路,确认无人工作后方可加压。

(6)检查继电保护和二次回路的工作人员,未经值班员许可,不准进行任何倒闸操作。

84. 对于牵引变电所的巡视有哪些规定?

答:值班人员每班至少巡视 1 次(不包括交接班巡视),每周至少进行 1 次夜间熄灯巡视,每次断路器跳闸后对有关设备要进行巡视。

在遇有下列情况,要及时增加巡视次数:

(1)设备过负荷,或负荷有显著增加时。

(2)设备经过大修、改造或长期停用后重新投入系统运行，新安装的设备加入系统运行。

(3)遇有雾、雪、大风、雷雨等恶劣天气，事故跳闸和设备运行中有异常和非正常运行时。

(4)值班人员对新装或大修后的变压器投入运行后24 h内，要每隔2 h巡视1次。无人值班的牵引变电所，由维修班组负责每周一般至少巡视1次。

变电所工长值日勤期间，要参加交接班巡视。

85. 牵引变电所停电作业的设备，在结束作业前需要试加工作电压时，要按哪些规定办理？

答：(1)确认作业地点的人员、材料、部件、机具均已撤至安全地带。

(2)由值班员将该停电范围内所有的工作票收回，拆除妨碍送电的临时防护栅、接地线及标志牌，恢复常设防护栅和标示牌。

(3)按照设备停、送电的所属权限，值班员将试加工作电压的时间分别报告供电调度和通知有关用户，并将供电调度和接到通知的人员的姓名、所属单位及时间记入有关记录。

(4)工作领导人与值班员共同对有关部分进行全面检查，确认可以送电后，在牵引变电所工长或工作领导人的监护下，由值班员进行试加工作电压的操作。

(5)试加工作电压完毕，值班员要将其开始和结束的时间及试加电压的情况记入有关记录。

试加工作电压结束后如仍需继续作业，必须由值班员根据工作票的要求，重新做安全措施、办理准许作业手续。

86. 安装电容器主要有哪些要求？

答：(1)电容器分层安装时，一般不超过三层，层间不应加设隔板。电容器母线对上层架构的垂直距离不应小于20 cm，下层电容器的底部与地面距离应大于30 cm。

(2)电容器构架间的水平距离不应小于0.5 m。每台电容器之间的距离不应小于50 mm。电容器的铭牌应面向通道。

(3)要求接地的电容器，其外壳应与金属架构共同接地。

(4)电容器应在适当部位设置温度计或贴示温蜡片，以便监视运行温度。

(5)电容器组应装设相间及电容器内元件故障保护装置或熔断器，高压电容器组容量超过600 kW及以上者，可装设差动保护或零序保护，也可分台装设专用熔断器保护。

(6)电容器应有合格的放电设备。

(7)户外安装的电容器应尽量安装在台架上，台架底部与地面距离不应小于3 m；采用户外落地式安装的电容器组，应安装在变、配电所围墙内的混凝土地面上，底部与地面距离不小于0.4 m。同时，电容器组应装置于高度不低于1.7 m的固定围栏内，并有防止小动物进入的措施。

87. 说明 OSSPSZ-120000/220 型变压器字母的意义。

答:该变压器为三相强油水冷三线圈有载调压铜导线,额定容量 120 000 kV·A,高压线圈额定电压 220 kV 的降压自耦电力变压器。各字母含义如下:O—自耦(首位时为降压,末位时为升压),S—三相,SP—强迫油循环水冷,S—三线圈,Z—有载调压。

88. SN10-10Ⅱ型断路器导电回路包括哪些元件?大修后回路电阻应为多少?若不合格应处理哪些部位?

答:导电回路包括从下接线座、导电条、导电杆、滚动触头、动触头、静触指、静触座、静触头架到上接线座。下接线座与导电条用螺栓固定在平面接触,滚动触头在压缩弹簧作用下与导电条及导电杆接触,触指在弹簧片作用下与导电杆的动触头及静触座接触,静触座与触头架用螺栓固定接触,上接线座与触头架平面接触。

大修后,回路电阻应小于 60 $\mu\Omega$。

不合格应查找以上部位烧伤程度是否符合要求,接触是否良好,尤其是上接线座与触头架接触是否紧密,静触座装配弹簧片有无变形和损坏,滚动触头弹簧特性是否符合要求等。

89. 检修和施工前应做哪些准备工作?

答:(1)成立检修和施工准备小组,并由专人负责。

(2)对工程进行全面调查研究。

(3)准备技术资料。

(4)进行施工检修组织设计,编制安全组织技术措施。

(5)准备临时建筑、水和电源。

(6)设备材料的运输准备。

(7)工器具的准备。

(8)组织施工与分工。

(9)编制施工预算。

(10)图纸审核,技术交底。

90. SF_6 气体绝缘组合电器(GIS)的小修项目有哪些?

答:(1)密度计、压力表的检修。

(2)SF_6 气体的补气、干燥、过滤由 SF_6 气体处理车进行。

(3)导电回路接触电阻的测量。

(4)吸附剂的更换。

(5)液压油的补充更换。

(6)不良紧固件或部分密封环的更换。

91. 如何对 110 kV 及以上油断路器进行验收?

答:(1)审核断路器的调试记录。

(2)检查断路器的外观,包括油位及密封情况,瓷质部分、接地应完好,各部分无渗漏油等。

(3)机构的二次线接头应紧固,接线正确,绝缘良好;接触器无卡涩,接触良好;辅助断路器打开距离合适,动作接触无问题。

(4)液压机构应无渗油现象,各管路接头均紧固,各微动断路器动作正确无问题,预充压力符合标准。

(5)手动合闸不卡劲、抗劲,电动分合动作正确,保护信号灯指示正确。

(6)记录验收中发现的问题及缺陷,上报有关部门。

92. 如何检修液压机构(CY3 型)的分闸阀?

答:(1)将分闸阀解体后,检查球阀与阀口的密封情况,钢球应无伤痕、锈蚀,阀座密封面宽度不应超过 0.5 mm,更换密封圈。将球阀堵在阀口上,用口抽气,如能将钢球抽住,则合格;抽不住时,可用金刚砂研磨或者将球阀放在阀口上用铜棒顶住垫打。

(2)检查复位弹簧,是否有变形,弹力是否正常,发现弹力下降的可更换。

(3)检查都无问题后,用液压油将阀体、阀座和各零件冲洗干净,最后按与拆卸相反的顺序装好。

93. 哪几种原因使低压电磁开关衔铁噪声大?

答:(1)开关的衔铁,是靠线圈通电后产生的吸力而动作,衔铁的噪声主要是衔铁接触不良而致。正常时,铁芯和衔铁接触十分严密,只有轻微的声音,当两接触面磨损严重或端面上有灰尘、油垢等时,都会使其接触不良,产生振动加大噪声。

(2)另外为了防止交流电过零值时,引起衔铁跳跃,常采用在衔铁或铁芯的端面上装设短路环,运行中,如果短路环损坏脱落,衔铁将产生强烈的跳动发出噪声。

(3)吸引线圈上所加的电压太低,电磁吸力远低于设计要求,衔铁就会发生振动力产生噪声。

94. 通过电流 1.5 kA 以上的穿墙套管,当装于钢板上时,为什么要在沿套管径向水平延长线上,切一条 3 mm 左右横缝?

答:在钢板上穿套管的孔,如果不切开缝,由于交变电流通过套管而在钢板上形成交变闭合磁路,可产生涡流损耗,并使钢板发热。该损耗随电流的增加而急剧增加,而钢板过热易使套管绝缘介质老化而影响使用寿命。钢板切缝以后,钢板中的磁通不能形成闭合磁路,钢板中的磁通明显被减弱,使涡流损耗大大下降。为了保证钢板的支持强度,可将钢板上切开的缝隙用非导磁金属材料补焊切口,使钢板保持它的整体性,从而提高支撑套管的机械强度。

95. 断路器在没有开断故障电流的情况下,为什么要定期进行小修和大修?

答:(1)断路器在正常的运行中,存在着断路器机构轴销的磨损。

(2)润滑条件变坏。

(3)密封部位及承压部件的劣化。

(4)导电部件的损耗。

(5)灭弧室的脏污。

(6)瓷绝缘的污秽等情况，所以要进行定期检修，以保证断路器的主要电气性能及机械性能符合规定值的要求。

96. 凡有高压设备的变配电所应具备哪些安全用具?

答:(1)高压绝缘拉杆、绝缘夹钳。

(2)验电器和低压验电器。

(3)绝缘手套，绝缘靴、鞋及绝缘台、垫。

(4)有足够数量的接地线。

(5)各种标示牌。

(6)各种登高作业的安全用具，如安全腰带、绝缘绳、安全帽等。

(7)有色护目眼镜。

97. 操作票应包括哪些内容?

答:(1)应分、合的断路器和隔离开关(刀闸)。

(2)应切换的保护回路。

(3)应装拆的控制回路或电压互感器的熔断器。

(4)应装拆的接地线和接地开关。

(5)应封线的断路器和隔离开关(刀闸)。

(6)操作票应编号，按顺序使用。作废的操作票要盖“作废”印章，已操作的操作票盖“已执行”印章。

98. 影响介质绝缘程度的因素有哪些?

答:(1)电压作用。

(2)水分作用。

(3)温度作用。

(4)机械力作用。

(5)化学作用。

(6)大自然作用。

99. 用兆欧表测量高压设备绝缘电阻时的注意事项是什么?

答:用兆欧表测量高压设备的绝缘电阻时，应由两个人进行，并从各方面断开电源，检验无电和确认设备上无人工作后方可进行，在测量前后必须将被测设备(包括电缆)对地放电，在测量中禁止任何人触及设备。

在有感应电压反应的线路上(同杆架设的双回线或与其他线路平行、交叉)测量绝缘时,必须将另一回线或平行,交叉的其他线路同时停电。

雷、雨天气,禁止测量线路绝缘。

100. 变压器并联运行的条件是什么?

答:联结组别相同、电压比相同、短路电压相同。对电压比和短路电压不相同的变压器,在任何一台都不会过负荷的情况下可以并联运行。当短路电压不相同的变压器并联运行时,应适当提高短路电压较大的变压器的二次电压,以充分利用变压器容量。

S1 主、备交流电源自动投入互切

一、考场准备

配有工作台的变配电所或实训场。要求场地整洁,隔离措施良好,无安全隐患。

二、材料工具准备

序号	名称	单位	数量	序号	名称	单位	数量
1	绝缘手套	双	1	6	中间继电器	个	1
2	绝缘靴	双	1	7	380 V交流接触器	个	2
3	安全帽	顶	1	8	导线	m	若干
4	组合开关	个	2	9	个人工具	套	1
5	熔断器	个	6				

三、考核要求

1. 被认定人入场后,首先由考评员告知题目,其次由被认定人检查准备工具材料,确认考核内容,当被认定人告知考评员可以开始时,由考评员开始计时。

2. 考核时间为25 min。

3. 在被认定人考核期间,考评员可以依据考核内容向被认定人提问,以确认被认定人掌握考核内容。

4. 考核过程中若被认定人出现不安全行为或毁坏设备情况时,终止考试,成绩为零。

5. 考核完毕后,由被认定人在评分表上签字确认。

四、考核评分

1. 考评人数:3名及以上考评员。

2. 评分程序及规则:考评员根据考生操作情况对照计分标准在评分表上给予记录评分。

3. 算分方法:满分为100分,60分为及格。

五、铁道行业职业技能认定钳工(供电)高级工实作技能考核评分记录表

单位:_______ 姓名:_______ 性别:_______ 准考证号:_______ 工种:_______ 级别:_______

试题名称:主、备交流电源自动投入互切

考核时间:25 min

操作开始时间:___时___分　　操作结束时间:___时___分

项目	考核内容	标准分	评分标准	扣分因素及扣分	得分
准备工作10分	1. 按规定着装	5	不按规定着装和佩戴标志每少一项扣2分		
	2. 准备的工具材料齐全	5	准备的工作材料每少一件扣2分		

续上表

项　目	考核内容	标准分	评分标准	扣分因素及扣分	得分
技术质量标准及操作程序70分	1. 画出交流电源自动投入装置接线图	5	错误扣5分，图面不整洁、美观扣3分		
	2. 根据所画的图选择元件	10	漏、错一项扣5分		
	3. 选择元件并检查状态良好	10	错误每件扣2分		
	4. 正确接线	15	接线松动每处扣2分，接线布局不合理每处扣2分		
	5. 自投功能完好	30	自投功能无法实现的扣30分		
安全及其他事项20分	1. 安全情况良好，无违章，无不安全因素	10	与带电设备安全距离不够每处扣2分，违章操作扣5分		
	2. 工作场地整洁，材料、工具摆放整齐	10	工作场地不整洁，材料、工具摆放零乱，每处扣5分		
考核时间	规定时间25 min	—	规定时间内未完成，计考试不合格		
合计		100			

考评员签名：　　　　　　　　被认定人：　　　　　　　　年　　月　　日

S2　测量变压器负荷和首端电压

一、考场准备

变配电所或含有电力变压器的实训场，辅助配合人员1名。要求场地整洁，隔离措施良好，无安全隐患。

二、材料工具准备

序　号	名　称	单　位	数　量	序　号	名　称	单　位	数　量
1	绝缘手套	双	1	4	钳形电流表	块	1
2	绝缘靴	双	1	5	万用表	块	1
3	安全帽	顶	1				

三、考核要求

1. 被认定人入场后，首先由考评员告知题目，其次由被认定人检查准备工具材料，确认考核内容，当被认定人告知考评员可以开始时，由考评员开始计时。

2. 考核时间为25 min。

3. 在被认定人考核期间，考评员可以依据考核内容向被认定人提问，以确认被认定人掌握考核内容。

4. 考核过程中若被认定人出现不安全行为或毁坏设备情况时，终止考试，成绩为零。

5. 考核完毕后,由被认定人在评分表上签字确认。

四、考核评分

1. 考评人数:3 名及以上考评员。
2. 评分程序及规则:考评员根据考生操作情况对照计分标准在评分表上给予记录评分。
3. 算分方法:满分为 100 分,60 分为及格。

五、铁道行业职业技能认定钳工(供电)高级工实作技能考核评分记录表

单位:_______ 姓名:_______ 性别:_______ 准考证号:_______ 工种:_______ 级别:_______

试题名称:测量变压器负荷和首端电压

考核时间:25 min

操作开始时间:___时___分　　　　操作结束时间:___时___分

项　目	考核内容	标准分	评分标准	扣分因素及扣分	得分
准备工作 10 分	1. 按规定着装	5	不按规定着装和佩戴标志每少一项扣 2 分		
	2. 准备的工具材料齐全	5	准备的工作材料每少一件扣 2 分		
技术质量 标准及 操作程序 70 分	1. 仪表选择与检查	5	选择错误扣 5 分		
	2. 仪表机械、电气调零	5	未调、调错扣 5 分		
	3. 外观检查。检查计量合格证,应在检定周期内	5	未检查扣 5 分		
	4. 性能检查	5	未检查扣 5 分		
	5. 选择钳形电流表的量程	5	错误扣 5 分		
	6. 钳形电流表钳口应密贴	5	不密贴扣 5 分		
	7. 正确转换钳形电流表量程	10	错误扣 5 分		
	8. 读取数据正确	10	不正确扣 10 分		
	9. 测量线电压正确选择万用表的量程。测量线电压选择万用表交流 600 V,在带电情况下,不得切换电压测量量程转换开关	10	错误扣 10 分		
	10. 电压测量时,万用表与被测电路并联	5	操作错误扣 5 分		
	11. 测量完后将对象开关和量程开关切至正确的位置	5	错误扣 5 分		
安全及 其他事项 20 分	1. 安全情况良好,无违章,无不安全因素	10	与带电设备安全距离不够每处扣 2 分,违章操作扣 5 分		
	2. 无扔摔工具现象	10	扔摔一次扣 5 分		
考核时间	规定时间 25 min	—	规定时间内未完成,计考试不合格		
合计分		100 分			

考评员签名:　　　　被认定人:　　　　年　　月　　日

S3 设备构架、外壳的防腐处理

一、考场准备

牵引变电所或牵引变电所实训场，配合辅助人员 1 名。要求场地整洁，隔离措施良好，无安全隐患。

二、材料工具准备

序 号	工件(或材料)名称	单 位	数 量	序 号	工件(或材料)名称	单 位	数 量
1	铁砂布	块	0～2 号各 1	5	汽油(稀料)	kg	1
2	棉纱	kg	5	6	防锈漆	—	按设备确定
3	刷子	把	2	7	安全绳	—	若干
4	钢丝刷	把	1				

三、考核要求

1. 被认定人入场后，首先由考评员告知题目，其次由被认定人检查准备工具材料，确认考核内容，当被认定人告知考评员可以开始时，由考评员开始计时。

2. 考核时间为 30 min。

3. 在被认定人考核期间，考评员可以依据考核内容向被认定人提问，以确认被认定人掌握考核内容。

4. 考核过程中若被认定人出现不安全行为或毁坏设备情况时，终止考试，成绩为零。

5. 考核完毕后，由被认定人在评分表上签字确认。

四、考核评分

1. 考评人数：3 名及以上考评员。

2. 评分程序及规则：考评员根据考生操作情况对照计分标准在评分表上给予记录评分。

3. 算分方法：满分为 100 分，60 分为及格。

五、铁道行业职业技能认定钳工(供电)高级工实作技能考核评分记录表

单位：_______ 姓名：_______ 性别：_______ 准考证号：_______ 工种：_______ 级别：_______

试题名称：设备构架、外壳的防腐处理

考核时间：30 min

操作开始时间：___时___分　　　　操作结束时间：___时___分

项 目	考核内容	标准分	评分标准	扣分因素及扣分	得分
准备工作 10 分	1. 按规定着装	5	未按规定着装和佩戴标志每少一项扣 2 分		
	2. 准备的工具材料齐全	5	准备的工具材料每少一件扣 1 分		

续上表

项　目	考核内容	标准分	评分标准	扣分因素及扣分	得分
技术质量标准及操作程序70分	1. 防腐前的准备工作充分,材料齐全,安全用具合格	10	每遗留一件扣5分		
	2. 登高作业按规定穿戴劳动防护用品,遵守高处作业规定	10	未按要求执行每处扣5分		
	3. 螺栓紧固,瓷瓶清洁,基础牢固,托架机构无锈蚀,计时器动作正常,接地良好	20	每一项不合格扣5分		
	4. 除锈彻底,涂漆均匀	20	除锈不彻底扣10分,每遗留一处扣5分,漆膜厚度不够扣2分		
	5. 作业结束,清理现场	10	未清理现场扣10分;清理现场不彻底,每遗留一件扣2分		
安全及其他事项20分	安全情况良好,无违章,无不安全因素	20	防腐前的准备工作充分,材料齐全,安全用具合格,每遗留一件扣5分		
			登高作业按规定绑扎安全绳,遵守高处作业规定,违反规定每处扣5分		
考核时间	规定时间30 min	—	规定时间内未完成,计考试不合格		
合计		100			

考评员签名:　　　　被认定人:　　　　年　月　日

S4　变压器极性直流法测量

一、考场准备

单相变压器1台。要求场地整洁,隔离措施良好,无安全隐患。

二、材料工具准备

序　号	名　称	单　位	数　量	序　号	名　称	单　位	数　量
1	安全帽	顶	1	5	电工工具	套	1
2	安全带	条	1	6	1.5 V干电池	个	5
3	刀闸开关	个	1	7	电池盒	个	5
4	指针式万用表	个	1	8	导线	m	若干

三、考核要求

1. 被认定人入场后,首先由考评员告知题目,其次由被认定人检查准备工具材料,确认考

核内容，当被认定人告知考评员可以开始时，由考评员开始计时。

2. 考核时间为 25 min。

3. 在被认定人考核期间，考评员可以依据考核内容向被认定人提问，以确认被认定人掌握考核内容。

4. 考核过程中若被认定人出现不安全行为或毁坏设备情况时，终止考试，成绩为零。

5. 考核完毕后，由被认定人在评分表上签字确认。

四、考核评分

1. 考评人数：3 名及以上考评员。

2. 评分程序及规则：考评员根据考生操作情况对照计分标准在评分表上给予记录评分。

3. 算分方法：满分为 100 分，60 分为及格。

五、铁道行业职业技能认定钳工(供电)高级工实作技能考核评分记录表

单位：_______　姓名：_______　性别：_______　准考证号：_______　工种：_______　级别：_______

试题名称：变压器极性直流法测量

考核时间：25 min

操作开始时间：___时___分　　　　操作结束时间：___时___分

项　目	考核内容	标准分	评分标准	扣分因素及扣分	得分
准备工作 10 分	1. 按规定着装(戴安全帽、手套，带上安全合格证)	5	未按规定着装每处扣 2 分		
	2. 工具、材料选择正确	5	工具、材料选择错误每项扣 1 分，少选每项扣 5 分		
技术质量标准及操作程序 70 分	1. 确认变压器各方均已完全断开	5	未确认扣 5 分		
	2. 用两节 1.5 V 电池串联，正极通过刀闸开关接变压器的 A 端，负极接变压器的 X 端	20	变压器端子选择错误扣 10 分，电池选择不足或未串联扣 5 分，电池组正负极与变压器端子接线错误扣 5 分		
	3. 把指针式万用表打至毫伏挡，万用表正极接变压器二次侧 a 端，负极接变压器二次侧的 x 端	15	万用表挡位选择错误扣 10 分，接线错误扣 10 分		
	4. 极性判断。合刀闸开关，观察合闸瞬间、分闸瞬间万用表指针偏转的方向，如果合闸时指针正偏，分闸时指针反偏，则变压器为减极性；如果指针偏转方向与上述相反，则为加极性	20	极性判断错误扣 15 分		
	5. 拆除接线，清理现场	10	未拆除接线扣 5 分，未清理现场扣 5 分		

续上表

项　目	考核内容	标准分	评分标准	扣分因素及扣分	得分
安全及其他事项20分	安全情况良好,无违章,无不安全因素	20	测量前未确认被测设备与电源完全断开扣5分,人体触电扣10分,摔、扔仪表扣5分,其他违章每次扣2分		
考核时间	规定时间25 min	—	规定时间内未完成,计考试不合格		
合计		100			

考评员签名：　　　　　　　　　　被认定人：　　　　　　　　　　年　　月　　日

S5　控制母线熔断器熔断故障的查找

一、考场准备

变配电所或含有电力变压器的实训场,辅助配合人员1名。要求场地整洁,隔离措施良好,无安全隐患。

二、材料工具准备

序　号	名　称	单　位	数　量	序　号	名　称	单　位	数　量
1	线手套	双	1	3	安全帽	顶	1
2	绝缘靴	双	1	4	万用表	块	1

三、考核要求

1. 被认定人入场后,首先由考评员告知题目,其次由被认定人检查准备工具材料,确认考核内容,当被认定人告知考评员可以开始时,由考评员开始计时。

2. 考核时间为25 min。

3. 在被认定人考核期间,考评员可以依据考核内容向被认定人提问,以确认被认定人掌握考核内容。

4. 考核过程中若被认定人出现不安全行为或毁坏设备情况时,终止考试,成绩为零。

5. 考核完毕后,由被认定人在评分表上签字确认。

四、考核评分

1. 考评人数:3名及以上考评员。

2. 评分程序及规则:考评员根据考生操作情况对照计分标准在评分表上给予记录评分。

3. 算分方法:满分为100分,60分为及格。

五、铁道行业职业技能认定钳工(供电)高级工实作技能考核评分记录表

单位:________　姓名:________　性别:________　准考证号:________　工种:________　级别:________

试题名称:控制母线熔断器熔断故障的查找

考核时间:25 min

操作开始时间:____时____分　　　　　　　　　　操作结束时间:____时____分

项　目	考核内容	标准分	评分标准	扣分因素及扣分	得分
准备工作 10分	1. 按规定着装(戴安全帽、手套)	5	未按规定着装每处扣2分		
	2. 工具、材料选择正确	5	工具、材料选择错误每项扣1分,少选每项扣5分		
技术质量标准及操作程序 70分	1. 检查万用表的状态良好并对其进行机械调零	5	未检查扣3分,未调零扣5分		
	2. 选择万用表的对象和量程:选择万用表的直流电压250 V挡	20	选择错误扣5分		
	3. 分别测量+KM、−KM熔断器两端对地电压,电源极性要与万用表表笔对应	25	不符合要求每处扣5分		
	4. 如果+KM对地为负电压,则+KM熔断器熔断;如果−KM对地为正电压,则−KM熔断器熔断	20	判断错误每处扣10分		
安全及其他事项 20分	安全情况良好,无违章,无不安全因素	20	测量前未确认被测设备与电源完全断开扣5分,人体触电扣10分,摔、扔仪表扣5分,其他违章每次扣2分		
考核时间	规定时间25 min	—	规定时间内未完成,计考试不合格		
合计		100			

考评员签名:　　　　　　　　　　　被认定人:　　　　　　　　　　　年　　月　　日

S6　用单臂电桥测量变压器线圈直流电阻

一、考场准备

变配电所或含有电力变压器的实训场,辅助配合人员1名。要求场地整洁,隔离措施良好,无安全隐患。

二、材料工具准备

序　号	名　称	单　位	数　量	序　号	名　称	单　位	数　量
1	线手套	双	1	4	三相变压器	台	1
2	安全帽	顶	1	5	直流单臂电桥	台	1
3	万用表	块	1	6	鳄鱼夹子线	副	1

三、考核要求

1. 被认定人入场后,首先由考评员告知题目,其次由被认定人检查准备工具材料,确认考核内容,当被认定人告知考评员可以开始时,由考评员开始计时。

2. 考核时间为 25 min。

3. 在被认定人考核期间,考评员可以依据考核内容向被认定人提问,以确认被认定人掌握考核内容。

4. 考核过程中若被认定人出现不安全行为或毁坏设备情况时,终止考试,成绩为零。

5. 考核完毕后,由被认定人在评分表上签字确认。

四、考核评分

1. 考评人数:3 名及以上考评员。

2. 评分程序及规则:考评员根据考生操作情况对照计分标准在评分表上给予记录评分。

3. 算分方法:满分为 100 分,60 分为及格。

五、铁道行业职业技能认定钳工(供电)中级工实作技能考核评分记录表

单位:________ 姓名:________ 性别:________ 准考证号:________ 工种:________ 级别:________

试题名称:用单臂电桥测量变压器线圈直流电阻

考核时间:25 min

操作开始时间:____时____分　　　　操作结束时间:____时____分

项　目	考核内容	标准分	评分标准	扣分因素及扣分	得分
准备工作 10 分	1. 按规定着装	5	不按规定着装和佩戴标志每少一项扣 2 分		
	2. 准备的工具材料齐全	5	准备的工作材料每少一件扣 2 分		
技术质量标准及操作程序 70 分	1. 仪表调线,接线。打开检流计锁,调节调整旋钮,使指针指零;将两根 R_X 测试线分别接在被测电阻端	5	不符合要求扣 5 分		
	2. 仪表机械、电气调零	5	未调、调错扣 5 分		
	3. 外观检查。检查计量合格证,应在检定周期内	5	未检查扣 5 分		
	4. 性能检查	5	未检查扣 5 分		
	5. 测量:测试前将变压器端子对地放电;仪器的比较臂四组旋钮必须用上,测量电阻时应先按下电源按钮 S1,再接通检流计按钮 S2,测量完毕应先打开 S2,后打开 S1;应测量变压器每个分接开关处的直流电阻(即Ⅰ、Ⅱ、Ⅲ挡)	35	未放电扣 5 分,测量旋钮选择不正确扣 10 分,不符合要求每项扣 10 分,每漏测一处扣 5 分		

续上表

项　目	考核内容	标准分	评分标准	扣分因素及扣分	得分
技术质量标准及操作程序70分	6. 读取数据正确	5	不正确扣5分		
	7. 报告填写正确	10	每漏填一项扣1分		
安全及其他事项20分	1. 安全情况良好，无违章，无不安全因素	10	与带电设备安全距离不够每处扣2分，违章操作扣5分		
	2. 无扔摔工具现象	10	扔摔一次扣5分		
考核时间	规定时间25 min	—	规定时间内未完成，计考试不合格		
合计		100			

考评员签名：　　　　　　　　　　　被认定人：　　　　　　　　　　　年　　月　　日

S7　控制回路故障判断查找处理

一、考场准备

牵引变电所或牵引变电所实训场，配合辅助人员1名。要求场地整洁，隔离措施良好，无安全隐患。

二、材料工具准备

序　号	名　称	单　位	数　量	序　号	名　称	单　位	数　量
1	万用表	块	1	5	图纸	套	1
2	短接线	根	3	6	黑胶布	盘	1
3	组合工具	套	1	7	透明胶布	盘	1
4	白纸	张	若干	8	熔断器	个	5

三、考核要求

1. 被认定人入场后，首先由考评员告知题目，其次由被认定人检查准备工具材料，确认考核内容，当被认定人告知考评员可以开始时，由考评员开始计时。

2. 考核时间为30 min。

3. 在被认定人考核期间，考评员可以依据考核内容向被认定人提问，以确认被认定人掌握考核内容。

4. 考核过程中若被认定人出现不安全行为或毁坏设备情况时，终止考试，成绩为零。

5. 考核完毕后，由被认定人在评分表上签字确认。

四、考核评分

1. 考评人数：3名及以上考评员。

2. 评分程序及规则:考评员根据考生操作情况对照计分标准在评分表上给予记录评分。

3. 算分方法:满分为 100 分,60 分为及格。

五、铁道行业职业技能认定钳工(供电)高级工实作技能考核评分记录表

单位:________ 姓名:________ 性别:________ 准考证号:________ 工种:________ 级别:________

试题名称:控制回路故障判断查找处理

考核时间:30 min

操作开始时间:____时____分　　　　操作结束时间:____时____分

项　目	考核内容	标准分	评分标准	扣分因素及扣分	得分
准备工作 10 分	1. 按规定着装	5	未按规定着装和佩戴标志每少一项扣 2 分		
	2. 准备的工具材料齐全	5	准备的工具材料每少一件扣 1 分		
技术质量 标准及 操作程序 70 分	1. 根据故障现象分析、操作设备或翻阅图纸判明故障点,故障性质、原因、范围	10	分析、判断不正确扣 10 分		
	2. 查找故障点方法、步骤和查找程序正确	10	方法、步骤和查找程序不正确扣 10 分		
	3. 排除故障操作方法、步骤正确	30	排除故障方法不正确(如短接处理时,不得短接降压元件、转换接点等)扣 10 分,不能排除故障一个扣 15 分		
	4. 配套设备操作方法正确且设备运行正常	15	操作方法不正确扣 10 分,设备运行达不到技术要求扣 10 分		
	5. 清理作业现场	5	未将仪表、工具等放回原处,现场遗落工具材料扣 5 分		
安全及 其他事项 20 分	安全情况良好,无违章,无不安全因素	20	故障查找过程中,操作不当引起的设备损坏扣 10 分;出现人身碰伤、划伤扣 10 分;出现较严重的事故取消资格		
			安全用具使用前未检查扣 5 分		
			使用仪表、工具前未检查每项扣 5 分		
考核时间	规定时间 30 min	—	规定时间内未完成,计考试不合格		
合计		100			

考评员签名:　　　　　　　　被认定人:　　　　　　　　年　　月　　日

S8　中暑后的应急处理

一、考场准备

牵引变电所或牵引变电所实训场。要求场地整洁，隔离措施良好，无安全隐患。

二、材料工具准备

序　号	名　　称	数　量	备　注	序　号	名　　称	数　量	备　注
1	毛巾	1		4	饮用水(含盐饮料)	1	
2	温水、冷水	—		5	药物	1	
3	体温计	1					

三、考核要求

1. 被认定人入场后，首先由考评员告知题目，其次由被认定人检查准备工具材料，确认考核内容，当被认定人告知考评员可以开始时，由考评员开始计时。

2. 考核时间为 15 min。

3. 在被认定人考核期间，考评员可以依据考核内容向被认定人提问，以确认被认定人掌握考核内容。

4. 考核过程中若被认定人出现不安全行为或毁坏设备情况时，终止考试，成绩为零。

5. 考核完毕后，由被认定人在评分表上签字确认。

四、考核评分

1. 考评人数：3 名及以上考评员。

2. 评分程序及规则：考评员根据考生操作情况对照计分标准在评分表上给予记录评分。

3. 算分方法：满分为 100 分，60 分为及格。

五、铁道行业职业技能认定钳工(供电)高级工实作技能考核评分记录表

单位：________　姓名：________　性别：________　准考证号：________　工种：________　级别：________

试题名称：中暑后的应急处理

考核时间：15 min

操作开始时间：____时____分　　　　操作结束时间：____时____分

项　目	考核内容	标准分	评分标准	扣分因素及扣分	得分
准备工作 10 分	1. 按规定着装	5	未按规定着装和佩戴标志每少一项扣 2 分		
	2. 准备的工具材料齐全	5	准备的工具材料每少一件扣 1 分		

续上表

项　目	考核内容	标准分	评分标准	扣分因素及扣分	得分
技术质量标准及操作程序70分	1. 患者先有头痛、眩晕、心悸、恶心等,随即出汗停止,体温上升,立即进行抢救	5	判断错误扣5分		
	2. 中暑一般可分为日射病、热痉挛、热衰竭和热射病,四者可单独出现,也可同时并见	10	考评员提问,被认定人不清楚每项扣2分		
	3. 将患者移至阴凉通风处,同时垫高头部,解开衣裤,以利呼吸和散热	10	操作不当每项扣2分		
	4. 头部先用温水敷,再改为冷水、冰水敷	10	操作顺序错误扣10分		
	5. 饮用含盐饮料,静脉滴注生理盐水500～1 000 mL	10	操作错误每项扣5分		
	6. 体温高达40 ℃以上出现昏迷、抽搐等中暑症状者,迅速针刺或指压人中、内关、足三里、十宣等穴位,还可静脉滴注5%糖盐水	15	操作错误每项扣5分		
	7. 因高温、高湿、无风,身体散热困难,用冷水或冰水擦浴使皮肤发红,体表盖以湿毛巾,头部及大血管分布区放置冰袋,还可用药物降温,如氯丙嗪、氢化可的松或地塞米松等	10	操作错误每项扣5分		
安全及其他事项20分	安全情况良好,无违章,无不安全因素	20	如中暑人员比较严重,应及时拨打120,送至医院进行治疗。不清楚此项扣20分		
考核时间	规定时间15 min	—	规定时间内未完成,计考试不合格		
合计		100			

考评员签名：　　　　　　　　　　被认定人：　　　　　　　　　　年　　月　　日

S9　PT断线故障处理

一、考场准备

配电所或配电、电力场。要求场地整洁,隔离措施良好,无安全隐患。

二、材料工具准备

序　号	名　称	单　位	数　量	序　号	名　称	单　位	数　量
1	倒闸作业票	—	若干	4	钥匙	把	相关设备
2	绝缘靴	双	1	5	绝缘拉杆	根	1
3	绝缘手套	副	1	6	护目眼镜	副	1

三、考核要求

1. 被认定人入场后，首先由考评员告知题目，其次由被认定人检查准备工具材料，确认考核内容，当被认定人告知考评员可以开始时，由考评员开始计时。

2. 考核时间为 15 min。

3. 在被认定人考核期间，考评员可以依据考核内容向被认定人提问，以确认被认定人掌握考核内容。

4. 考核过程中若被认定人出现不安全行为或毁坏设备情况时，终止考试，成绩为零。

5. 考核完毕后，由被认定人在评分表上签字确认。

四、考核评分

1. 考评人数：3 名及以上考评员。

2. 评分程序及规则：考评员根据考生操作情况对照计分标准在评分表上给予记录评分。

3. 算分方法：满分为 100 分，60 分为及格。

五、铁道行业职业技能认定钳工(供电)高级工实作技能考核评分记录表

单位：_______　姓名：_______　性别：_______　准考证号：_______　工种：_______　级别：_______

试题名称：PT 断线故障处理

考核时间：15 min

操作开始时间：___时___分　　　　操作结束时间：___时___分

项　目	考核内容	标准分	评分标准	扣分因素及扣分	得分
准备工作 10 分	1. 按规定着装	5	未按规定着装和佩戴标志每少一项扣 2 分		
	2. 准备的工具材料齐全	5	准备的工具材料每少一件扣 1 分		
技术质量标准及操作程序 70 分	1. 如需要停 PT 高压，须经调度员同意，并填写倒闸作业票	—	未经调度员同意，取消资格		
	2. 填写倒闸作业票	15	错、漏一处扣 1 分		
	3. 根据电脑或仪表显示的值判断出故障相	10	判断错误扣 5 分		
	4. 查找按先查熔断器、后查线路、再查元件内接点顺序进行	15	错一处扣 5 分		

续上表

项　目	考核内容	标准分	评分标准	扣分因素及扣分	得分
技术质量标准及操作程序70分	5. 全部取下PT二次熔断器或拉下PT高压隔离开关前，将有低电压保护功能回路的低电压压板退出	15	不符合要求每项扣5分		
	6. 正确处理故障区段	15	没找出故障点扣15分；找出故障点，不会处理每处扣5分；故障处理方法不当、故障处理不彻底每处扣2分		
安全及其他事项20分	安全情况良好，无违章，无不安全因素	20	绝缘用具在使用前未进行外观检查每一项扣2分；倒闸、故障处理须两人进行，操作、监护人员必须戴绝缘手套、戴安全帽、穿绝缘靴，操作时站在绝缘垫上，每少一项扣2分		
考核时间	规定时间15 min	—	规定时间内未完成，计考试不合格		
合计		100			

考评员签名：　　　　　　　　被认定人：　　　　　　　　年　　月　　日

S10　CT二次开路故障处理

一、考场准备

配电所或配电、电力场。要求场地整洁，隔离措施良好，无安全隐患。

二、材料工具准备

序　号	名　称	单　位	数　量	序　号	名　称	单　位	数　量
1	倒闸作业票	—	若干	4	钥匙	把	相关设备
2	绝缘靴	双	1	5	安全帽	顶	2
3	绝缘手套	副	1	6	个人工具	套	1

三、考核要求

1. 被认定人入场后，首先由考评员告知题目，其次由被认定人检查准备工具材料，确认考核内容，当被认定人告知考评员可以开始时，由考评员开始计时。

2. 考核时间为25 min。

3. 在被认定人考核期间，考评员可以依据考核内容向被认定人提问，以确认被认定人掌握考核内容。

4. 考核过程中若被认定人出现不安全行为或毁坏设备情况时，终止考试，成绩为零。

5. 考核完毕后，由被认定人在评分表上签字确认。

四、考核评分

1. 考评人数：3 名及以上考评员。
2. 评分程序及规则：考评员根据考生操作情况对照计分标准在评分表上给予记录评分。
3. 算分方法：满分为 100 分，60 分为及格。

五、铁道行业职业技能认定钳工(供电)高级工实作技能考核评分记录表

单位：_______　姓名：_______　性别：_______　准考证号：_______　工种：_______　级别：_______

试题名称：CT 二次开路故障处理

考核时间：25 min

操作开始时间：___时___分　　　　操作结束时间：___时___分

项　目	考核内容	标准分	评分标准	扣分因素及扣分	得分
准备工作 10 分	1. 按规定着装	5	未按规定着装和佩戴标志每少一项扣 2 分		
	2. 准备的工具材料齐全	5	准备的工具材料每少一件扣 1 分		
技术质量 标准及 操作程序 70 分	1. 如需要停 CT 高压，须经调度员同意，并填写倒闸作业票	—	未经调度员同意，取消资格		
	2. 填写倒闸作业票	15	错、漏一处扣 1 分		
	3. 根据电脑或仪表显示的值判断出故障相，并判断出是保护回路还是测量回路开路	15	判断错误一项扣 5 分		
	4. 发生开路后，即时在高压柜端子排上将开路的 CT 二次端子短接	15	没有短接扣 15 分		
	5. 正确处理故障区段	15	没找出故障点扣 15 分；找出故障点，不会处理每处扣 5 分；故障处理方法不当、故障处理不彻底每处扣 2 分		
	6. 处理故障时时刻注意与带电部分保持足够安全距离	10	故障处理时，接触控制母线或柜内低压交流电源线扣 10 分		
安全及 其他事项 20 分	安全情况良好，无违章，无不安全因素	20	绝缘用具在使用前未进行外观检查每一项扣 2 分；倒闸、故障处理须两人进行，操作、监护人员必须戴绝缘手套、戴安全帽、穿绝缘靴，操作时未站在绝缘垫上，每少一项扣 2 分		
考核时间	规定时间 25 min	—	规定时间内未完成，计考试不合格		
合计		100			

考评员签名：　　　　　　被认定人：　　　　　　年　　月　　日

S11　信号回路故障判断查找处理

一、考场准备

牵引变电所或牵引变电所实训场,配合辅助人员1名。要求场地整洁,隔离措施良好,无安全隐患。

二、材料工具准备

序　号	名　称	单　位	数　量	序　号	名　称	单　位	数　量
1	万用表	块	1	5	二次回路接线图	套	1
2	短接线	根	3	6	黑胶布	盘	1
3	组合工具	套	1	7	透明胶布	盘	1
4	白纸	张	若干	8	熔断器	个	5

三、考核要求

1. 被认定人入场后,首先由考评员告知题目,其次由被认定人检查准备工具材料,确认考核内容,当被认定人告知考评员可以开始时,由考评员开始计时。

2. 考核时间为30 min。

3. 在被认定人考核期间,考评员可以依据考核内容向被认定人提问,以确认被认定人掌握考核内容。

4. 考核过程中若被认定人出现不安全行为或毁坏设备情况时,终止考试,成绩为零。

5. 考核完毕后,由被认定人在评分表上签字确认。

四、考核评分

1. 考评人数:3名及以上考评员。

2. 评分程序及规则:考评员根据考生操作情况对照计分标准在评分表上给予记录评分。

3. 算分方法:满分为100分,60分为及格。

五、铁道行业职业技能认定钳工(供电)高级工实作技能考核评分记录表

单位:________　姓名:________　性别:________　准考证号:________　工种:________　级别:________

试题名称:信号回路故障判断查找处理

考核时间:30 min

操作开始时间:____时____分　　　　操作结束时间:____时____分

项　目	考核内容	标准分	评分标准	扣分因素及扣分	得分
准备工作 10分	1. 按规定着装	5	未按规定着装和佩戴标志每少一项扣2分		
	2. 准备的工具材料齐全	5	准备的工具材料每少一件扣1分		

续上表

项　目	考核内容	标准分	评分标准	扣分因素及扣分	得分
技术质量标准及操作程序70分	1. 根据故障现象分析、操作设备或翻阅图纸判明故障点，故障性质、原因、范围分析、判断	10	分析、判断不正确扣10分		
	2. 查找故障点方法、步骤和查找程序正确	20	步骤不正确扣10分；查不到故障点，一个扣20分		
	3. 排除故障操作方法、步骤正确	20	排除故障方法不正确（如短接处理时，不得短接降压元件、转换接点等）扣10分，不能排除故障一个扣10分		
	4. 配套设备操作方法正确且设备运行正常	15	操作方法不正确扣10分，设备运行达不到技术要求扣10分		
	5. 清理作业现场	5	未将仪表、工具等放回原处，现场遗落工具材料扣5分		
安全及其他事项20分	安全情况良好，无违章，无不安全因素	20	故障查找过程中，操作不当引起的设备损坏扣10分；出现人身碰伤、划伤扣10分；出现较严重的事故取消资格		
			安全用具使用前未检查扣5分		
			使用仪表、工具前未检查每项扣5分		
考核时间	规定时间30 min	—	规定时间内未完成，计考试不合格		
合计		100			

考评员签名：　　　　被认定人：　　　　年　　月　　日

S12　更换高压熔断器

一、考场准备

变配电所或演练基地，辅助人员1名。要求场地整洁，隔离措施良好，无安全隐患。

二、材料工具准备

序　号	名　称	单　　位	数　量	序　号	名　称	单　　位	数　量
1	安全帽	顶	2	6	高压熔断器	根据实际设备所用型号	2
2	绝缘靴	双	2	7	接地线	组	1
3	绝缘手套	双	1	8	钥匙	把	1
4	数字万用表	块	1	9	标示牌	“有人工作，禁止合闸”	1
5	电力复合脂	盒	1	10	验电器	根据设备电压等级选择	1

三、考核要求

1. 被认定人入场后,首先由考评员告知题目,其次由被认定人检查准备工具材料,确认考核内容,当被认定人告知考评员可以开始时,由考评员开始计时。

2. 考核时间为 20 min。

3. 在被认定人考核期间,考评员可以依据考核内容向被认定人提问,以确认被认定人掌握考核内容。

4. 考核过程中若被认定人出现不安全行为或毁坏设备情况时,终止考试,成绩为零。

5. 考核完毕后,由被认定人在评分表上签字确认。

四、考核评分

1. 考评人数:3 名及以上考评员。

2. 评分程序及规则:考评员根据考生操作情况对照计分标准在评分表上给予记录评分。

3. 算分方法:满分为 100 分,60 分为及格。

五、铁道行业职业技能认定钳工(供电)高级工实作技能考核评分记录表

单位:_______ 姓名:_______ 性别:_______ 准考证号:_______ 工种:_______ 级别:_______

试题名称:更换高压熔断器

考核时间:20 min

操作开始时间:___时___分　　　　操作结束时间:___时___分

项　目	考核内容	标准分	评分标准	扣分因素及扣分	得分
准备工作10分	1. 按规定着装	5	未按规定着装和佩戴标志每少一项扣 2 分		
	2. 准备的工具材料齐全	5	准备的工具材料每少一件扣 2 分		
技术质量标准及操作程序70分	1. 确认签发工作票	5	未确认扣 5 分		
	2. 确认设备已停电,按要求办理安全措施	5	未确认安全措施及设备已停电扣 5 分		
	3. 戴好绝缘手套、安全帽,穿好绝缘靴,操作人带防护眼镜	5	未按规定执行每项扣 2 分		
	4. 检查更换后的高压熔断器是否熔断,进行测量	20	操作错误每项扣 5 分		
	5. 按程序更换熔断器	20	未按程序更换缺一项扣 5 分		
	6. 确认更换后的状态	5	未确认扣 5 分		
	7. 监护人及操作人相互确认	5	未确认扣 5 分		
	8. 作业完毕,向调度汇报,清理作业现场	5	未按规定执行每项扣 2 分		

续上表

项　目	考核内容	标准分	评分标准	扣分因素及扣分	得分
安全及其他事项20分	安全情况良好，无违章，无不安全因素	20	安全用具、工具材料使用前未检查，每项扣5分		
			操作中与带电设备安全距离不够扣10分		
考核时间	规定时间20 min	—	规定时间内未完成，计考试不合格		
合计		100			

考评员签名：　　　　被认定人：　　　　年　月　日

S13　保护单元投用

一、考场准备

变配电所或演练基地，辅助人员1名。要求场地整洁，隔离措施良好，无安全隐患。

二、材料工具准备

序　号	名　称	单　位	数　量	序　号	名　称	单　位	数　量
1	安全帽	顶	2	3	绝缘手套	双	1
2	绝缘靴	双	2				

三、考核要求

1. 被认定人入场后，首先由考评员告知题目，其次由被认定人检查准备工具材料，确认考核内容，当被认定人告知考评员可以开始时，由考评员开始计时。

2. 考核时间为20 min。

3. 在被认定人考核期间，考评员可以依据考核内容向被认定人提问，以确认被认定人掌握考核内容。

4. 考核过程中若被认定人出现不安全行为或毁坏设备情况时，终止考试，成绩为零。

5. 考核完毕后，由被认定人在评分表上签字确认。

四、考核评分

1. 考评人数：3名及以上考评员。

2. 评分程序及规则：考评员根据考生操作情况对照计分标准在评分表上给予记录评分。

3. 算分方法：满分为100分，60分为及格。

五、铁道行业职业技能认定钳工(供电)高级工实作技能考核评分记录表

单位:________ 姓名:________ 性别:________ 准考证号:________ 工种:________ 级别:________

试题名称:保护单元投用

考核时间:20 min

操作开始时间:____时____分　　　　操作结束时间:____时____分

项　目	考核内容	标准分	评分标准	扣分因素及扣分	得分
准备工作 10分	1. 按规定着装	5	未按规定着装和佩戴标志每少一项扣2分		
	2. 准备的工具材料齐全	5	准备的工具材料每少一件扣1分		
技术质量 标准及 操作程序 70分	1. 确认交流屏、直流屏各馈出开关都合闸位,各高压柜的隔离开关、断路器都在分闸位	10	未确认扣10分		
	2. 填写倒闸作业票或工作票	25	错、漏一处扣5分		
	3. 在送保护单元电源前确认直流屏的直流母线电压是否正常	10	没有确认扣10分		
	4. 按依次合保护单元工作电源开关、控制电源开关	15	倒闸的顺序每错一项扣5分		
	5. 在保护单元工作后,确认保护单元面板上各指示灯的状态是否正常	5	没有确认扣5分		
	6. 在后台机工作后,确认各保护单元的数据是否能上传后台机	5	没有确认扣5分		
安全及 其他事项 20分	安全情况良好,无违章,无不安全因素	20	安全用具、工具材料使用前未检查,每项扣5分		
			操作中与带电设备安全距离不够扣10分		
考核时间	规定时间20 min	—	规定时间内未完成,计考试不合格		
合计		100			

考评员签名:　　　　　　　　被认定人:　　　　　　　　年　　月　　日

S14　真空断路器拒动故障处理

一、考场准备

牵引变电所或牵引变电所实训场,配合辅助人员1名。要求场地整洁,隔离措施良好,无安全隐患。

二、材料工具准备

序 号	名 称	单 位	数 量	序 号	名 称	单 位	数 量
1	一字螺丝刀	把	2	11	图纸	套	1
2	十字螺丝刀	把	2	12	内六角扳手	套	1
3	万用表	块	1	13	绝缘胶带	卷	1
4	安全帽	顶	2	14	软铜线	m	3
5	数字兆欧表	块	1	15	绝缘靴	双	
6	转换开关	个	1	16	绝缘手套	双	
7	分、合闸线圈	个	1	17	扳手	套	1
8	分、合闸组合	个	1	18	套筒扳手	套	1
9	组合工具	套	1	19	专用摇把	把	1
10	断路器特性测试仪	套	1	20	试验线	根	3

三、考核要求

1. 被认定人入场后，首先由考评员告知题目，其次由被认定人检查准备工具材料，确认考核内容，当被认定人告知考评员可以开始时，由考评员开始计时。

2. 考核时间为 30 min。

3. 在被认定人考核期间，考评员可以依据考核内容向被认定人提问，以确认被认定人掌握考核内容。

4. 考核过程中若被认定人出现不安全行为或毁坏设备情况时，终止考试，成绩为零。

5. 考核完毕后，由被认定人在评分表上签字确认。

四、考核评分

1. 考评人数：3 名及以上考评员。

2. 评分程序及规则：考评员根据考生操作情况对照计分标准在评分表上给予记录评分。

3. 算分方法：满分为 100 分，60 分为及格。

五、铁道行业职业技能认定钳工（供电）高级工实作技能考核评分记录表

单位：_______ 姓名：_______ 性别：_______ 准考证号：_______ 工种：_______ 级别：_______

试题名称：真空断路器拒动故障处理

考核时间：30 min

操作开始时间：___时___分　　　　操作结束时间：___时___分

项 目	考核内容	标准分	评分标准	扣分因素及扣分	得分
准备工作 10 分	1. 按规定着装	5	未按规定着装和佩戴标志每少一项扣 2 分		
	2. 准备的工具材料齐全	5	准备的工具材料每少一件扣 1 分		

续上表

项　目	考核内容	标准分	评分标准	扣分因素及扣分	得分
技术质量标准及操作程序 70分	1. 检查后台报文、装置信息，以及了解现场开关倒闸情况	5	未检查后台报文、装置信息，以及了解现场开关倒闸情况扣5分		
	2. 正确使用仪表、工具	10	仪表使用不当扣5分，使用工具未进行绝缘包扎扣5分		
	3. 故障点处理正确	20	查找过程中乱拆线扩大故障范围、故障点处理不当扣15分		
	4. 查找故障时，思路清楚，方法正确	30	每件故障30分，共计1件；思路错误扣10分；方法不正确扣5分；故障点未找到扣20分		
	5. 清理作业现场	5	未将仪表、工具等放回原处，现场遗落工具材料扣5分		
安全及其他事项 20分	安全情况良好，无违章，无不安全因素	20	故障查找过程中，操作不当引起的设备损坏扣10分；出现人身碰伤、划伤扣10分；出现较严重的事故取消资格		
			安全用具使用前未检查扣5分		
			使用仪表、工具前未检查每项扣5分		
考核时间	规定时间30 min	—	规定时间内未完成，计考试不合格		
合计		100			

考评员签名：　　　　被认定人：　　　　年　　月　　日

S15　变压器外观检查

一、考场准备

变配电所或演练基地。要求场地整洁，隔离措施良好，无安全隐患。

二、材料工具准备

序　号	名　称	单　位	数　量	序　号	名　称	单　位	数　量
1	安全帽	顶	2	3	绝缘手套	双	1
2	绝缘靴	双	2				

三、考核要求

1. 被认定人入场后，首先由考评员告知题目，其次由被认定人检查准备工具材料，确认考核内容，当被认定人告知考评员可以开始时，由考评员开始计时。

2. 考核时间为 20 min。

3. 在被认定人考核期间,考评员可以依据考核内容向被认定人提问,以确认被认定人掌握考核内容。

4. 考核过程中若被认定人出现不安全行为或毁坏设备情况时,终止考试,成绩为零。

5. 考核完毕后,由被认定人在评分表上签字确认。

四、考核评分

1. 考评人数:3 名及以上考评员。

2. 评分程序及规则:考评员根据考生操作情况对照计分标准在评分表上给予记录评分。

3. 算分方法:满分为 100 分,60 分为及格。

五、铁道行业职业技能认定钳工(供电)高级工实作技能考核评分记录表

单位:______ 姓名:______ 性别:______ 准考证号:______ 工种:______ 级别:______

试题名称:变压器外观检查

考核时间:20 min

操作开始时间:___时___分　　　　操作结束时间:___时___分

项　目	考核内容	标准分	评分标准	扣分因素及扣分	得分
准备工作 10 分	1. 按规定着装	5	未按规定着装和佩戴标志每少一项扣 2 分		
	2. 准备的工具材料齐全	5	准备的工具材料每少一件扣 1 分		
技术质量标准及操作程序 70 分	1. 列出外观检查项目表	20	每漏、错检一处扣 4 分		
	2. 逐项进行变压器外观检查,记录检查结果	25	漏、错一项扣 5 分		
	3. 口述变压器应立即停止运行的条件	25	漏、错一项扣 5 分		
安全及其他事项 20 分	安全情况良好,无违章,无不安全因素	20	安全用具、工具材料使用前未检查,每项扣 5 分		
			操作中与带电设备安全距离不够扣 10 分		
考核时间	规定时间 20 min	—	规定时间内未完成,计考试不合格		
合计		100			

考评员签名:　　　　被认定人:　　　　年　月　日

S16　更换 LQJ 型高压电流互感器

一、考场准备

变配电所或演练基地,辅助人员 1 名。要求场地整洁,隔离措施良好,无安全隐患。

二、材料工具准备

序　号	名　称	单　位	数　量	序　号	名　称	单　位	数　量
1	安全帽	顶	2	4	数字万用表	块	1
2	绝缘靴	双	2	5	验电器	根据设备电压等级选择	1
3	绝缘手套	双	1	6	个人工具	套	1

三、考核要求

1. 被认定人入场后,首先由考评员告知题目,其次由被认定人检查准备工具材料,确认考核内容,当被认定人告知考评员可以开始时,由考评员开始计时。

2. 考核时间为 20 min。

3. 在被认定人考核期间,考评员可以依据考核内容向被认定人提问,以确认被认定人掌握考核内容。

4. 考核过程中若被认定人出现不安全行为或毁坏设备情况时,终止考试,成绩为零。

5. 考核完毕后,由被认定人在评分表上签字确认。

四、考核评分

1. 考评人数:3 名及以上考评员。

2. 评分程序及规则:考评员根据考生操作情况对照计分标准在评分表上给予记录评分。

3. 算分方法:满分为 100 分,60 分为及格。

五、铁道行业职业技能认定钳工(供电)高级工实作技能考核评分记录表

单位:_______ 姓名:_______ 性别:_______ 准考证号:_______ 工种:_______ 级别:_______

试题名称:更换 LQJ 型高压电流互感器

考核时间:20 min

操作开始时间:____时____分　　　　操作结束时间:____时____分

项　目	考核内容	标准分	评分标准	扣分因素及扣分	得分
准备工作 10 分	1. 按规定着装	5	未按规定着装和佩戴标志每少一项扣 2 分		
	2. 准备的工具材料齐全	5	准备的工具材料每少一件扣 1 分		
技术质量标准及操作程序 70 分	1. 万用表检查	10	未检查扣 10 分,漏项扣 5 分		
	2. 二次侧计量、保护接线	10	错误一处扣 2 分		
	3. 万用表检查互感器	10	未检查扣 10 分		
	4. 拆除旧电流互感器,安装新电流互感器	10	不熟练扣 5 分,不规范扣 5 分		
	5. 二次侧配线两互感器极性接线正确	10	错误一处扣 5 分		

续上表

项　目	考核内容	标准分	评分标准	扣分因素及扣分	得分
技术质量标准及操作程序70分	6. 一次侧首端和末端应标接线正确	10	错误扣10分		
	7. 互感器二次侧与电流表连接正确	10	错误扣10分		
安全及其他事项20分	安全情况良好，无违章，无不安全因素	20	更换过程中，操作不当引起的设备损坏取消资格；出现人身碰伤、划伤扣10分；出现较严重的事故取消资格		
			安全用具使用前未检查扣5分		
			使用仪表、工具前未检查每项扣5分		
考核时间	规定时间20 min	—	规定时间内未完成，计考试不合格		
合计		100			

考评员签名：　　　　　　　　被认定人：　　　　　　　　年　　月　　日

S17　变压器一次侧绝缘电阻测量

一、考场准备

10 kV油浸式变压器1台，配合辅助人员1名。要求场地整洁，隔离措施良好，无安全隐患。

二、材料工具准备

序　号	名　称	单　位	数　量	序　号	名　称	单　位	数　量
1	安全帽	顶	1	4	电工工具	套	1
2	绝缘手套	双	1	5	2 500 V绝缘电阻表	个	1
3	绝缘靴	双	1	6	1 000 V绝缘电阻表	个	1

三、考核要求

1. 被认定人入场后，首先由考评员告知题目，其次由被认定人检查准备工具材料，确认考核内容，当被认定人告知考评员可以开始时，由考评员开始计时。

2. 考核时间为30 min。

3. 在被认定人考核期间，考评员可以依据考核内容向被认定人提问，以确认被认定人掌握考核内容。

4. 考核过程中若被认定人出现不安全行为或毁坏设备情况时，终止考试，成绩为零。

5. 考核完毕后，由被认定人在评分表上签字确认。

四、考核评分

1. 考评人数:3 名及以上考评员。
2. 评分程序及规则:考评员根据考生操作情况对照计分标准在评分表上给予记录评分。
3. 算分方法:满分为 100 分,60 分为及格。

五、铁道行业职业技能认定钳工(供电)高级工实作技能考核评分记录表

单位:_______ 姓名:_______ 性别:_______ 准考证号:_______ 工种:_______ 级别:_______

试题名称:变压器一次侧绝缘电阻测量

考核时间:30 min

操作开始时间:___时___分 操作结束时间:___时___分

项　目	考核内容	标准分	评分标准	扣分因素及扣分	得分
准备工作 10 分	1. 按规定着装	5	未按规定着装和佩戴标志每少一项扣 2 分		
	2. 准备的工具材料齐全	5	准备的工具材料每少一件扣 2 分		
技术质量标准及操作程序 70 分	1. 确认变压器已停电,并对其进行清扫	5	未确认或未清扫每项扣 5 分		
	2. 正确选择绝缘电阻表,对绝缘电阻表的质量状态进行检查,进行“开路”“短路”试验	5	绝缘电阻表选择错误扣 5 分,未对绝缘电阻表的质量状态进行检查扣 5 分		
	3. 使用绝缘工具对变压器各绕组接地放电	5	未放电扣 5 分;放电未使用绝缘工具扣 5 分;各绕组放电,每漏一处扣 5 分		
	4. 正确接线	20	接线错误,每项扣 10 分		
	5. 以 120 r/min 的速度摇动手柄,待表的指针稳定后,将“L”端测试线搭上变压器一次被测端,读取 60 s 绝缘电阻值并记录	20	转速达不到要求扣 5 分,测试线接线错误扣 20 分,读数不正确扣 5 分		
	6. 测量完毕后,应先取下“L”线,再停止摇动	5	先停止摇动再取下测试线扣 5 分		
	7. 对变压器一次绕组放电,判断变压器绝缘是否合格	5	未放电扣 5 分,判断错误扣 5 分		
	8. 作业完毕,清理作业现场	5	未清理扣 5 分		
安全及其他事项 20 分	安全情况良好,无违章,无不安全因素	20	工具材料、安全用具使用前未检查每项扣 10 分		
			接线过程中有碰伤、划伤现象扣 20 分		
考核时间	规定时间 30 min	—	规定时间内未完成,计考试不合格		
合计		100			

考评员签名: 被认定人: 年 月 日

S18　变压器二次侧绝缘电阻测量

一、考场准备

10 kV 油浸式变压器 1 台，配合辅助人员 1 名。要求场地整洁，隔离措施良好，无安全隐患。

二、材料工具准备

序　号	名　称	单　位	数　量	序　号	名　称	单　位	数　量
1	安全帽	顶	1	4	电工工具	套	1
2	绝缘手套	双	1	5	2 500 V 绝缘电阻表	个	1
3	绝缘靴	双	1	6	1 000 V 绝缘电阻表	个	1

三、考核要求

1. 被认定人入场后，首先由考评员告知题目，其次由被认定人检查准备工具材料，确认考核内容，当被认定人告知考评员可以开始时，由考评员开始计时。

2. 考核时间为 30 min。

3. 在被认定人考核期间，考评员可以依据考核内容向被认定人提问，以确认被认定人掌握考核内容。

4. 考核过程中若被认定人出现不安全行为或毁坏设备情况时，终止考试，成绩为零。

5. 考核完毕后，由被认定人在评分表上签字确认。

四、考核评分

1. 考评人数：3 名及以上考评员。

2. 评分程序及规则：考评员根据考生操作情况对照计分标准在评分表上给予记录评分。

3. 算分方法：满分为 100 分，60 分为及格。

五、铁道行业职业技能认定钳工（供电）高级工实作技能考核评分记录表

单位：________　姓名：________　性别：________　准考证号：________　工种：________　级别：________

试题名称：变压器二次侧绝缘电阻测量

考核时间：30 min

操作开始时间：____时____分　　　　操作结束时间：____时____分

项　目	考核内容	标准分	评分标准	扣分因素及扣分	得分
准备工作 10 分	1. 按规定着装	5	未按规定着装和佩戴标志每少一项扣 2 分		
	2. 准备的工具材料齐全	5	准备的工具材料每少一件扣 2 分		

续上表

项　目	考核内容	标准分	评分标准	扣分因素及扣分	得分
技术质量标准及操作程序70分	1. 确认变压器已停电，并对其进行清扫	5	未确认或未清扫每项扣5分		
	2. 正确选择绝缘电阻表，对绝缘电阻表的质量状态进行检查，进行“开路”“短路”试验	5	绝缘电阻表选择错误扣5分，未对绝缘电阻表的质量状态进行检查扣5分		
	3. 使用绝缘工具对变压器各绕组接地放电	5	未放电扣5分；放电未使用绝缘工具扣5分；各绕组放电，每漏一处扣5分		
	4. 正确接线	20	接线错误每项扣10分		
	5. 以120 r/min的速度摇动手柄，待表的指针稳定后，将“L”端测试线搭上变压器二次被测端，读取60 s绝缘电阻值并记录	20	转速达不到要求扣5分，测试线接线错误扣20分，读数不正确扣5分		
	6. 测量完毕后，应先取下“L”线，再停止摇动	5	先停止摇动再取下测试线扣5分		
	7. 对变压器二次绕组放电，判断变压器绝缘是否合格	5	未放电扣5分，判断错误扣5分		
	8. 作业完毕，清理作业现场	5	未清理扣5分		
安全及其他事项20分	安全情况良好，无违章，无不安全因素	20	工具材料、安全用具使用前未检查每项扣10分		
			接线过程中有碰伤、划伤现象扣20分		
考核时间	规定时间30 min	—	规定时间内未完成，计考试不合格		
合计		100			

考评员签名：　　　　　　被认定人：　　　　　　年　　月　　日

S19　标准化预想会、收工会

一、考场准备

要求场地整洁，隔离措施良好，无安全隐患。

二、材料工具准备

序　号	名　称	规　格	数　量	序　号	名　称	规　格	数　量
1	工作票	份	1	3	分工单	张	1
2	预想会、收工会单	张	1	4	录像设备	台	1

三、考核要求

1. 被认定人入场后，首先由考评员告知题目，其次由被认定人检查准备工具材料，确认考核内容，当被认定人告知考评员可以开始时，由考评员开始计时。

2. 考核时间为 30 min。

3. 在被认定人考核期间，考评员可以依据考核内容向被认定人提问，以确认被认定人掌握考核内容。

4. 考核过程中若被认定人出现不安全行为或毁坏设备情况时，终止考试，成绩为零。

5. 考核完毕后，由被认定人在评分表上签字确认。

四、考核评分

1. 考评人数：3 名及以上考评员。

2. 评分程序及规则：考评员根据考生操作情况对照计分标准在评分表上给予记录评分。

3. 算分方法：满分为 100 分，60 分为及格。

五、铁道行业职业技能认定钳工(供电)高级工实作技能考核评分记录表

单位：________　姓名：________　性别：________　准考证号：________　工种：________　级别：________

试题名称：标准化预想会、收工会

考核时间：30 min

操作开始时间：____时____分　　　　操作结束时间：____时____分

项　目	考核内容	标准分	评分标准	扣分因素及扣分	得分
准备工作 10 分	1. 人员着装整齐，标示牌齐全	5	未按规定着装和佩戴标志每少一项扣 2 分		
	2. 工作票、预想会、收工会表、分工单、录像设备齐全	5	选错一项扣 2 分，未进行检查扣 2 分		
召开预想会 55 分	1. 全体作业人员列队、点名，由工作领导人点名，然后由工作领导人向作业组成员宣讲工作票，介绍作业的地点、范围、作业内容、接地线位置，采取的安全措施以及附近带电的设备	10	每漏一项扣 2～5 分，错误每处扣 3 分		
	2. 工作领导人向作业组成员提问工作票中应“六清楚”的内容，确认每个人都做到了“六清楚”	10	未提问扣 10 分		
	3. 工作领导人根据派工单进行分工，分工时，喊到谁必须回答“到”，分工后确认复诵。分工要明确，应包含(工作票)所有检修设备，要求所带材料、工器具全面正确	10	每漏一项扣 2 分，错误一项扣 3 分		

续上表

项　目	考核内容	标准分	评分标准	扣分因素及扣分	得分
召开预想会 55 分	4. 分工后,作业组成员按派工单顺序进行岗位安全措施的预想。预想时要说明自己工作内容、所带工器具、需注意的安全措施及关键技术参数	10	每漏一项扣 2 分,错误一项扣 3 分		
	5. 所内值守、助理值守员根据本岗位所做安全措施工作进行预想,对作业组成员提出要求	10	针对性不强每项扣 5 分		
	6. 工作领导人最后确定作业方案,无疑问后,所有参加预想会人员均要签字,预想会方告结束	5	未签字扣 5 分		
召开收工会 35 分	1. 作业结束后工作领导人组织作业组成员和值守员、助理值守员在主控制室召开收工会	10	人员不齐扣 3 分		
	2. 全体作业人员列队后,工作领导人点名,作业组成员和值守员、助理值守员答"到"	10	未点名扣 3 分		
	3. 按派工单顺序作业组成员将各自检修工作的执行情况和发现的问题及改进措施作总结发言	5	未总结发言扣 5 分		
	4. 工作领导人认真详细总结工作票执行情况,任务完成情况,安全措施落实情况,检修中存在的问题及整改措施	5	总结不全面扣 2～5 分		
	5. 所有参加人员均要在收工会记录中签字,收工会方告结束	5	缺少一人签字扣 5 分		
考核时间	规定时间 30 min	—	规定时间内未完成,计考试不合格		
合计		100			

考评员签名：　　　　　　　　　　被认定人：　　　　　　　　　　年　　月　　日

S20　牵引变电所交流耐压试验

一、考场准备

变配电所或含有电力变压器的实训场,辅助配合人员 1 名。要求场地整洁,隔离措施良好,无安全隐患。

二、材料工具准备

序　号	名　　称	单　位	数　量	序　号	名　　称	单　位	数　量
1	安全帽	顶	1	4	电工工具	套	1
2	绝缘手套	双	1	5	工频交流耐压试验测试仪	台	1
3	绝缘靴	双	1	6	短接线	条	若干

按实际考试人数准备。

三、考核要求

1. 被认定人入场后，首先由考评员告知题目，其次由被认定人检查准备工具材料，确认考核内容，当被认定人告知考评员可以开始时，由考评员开始计时。

2. 考核时间为 25 min。

3. 在被认定人考核期间，考评员可以依据考核内容向被认定人提问，以确认被认定人掌握考核内容。

4. 考核过程中若被认定人出现不安全行为或毁坏设备情况时，终止考试，成绩为零。

5. 考核完毕后，由被认定人在评分表上签字确认。

四、考核评分

1. 考评人数：3 名及以上考评员。

2. 评分程序及规则：考评员根据考生操作情况对照计分标准在评分表上给予记录评分。

3. 算分方法：满分为 100 分，60 分为及格。

五、铁道行业职业技能认定钳工(供电)高级工实作技能考核评分记录表

单位：________　姓名：________　性别：________　准考证号：________　工种：________　级别：________

试题名称：牵引变电所交流耐压试验

考核时间：25 min

操作开始时间：____时____分　　　　　　操作结束时间：____时____分

项　目	考核内容	标准分	评分标准	扣分因素及扣分	得分
准备工作 10 分	1. 按规定着装(戴安全帽、穿绝缘靴、戴绝缘手套，带上安全合格证)	5	着装不符合要求每处扣 2 分		
	2. 检查仪器状态	5	未检查状态扣 5 分		
技术质量标准及操作程序 70 分	1. 该试验属于破坏性试验，必须在其他绝缘试验都合格的基础上进行	10	不清楚该项技术要求的扣 10 分		
	2. 测量时，被测绕组所有引线端用导线短接后，接试验变压器高压输出端，非被测绕组所有引线端应短接并接地	15	接线错误每处扣 5 分		

续上表

项　目	考核内容	标准分	评分标准	扣分因素及扣分	得分
技术质量标准及操作程序70分	3. 检查试验接线确保无误，被试变压器外壳与非加压绕组应可靠接地瓦斯保护应投入，试验回路中过电流与过电压保护应整定正确、可靠	15	未接地扣5分，瓦斯保护未投入扣5分，回路中过电压与过电流保护整定未检查扣5分		
	4. 升压必须从零开始，切不可冲击合闸，升压速度在75%试验电压以前是任意的，自75%电压开始应均匀升压	20	升压未从零开始扣10分，升压速度不符合规定扣10分		
	5. 加压期间密切注视表计指示动态，观察、监听被试变压器、保护球隙声音与现象，分析区别电晕或放电等有关迹象	10	分析失误扣10分		
安全及其他事项20分	安全情况良好，无违章，无不安全因素	20	测量前未确认被测设备与电源完全断开扣5分，人体触电取消资格，摔、扔仪表每次扣5分，其他违章每次扣2分		
考核时间	规定时间25 min	—	规定时间内未完成，计考试不合格		
合计		100			

考评员签名：　　　　被认定人：　　　　年　　月　　日

第四部分 技 师

本题库100道，分为五个部分：1～20题为10分题；21～40题为15分题；41～60题为20分题；61～80题为25分题；81～100题为30分题。

1. 用万用表测量某电阻，倍率挡选择R×100，请说明测量过程并读出图中表盘显示的电阻值。

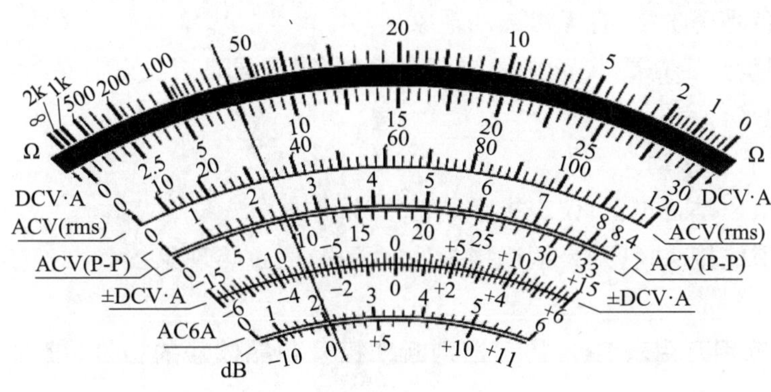

图 4-1

答：测量过程：(1)确认指针指在零位上，若不在零位上，使用一字形螺丝刀调零旋钮，机械调整零位。

(2)红色表笔插入有"＋"符号的插孔，黑色表笔插入有"－COM"符号的插孔，将万用表电源打开，将挡位旋钮转到R×100挡位。

(3)短接两支测试表笔，旋转Ω挡调零旋钮使指针指向电阻零刻度的位置。

(4)将表笔连接到电阻两端，读取数据。

(5)撤去表笔，关闭万用表。

读数：6 000 Ω。

2. 简述确定架空线路导线排列相序方法。

答：(1)高压线路：人员面向负荷侧从左侧起，导线排列相序为U、V、W。

(2)环状线路或导线有换位，按设计规定。

(3)低压线路：人员面向负荷侧从左侧起，导线排列相序为U、O、V、W。

(4)同一根导线向两侧供电时与其中一侧导线排列一致。

3. 简述隔离开关正常巡视检查项目。

答:(1)瓷质部分应完好无破损。

(2)各接头应无松动、发热。

(3)动、静触头接触良好,试温蜡片应无熔化。

(4)传动机构应完好,销子应无脱落。

(5)联锁装置应完好。

(6)液压机构隔离开关的液压装置应无漏油,机构外壳应接地良好。

4. 简述运行中变压器检查项目。

答:(1)变压器声音是否正常,有无异常声响。

(2)瓷套管是否清洁,有无破损、裂纹和放电痕迹。

(3)油位、油色是否正常,有无渗漏油现象。

(4)变压器温度是否在要求范围内,有无过高现象,通风是否良好。

(5)外壳接地是否完好。

(6)各部螺栓有无松动。

(7)一、二次电压是否正常,仪表指示是否正常。

(8)一、二次引线接头,特别是铜铝接头处有无松动、过热现象。

5. 某职工打算用万用表"R×10k"挡判断二极管和晶体管的极性,该方法是否可行?为什么?

答:(1)该方法不可行。

(2)因为万用表"R×10k"挡的表内电池电压过高,有可能使二极管和晶体管击穿损坏。

6. 简述兆欧表各接线柱名称和测量时的接线方法。

答:兆欧表有三个接线柱,分别为"线路"(L)、"接地"(E)、"屏蔽"(G)。测量时,L 接被测物和大地绝缘部分,E 接被测物的外壳或大地,G 接被测物的屏蔽环上或不需测量的部分。

7. 如何判断运行中的电流互感器二次回路开路?

答:电流互感器在运行中,如有二次回路开路现象时,将会产生异常声响,同时电流表指示不正常,电度表铝盘转动慢或不足,二次回路可能发生打火现象,运行人员应通过指示仪表的数值和实际负荷的大小及声响等情况进行判断。

8. 简述调压器保养过程。

答:(1)检查调压器声音是否正常,有无异音,有无杂音或响声较大。

(2)上层油温是否正常,一般温度不应超过 85 ℃,油位是否正常,一般在油位表指示 1/4～1/3 处。

(3)套管、瓷瓶表面是否清洁,有无破损、裂纹及放电现象。

(4)呼吸器的吸湿剂是否失效变色,一般正常为蓝色,受潮后变成粉红色。

(5)外壳清洁,接地良好。散热管的温度是否均匀,所有部件不应漏油和严重渗油。

9. 配电设备检修内容有哪些?

答:配电设备检修内容包括单体耐压试验、传动试验、继电保护试验、CT 变比试验、五防闭锁试验、调压器绝缘摇测、调压器直流电阻测试以及配电所设备检修。

10. 电缆直流耐压试验时,发生哪些现象可以认定为电缆绝缘有缺陷?

答:电缆直流耐压试验时如果电缆泄漏电流发生以下现象,可以认为有缺陷:

(1)泄漏电流很不稳定。

(2)泄漏电流随时间有上升现象。

(3)泄漏电流随试验电压升高或急剧上升。

11. 简述停电后验电方法。

答:(1)验电时应选用同样电压等级的验电器,并先在其他带电设备上试验,确认良好后再使用。

(2)同杆架设的多层电力线路,应先验低压后验高压,先验下层后验上层。

(3)对架空线路作业区,应在工作区两端装接地线处验电。

(4)高压验电必须穿绝缘靴、戴绝缘手套,并有专人监护。

12. 简述用兆欧表摇测 10 kV 电缆的绝缘电阻方法。

答:(1)测量前一定要确认电缆已停电、放电,将电缆两侧的电缆头与外接线路拆开。

(2)选择 2 500 V 兆欧表,将“E”“L”两支表笔悬空,摇动手柄时指针指向“∞”;然后将“E”“L”短接,轻摇手柄时指针指向“0”。

(3)电缆其余两相短接后接地,将兆欧表的“L”端接被测相,“E”端接地。

(4)测量时应先接“E”端,当兆欧表的转速达到 120 r/min 时,将“L”端接入被测端,兆欧表的转速稳定在 120 r/min 时读取数据。

(5)测量完毕后对被测相进行放电。

13. 电缆金属层为什么不能采用两点接地方式?

答:如果电缆金属层采用两点接地方式,电缆金属层将与综合地线一起承担牵引供电汇流的一部分,其分值甚至会超过电力贯通线的工作电流,引起电缆绝缘层的发热,不利于电缆金属护层的选择和线路的运行,同时增加电缆的投资。

14. 若操作分闸(合闸)按钮后设备拒动,要检查什么?

答:(1)如果拒"合",检查机构是否在储能位置。

(2)确认"远方/就地"转换开关在"就地"位置。

(3)确认分闸(合闸)按钮和"远方/就地"转换开关是否正常。

(4)检查开关本身的"自动/手动"设置在"自动"位置。

15. 简述双绞线交叉线接线方法。

答:交叉线是指同一根网线的两个水晶头分别选用不同接法,其中网线的一端为568A标准,另一端为568B标准。

568A标准:绿白—1,绿—2,橙白—3,蓝—4,蓝白—5,橙—6,棕白—7,棕—8。

568B标准:橙白—1,橙—2,绿白—3,蓝—4,蓝白—5,绿—6,棕白—7,棕—8。

16. 简述指针型(模拟式)万用表测量交流电压的方法。

答:(1)把红色表笔的插头插入"+"输入端子,把黑色表笔的插头插入"-COM"输入端子。

(2)转动功能/挡位切换开关到ACV~(P-P)适当的挡位。

(3)旋转电气式零位旋钮(Ω ADJ),使指针指向黑色V·A刻度盘零刻度的位置。

(4)把红黑表笔分别触碰到被测电路的两个测量点(与负载并联),从刻度盘上读出测量值。

(5)从被测电路移开表笔,转动功能/挡位切换开关到OFF。

17. 简述用钳形电流表测量小电流方法。

答:先将被测电路的导线绕几圈,再放进钳形表的钳口内进行测量。此时钳形表所指示的电流值读数除以导线缠绕的圈数即为实际电流。

18. 绘出电流互感器Y形接线和△形接线原理图。

答:电流互感器Y形接线和△形接线原理如图4-2所示。

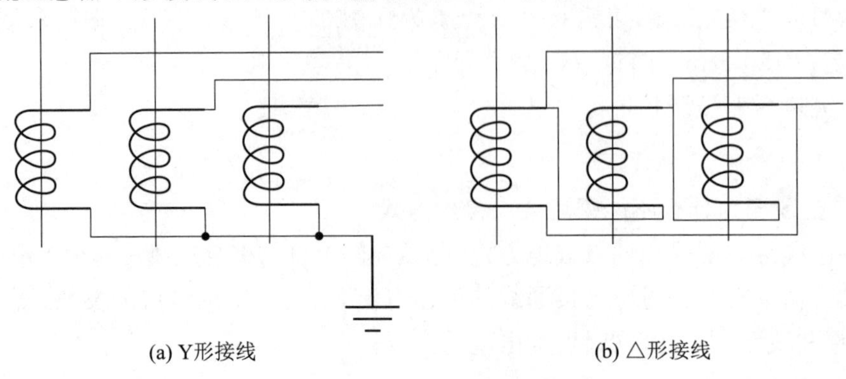

(a) Y形接线　　(b) △形接线

图 4-2

19. 绘出低压三相异步电动机点动正转控制原理图。

答:低压三相异步电动机点动正转控制原理如图 4-3 所示。

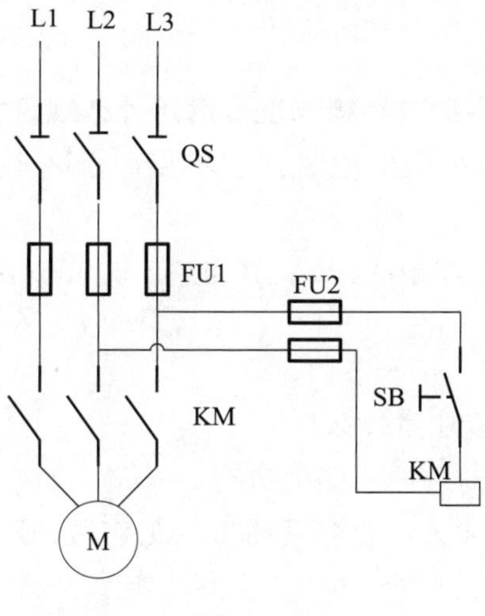

图　4-3

20. 电压互感器在一次接线时应注意什么?

答:(1)要求接线正确,连接可靠。

(2)电气距离符合要求。

(3)装好后的母线,不应使互感器的接线端承受机械力。

21. 绘出低压三相异步电动机点动具有自锁的正转控制电路图(自保持)。

答:低压三相异步电动机点动具有自锁的正转控制电路如图 4-4 所示。

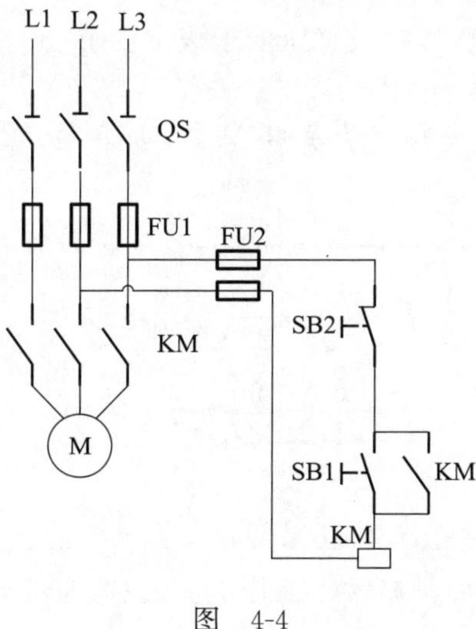

图　4-4

22. 试述验电器启动电压试验方法。

答:高压电极由金属球体构成,在 1 m 的空间范围内不应放置其他物体,将验电器的接触电极与一极接地的交流电压的高压电极相接触，逐渐升高高压电极的电压，当验电器发出“电压存在”信号，如“声光”指示时，记录此时的启动电压，如该电压在 0.15～0.4 倍额定电压之间，则认为试验通过。

23. 带电作业用的绝缘工具有效绝缘长度要满足什么规定?

答:带电作业用的绝缘工具材质的电气强度不得小于 3 kV/cm，其有效绝缘长度不得小于以下规定。

330 kV:3 100 mm;220 kV:2 100 mm;110 kV:1 300 mm;55 kV:1 000 mm;27.5 kV 和 35 kV:900 mm;6～10 kV:700 mm。

24. 在低压设备上作业时应注意什么?

答:(1)在低压设备上作业时一般应停电进行。

(2)若必须带电作业时，作业人员要穿紧袖口的工作服，戴工作帽、手套和防护眼镜，穿绝缘靴或站在绝缘垫上工作;所用的工具必须有良好的绝缘手柄;附近其他设备的带电部分必须用绝缘板隔开。

(3)在低压设备上作业时，严禁 1 人单独作业。带电作业时作业人员的安全等级不得低于三级，停电作业时至少有 1 人的安全等级不低于二级。

25. 高速铁路配电装置在运行中发生什么情况应立即停止运行?

答:(1)SF_6 断路器气压低于规定要求。

(2)断路器合闸或跳闸操作失灵。

(3)电流互感器二次开路，磁套管爆裂或流胶冒烟。

(4)电压互感器爆裂或冒烟。

(5)GIS 气体柜内严重放电、炸裂或气压低于规定要求。

26. 某 220 V 纯并联电路，有额定功率 40 W 灯泡 20 盏，额定功率 60 W 灯泡 15 盏，应如何选择熔断器容量?

答:(1)方法一

$$I_1=\frac{P_1}{U}=\frac{40}{220}\approx 0.18(\text{A})$$

$$I_2=\frac{P_2}{U}=\frac{60}{220}\approx 0.27(\text{A})$$

总电流为

$$I=20I_1+15I_2=20\times 0.18+15\times 0.27=7.65(\text{A})$$

根据线路熔断器容量选择原则略大于工作电流之和，应选择 10 A 熔断器。

(2)方法二

$$I_1=\frac{n_1 P_1}{U}=\frac{20\times 40}{220}\approx 3.64(\text{A})$$

$$I_2=\frac{n_2P_2}{U}=\frac{15\times60}{220}\approx4.09(\text{A})$$

总电流为

$$I=I_1+I_2=3.64+4.09=7.73(\text{A})$$

根据线路熔断器容量选择原则略大于工作电流之和，应选择 10 A 熔断器。

27. 一块 0.5 级测量范围为 0～150 V 的电压表，经更高等级标准电压表校准，在示值为 100.0 V 时，测得实际电压(相对真值)为 99.4 V，该电压表是否合格？

答：示值为 100.0 V 时的绝对误差为

$$\delta=100.0-99.4=0.6(\text{V})$$

该电压表的引用误差为

$$r_{\text{q}}=\frac{0.6}{150}\times100\%=0.4\%$$

0.5 级电压表允许的引用误差为 0.5%，0.4%＜0.5%，所以该电压表合格。

28. 使用梯子时的注意事项是什么？

答：(1)梯子应坚固完整，有防滑措施。梯子的支柱应能承受攀登时作业人员及所携带的工具、材料的总质量。

(2)单梯的横档应嵌在支柱上，并在距梯顶 1 m 处设限高标志。

(3)使用单梯工作时，梯与地面的斜角度约为 60°。

(4)梯子不得绑接使用。人字梯应有限制开度的措施。

(5)人在梯子上时，禁止移动梯子。

29. 高压触电可采用哪些方法使触电者脱离电源？

答：(1)立即通知有关供电单位或用户停电。

(2)戴上绝缘手套，穿上绝缘靴，用相应电压等级的绝缘工具按顺序拉开电源开关或熔断器。

(3)抛掷裸金属线使线路短路接地，迫使保护装置动作，断开电源。

注意：抛掷金属线之前，应先将金属线的一端固定可靠接地，然后另一端系上重物抛掷，抛掷的一端不可触及触电者和其他人。另外，抛掷者抛出线后，要迅速离开接地的金属线 8 m 以外或双腿并拢站立，防止跨步电压伤人。在抛掷短路线时，应注意防止电弧伤人或断线危及人员安全。

30. 电压、电流互感器二次回路为什么必须且只能有一点接地？

答：电压、电流互感器二次回路一点接地属于保护性接地，防止一、二次绝缘损坏、击穿，以致高电压窜到二次侧，造成人体触电及设备损坏。如果两点接地会弄错极性、相位，造成电压互感器二次线圈短路而烧损，影响保护仪表动作；对电流互感器会造成二次线圈多处短接，使二次电流不能通过保护仪表元件,造成保护拒动,仪表误指示,威胁系统安全供电。所以电压、电流互感器二次回路中只能有一点接地。

31. 铁路供电设备应满足什么要求?

答:(1)一级负荷应有两个独立电源,保证不间断供电;二级负荷应有可靠的专用电源。

(2)受电电压根据用电容量、可靠性和输电距离,可采用 110 kV、35(63) kV、10 kV 或 380 V/220 V。

(3)用户受电端供电电压允许偏差:

①35 kV 及以上高压供电线路,电压正负偏差的绝对值之和不超过额定值的 10%;

②10 kV 及以下三相供电线路,为额定值的±7%;

③220 V 单相供电线路,为额定值的−10%~+7%。

32. 比较中性点经消弧线圈接地方式和中性点经小电阻接地方式的区别。

答:(1)中性点经消弧线圈接地方式,运行可靠,对瞬间故障能自动熄弧,能够准确自动选线,使架空线系统跳闸次数减少 63%,适合架空线系统采用。

(2)中性点经小电阻接地方式,单相接地的异常过电压能抑制在 2.8 倍相电压以下,继电保护的选择性和灵敏度较好,供电可靠性较高。缺点是故障点的电位高,对人身及设备安全不利;对通信、电子设备干扰大。

以电缆线路为主的 10 kV 供电系统,由于发生瞬间故障的概率较低等原因,宜采用中性点经小电阻接地运行方式。

33. 列车开行时间内电力设备运行方式有哪些?

答:(1)设备正常且无作业情况下,电力供电网络均应在正常运行方式下运行。

(2)当外部电源异常、供电设备故障等情况下,可改变运行方式,按照非正常运行方式运行。

(3)电力设备检修作业需改变运行方式时,应由作业单位提出申请,报供电调度审核批准后实施,可按照非正常运行方式运行。

(4)非正常运行方式下,当异常情况消除或正常作业完成,宜适时恢复正常运行方式。

(5)正常运行方式实行动态管理,可根据外部环境、设备变化等情况适时调整,并以文件形式公布。

34. 为什么磁电系仪表只能测量直流电,但不能测量交流电?

答:因为磁电系仪表永久磁铁产生的磁场方向不能改变,所以只有通入直流电流才能产生稳定的偏转。如在磁电系测量机构中通入交流电流,产生的转动力矩也是交变的,可动部分由于惯性来不及转动,所以这种测量机构不能测量交流电。

35. 断路器断口加装并联电阻有何作用?

答:在高压大容量断路器中,广泛利用弧隙并联电阻来改善它们的工作条件。假如断路器每相有两对触头,一对为主触头,另一对为辅助触头,电阻并联在主触头上。当断路器在合闸位置时,主、辅触头都闭合。当断开电路时,主触头先断开,这时并联在主触头断口上的电阻在主触头断开过程中起分流作用,有利于主触头断口灭弧。主触头的电弧熄灭后,并联电阻串联在电路中,有效地降低触头上的恢复电压数值及电压恢复速度。另外,并联电阻对切断小电感电流或电容电流时,可限制过电压产生。

36. 使用梯子作业有何要求?

答:(1)作业使用的梯子要结实、轻便、稳固,并按规定进行试验。

(2)当用梯子作业时,梯子放置的位置要保证梯子各部分与带电部分之间保持足够的安全距离,且有专人扶梯。

(3)登梯前作业人员要先检查梯子是否牢靠,梯脚要放稳固,严防滑移;梯子上只能有一人作业。

(4)使用人字梯时,必须有限制开度的措施。

37. 高速铁路牵引变电所电气设备的检修作业有哪几种?

答:电气设备的检修作业分为五种:

(1)高压设备停电作业——在停电的高压设备上进行的作业及在低压设备和二次回路上进行的需要高压设备停电的作业。

(2)高压设备带电作业——在带电的高压设备上进行的作业。

(3)高压设备远离带电部分的作业(简称远离带电部分的作业)——当作业人员与高压设备带电部分之间保持规定的安全距离条件下,在高压设备上进行的作业。

(4)低压设备停电作业——在停电的低压设备上进行的作业。

(5)低压设备带电作业——在带电的低压设备上进行的作业。

38. 安装手车式高压断路器柜时应注意哪些问题?

答:(1)地面高低合适,便于手车顺利地由地面过渡到柜体。

(2)每个手车的动触头应调整一致,动、静触头应在同一中心线上,触头插入后接触紧密,插入深度符合要求。

(3)二次线连接正确可靠,接触良好。

(4)电气或机械闭锁装置应调整到正确可靠位置。

(5)门上继电器应有防振圈。

(6)柜内的控制电缆应固定牢固,且不妨碍手车的进出。

(7)手车接地触头应接触良好,电压互感器、手车底部接地点必须接地可靠。

39. 怎样使 SF_6 电器中的气体含水量达到要求?

答:要根据水分来源采取以下措施:

(1)确保电器的所有密封部位都具有良好的密封性能,以减小外界水蒸气向电器内部侵入的速率。

(2)充入合格的 SF_6 气体,充气时要保持气路系统具有良好的气密性及正确的操作方法。

(3)往电器内部充入 SF_6 气体之前,必须对电器内部的水分进行处理。

40. 消弧线圈的作用是什么?为什么要经常切换分接头?

答:因为电力系统架空输电线路和电缆线路对地的电容较大,当发生单相接地时,流经接地点的容性电流 $I_C=\sqrt{3}U\omega C$,电网电压越大 I_C 则越大。

若在变压器中性点加一电感性的消弧线圈,使其形成的电感电流与电容电流相抵消,即所谓的电流补偿。

为了得到适时合理补偿、电网在运行中随着线路增减的变化,而切换消弧线圈的分接头,以改变电感电流的大小,从而达到适时合理补偿的目的。

41. 某断路器发生越级跳闸,如何检查处理?

答:(1)断路器越级跳闸后应首先检查保护及断路器的动作情况。

(2)如果是保护动作,断路器拒绝跳闸造成越级,则应在拉开拒跳断路器两侧的隔离开关后,将其他非故障线路送电。

如果是因为保护未动作造成越级,则应将各线路断路器断开,再逐条线路试送电,发现故障线路后,将该线路停电,拉开断路器两侧的隔离开关,再将其他非故障线路送电。

(3)最后再查找断路器拒绝跳闸或保护拒动的原因。

42. 如何用直流法测试电压互感器的极性。

答:用 1.5~12 V 干电池,正极接于互感器高压侧的 A 端,负极接于高压侧的 X 端,在电池与互感器间安装一组刀闸,直流毫伏表(或微安表)的正极接于低压侧的 a 端,负极接于低压侧的 x 端。

极性的判断方法:当刀闸开关接通瞬间表指针正向偏转或开关断开瞬间表指针反向偏转,即说明该互感器绕组为同极性,反之为异极性。

43. 什么是安全电压?安全电压一般是多少?

答:安全电压是指不致使人直接致死或致残的电压。一般环境条件下允许持续接触的“安全特低电压”是 36 V。

我国规定的安全电压额定值的等级为 42 V、36 V、24 V、12 V、6 V。当电气设备采用的电压超过安全电压时,必须按规定采取防止直接接触带电体的保护措施。

44. 怎样判断断路器隔弧片的组合顺序和方向标记是否正确?

答:(1)对于横向油吹式灭弧室,组合隔弧片以及各横吹口不能堵塞,以保持吹弧高压油气通过油气分离器的孔道畅通为合适。

(2)对于纵向油吹式灭弧室,隔弧片中心吹弧孔的直径依次变化,靠近定触头的隔弧片,有最大直径的中心吹弧孔,以下的隔弧片中心吹弧孔直径依次减小。

45. 填写表 4-1 中常用绝缘工具电气试验标准。

表　4-1

序号	名　　称	试验周期(月)	使用电压(kV)	试验电压(kV)	试验时间(min)	合格标准
1	绝缘车梯	6	25			无发热、击穿和变形
2	绝缘硬挂梯	6	25			
3	绝缘棒、杆	6	25			
4	绝缘挡板	6	25			
5	绝缘绳、线	6	25			
6	验电器	6	25			
7	绝缘手套	6	辅助			
8	绝缘靴	6	辅助			
9	接地用的绝缘杆	6	25			
10	专用除冰杆	12(入冬前)	25			

答:常用绝缘工具电气试验标准见表 4-2。

表　4-2

序号	名　　称	试验周期(月)	使用电压(kV)	试验电压(kV)	试验时间(min)	合格标准
1	绝缘车梯	6	25	120	5	无发热、击穿和变形
2	绝缘硬挂梯	6	25	120	5	
3	绝缘棒、杆	6	25	120	5	
4	绝缘挡板	6	25	80	5	
5	绝缘绳、线	6	25	105(0.5 m)	5	
6	验电器	6	25	105	5	
7	绝缘手套	6	辅助	8	1	
8	绝缘靴	6	辅助	15	1	
9	接地用的绝缘杆	6	25	90	5	
10	专用除冰杆	12(入冬前)	25	120	5	

46. 继电保护快速切除故障对电力系统有哪些好处?

答:(1)提高电力系统的稳定性。

(2)电压恢复快,电动机容易自启动并迅速恢复正常,从而减少对用户的影响。

(3)减轻电气设备的损坏程度,防止故障进一步扩大。

(4)短路点易于去游离,提高重合闸的成功率。

47. 铁路变配电系统采用 110 kV、35 kV、10 kV 或 380 V/220 V 时,供电电压波动幅度是如何规定的?

答:(1)35 kV 及以上,电压偏差为额定值的±10%。

(2)10 kV 及以下,电压偏差为额定值的±7%。

(3)380 V/220 V,电压偏差为额定值的−10%~+70%。

(4)行车信号、通信变压器二次端子,电压偏差为额定值的±10%。

48. 说出下列图形的电气元件名称。

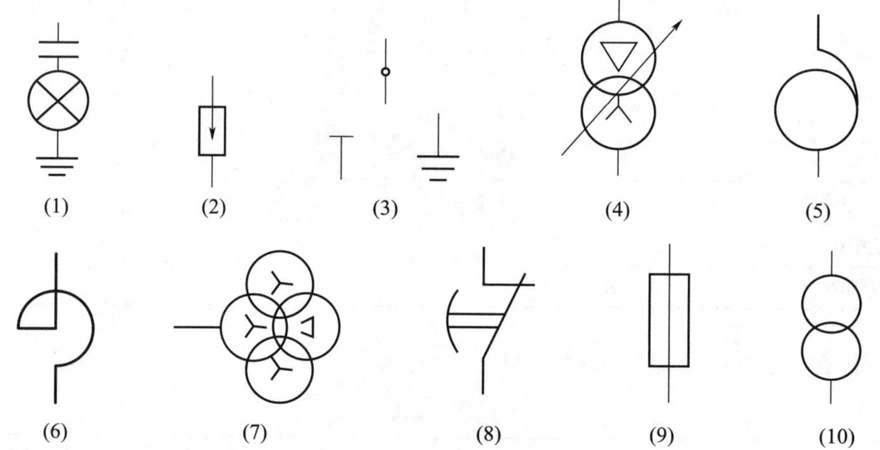

答:(1)为带电显示器。

(2)为避雷器或浪涌保护器。

(3)为三工位隔离开关。

(4)为△-Y 接线三相双绕组有载调压变压器。

(5)为自耦变压器。

(6)为电抗器。

(7)为三相四绕组电压互感器,其中三个绕组为 Y 形,第四个绕组为开口三角形。

(8)为延时断开的动断触点。

(9)为熔断器。

(10)为单相双绕组变压器。

49. 分析高压断路器机构储能后储能电机不停的原因,并给出处理方法。

答:(1)原因:高压断路器在合闸后,操作机构储能电机开始工作,弹簧能量储满后,发出簧已储能信号。储能回路中串有一对常开辅助接点和一对行程开关常闭接点,开关合上后,辅助开关的常开接点接通,储能电机开始工作,弹簧储满能量后,机构摇臂将行程开关常闭接点打开,储能回路断电,储能电机停止工作。储能电机一直工作的原因是在弹簧储满能量后,机构摇臂未能将行程开关常闭接点打开,储能回路一直带电,储能电机不能停止工作。

(2)处理方法:调整行程开关安装位置,使得摇臂在最高位置时能将行程开关常闭接点打开。

50. 试分析高压断路器直流电阻增大的原因,并给出处理方法。

答:(1)原因:由于真空灭弧室的触头为对接式,触头接触电阻过大在载流时触头容易发热,接触电阻值必须小于厂家要求。触头弹簧的压力对接触电阻有很大影响,必须在超行程合格情况下测量。

接触电阻值的逐渐增大也能反映出触头电磨损情况,触头电磨损和开关触头开距的变化,是造成开关直流电阻增大的根本原因。

(2)处理方法:调整灭弧室触头开距和超行程,测量接触电阻的方法可以用试验规程要求的直流压降法测量(电流要在 100 A 以上)。无法调整的情况下,应更换灭弧室。

51. 试分析高压断路器合闸弹跳时间增大的原因,并给出处理方法。

答:(1)原因:高压开关合闸时,触头总有些弹跳,但若过大会使触头易烧伤或者熔焊。要求高压开关触头弹跳时间$<$2 ms。引起合闸弹跳时间增大的主要原因是开关运行时间增长,导致触头弹簧弹力下降和拐臂、轴销间隙磨损变大。

(2)具体调整方法:

①适当增大触头弹簧的初始压力或更换触头弹簧。

②若拐臂、轴销间隙超过 0.3 mm,可更换拐臂、轴销。

③调整传动机构,利用机构在合闸位置超过主动臂死点时传动比很小的特点,将机构向靠近死点方向调整,可减小触头合闸弹跳时间。

52. 电压互感器铁磁谐振有什么危害?如何处理?

答:(1)危害:电压互感器铁磁谐振可能会使电压互感器绕组烧坏,造成电压互感器一次侧熔断器熔断部分继电保护和自动装置误动作。

(2)处理方法:

①当只带电压互感器的空载母线上产生电压互感器基波谐振时,应立即投入备用设备改变电网参数,消除谐振。

②当发生单相接地导致电压互感器分频谐振时,应立即投入某单相负荷。发生谐振尚未造成一次侧熔断器熔断时,应立即停用有关的保护装置。母线有备用电源时,应切换到备用电源,以改变系统参数消除谐振。

③选用励磁特性较好的电磁式电压互感器,或改用电容式电压互感器。

53. 什么原因会造成电流互感器运行声音异常？如何处理？

答:(1)原因:电流互感器在运行中由于二次回路开路、铁芯松动、半导体漆涂刷的不均造成内部电晕等原因,发出不随一次负荷变化的“嗡嗡”声。

(2)处理方法:

①在运行中,若发现电流互感器有异常声音,可从声响、表计指示及保护异常等情况判断是否二次回路开路;若是,则按二次回路开路的处理方法进行处理。

②若不属于二次回路开路故障,而是本体故障,应切换回路申请停电处理。

③若声音较轻,可不立即停电;但必须加强监视,同时向调度汇报安排停电处理。

54. 变配电所综合自动化装置保护测控装置失电如何处理？

答:(1)检查测量连接盘顶小母线的总电源线是否有电,若总电源线无电,则故障点在总电源线与盘顶小母线之间,紧固盘顶小母线与总电源线的连接处。

(2)检查本保护测控装置电源开关是否自动分开,若电源开关自动分开,将空气开关试合一次,若开关合闸不成功,应该是保护测控装置内部电源故障,打开保护测控装置,更换电源插件,然后合电源开关。

(3)检查空气开关是否故障,若故障则更换新的空气开关。

(4)若空气开关闭合正常,保护测控装置端子处无电,应该是开关与保护测控装置之间的连接线接触不良,紧固各连接端子。

55. 电流互感器的直流电阻测量应符合什么要求？

答:(1)同型号、同规格、同批次电流互感器绕组的直流电阻和平均值的差异不宜大于10%。

(2)一次绕组有串、并联接线方式时,对电流互感器一次绕组的直流电阻测量应在正常运行方式下测量,或同时测量两种接线方式下一次绕组的直流电阻。

(3)倒立式电流互感器单匝一次绕组的直流电阻之间的差异不宜大于30%。

(4)当有怀疑时,应提高施加的测量电流,测量电流(直流值)不宜超过额定电流(均方根值)的50%。

56. 有载调压操作结构必须具有哪些基本功能？

答:(1)有 $1-N$ 和 $N-1$ 的往复操作功能。

(2)有终点限位功能。

(3)有一次调整一个挡位功能。

(4)有手动和电动两种操作功能。

(5)有位置信号显示功能。

57. 交流单芯电力电缆金属层接地方式的选择应符合什么要求？

答:(1)线路不长,且能满足电缆线路的正常感应电势最大值要求时,应采取在线路一端或中央部位单点直接接地。

(2)线路较长,单点直接接地方式无法满足电缆线路的正常感应电势最大值的要求时,水下电缆、35 kV 及以下电缆或输送容量较小的 35 kV 以上电缆,可采取在线路两端直接接地。

(3)除上述情况外的长线路,宜划分适当的单元,且在每个单元内按 3 个长度尽可能均等区段,应设置绝缘接头或实施电缆金属层的绝缘分隔,以交叉互连接地。

58. 两个额定电压 110 V,功率分别为 40 W、60 W 灯泡能否串接在 220 V 的电源上?为什么?

答:不可以。

因为

$$R_A=\frac{U_1^2}{P_A}=\frac{110^2}{40}\approx 303(\Omega)$$

$$R_B=\frac{U_1^2}{P_B}=\frac{110^2}{60}\approx 202(\Omega)$$

A、B 两灯泡串联在 220 V 电源上,根据电阻串联分压公式,得

$$U_A=\frac{R_A}{R_A+R_B}U_2=\frac{303}{505}\times 220=132(\text{V})$$

$$U_B=\frac{R_B}{R_A+R_B}U_2=\frac{202}{505}\times 220=88(\text{V})$$

由计算可知,灯泡 A 所分得电压大于灯泡的额定电压(132 V>110 V),灯泡 B 却相反(88 V<110 V)。因此,不可以串接在 220 V 电源上。一旦接入,瞬间灯泡 A 会很亮,灯泡 B 亮度不足;并且,灯泡 A 灯丝可能被烧毁,电路断开。

59. 高速铁路牵引变电所交直流电源柜电源倒切试验如何进行?

答:(1)值守人员每月按时对交直流电源柜电源进行倒切试验。

(2)检查自用变隔离开关、交流盘进线、母线断路器等设备运行状态正常。

(3)断开任一交流盘进线断路器,确认另一路电源是否正常供电。

(4)将电源自动投切转换开关打至同时供电,试验两路电源独立供电是否正常。

(5)试验完毕,两路电源设备正常,恢复正常运行方式。

60. 二次接线整体绝缘的摇测项目有哪些?应注意哪些事项?

答:(1)摇测项目:直流回路对地、电压回路对地、电流回路对地、信号回路对地、正极对跳闸回路、各回路之间等,如需测所有回路对地,应将它们用线连起来摇测。

(2)注意事项:

①断开本路交直流电源;

②断开与其他回路的连线;

③拆开电流回路及电压回路的接地点;

④摇测完毕应恢复原状。

61. 绘制电动机Y-△启动原理图,并完成图 4-5 的实物连接。

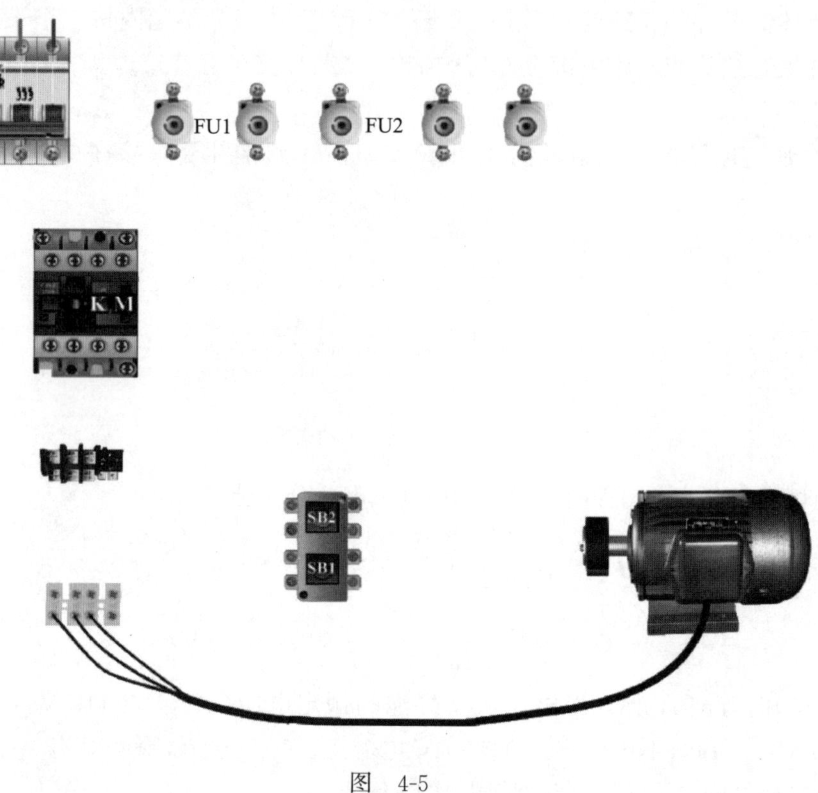

图 4-5

答:电动机 Y-△启动原理如图 4-6 所示,实物连接如图 4-7 所示。

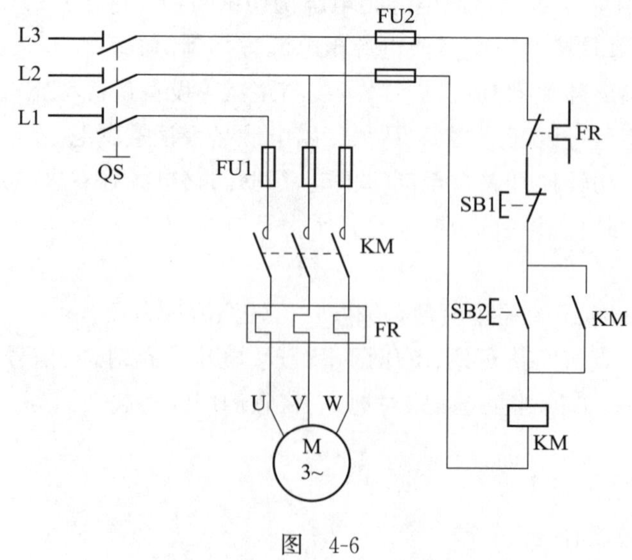

图 4-6

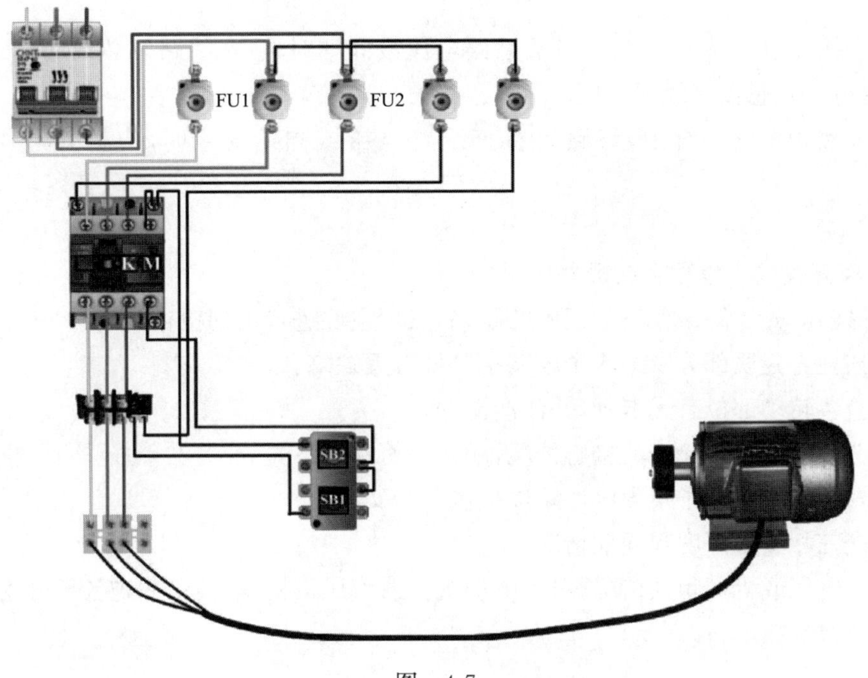

图　4-7

62. 电缆直流泄漏耐压时，哪些现象说明电缆绝缘可能有缺陷或存在故障？

答：(1)泄漏电流在试验电压下忽高忽低，很不稳定。

(2)泄漏电流与历史数据相比变化较大。

(3)泄漏电流随试验电压的升高连续增大，其数值很大(比历史数据或规定值大得多)。

(4)当试验电压上升到某一电压时(试验规程要求的试验电压之内)，泄漏电流突然增大；当电压降低时，泄漏电流又正常。

(5)泄漏电流随时间的延长有明显上升的现象，当试验电压加到要求电压值时，测量 1 min 和要求时间(一般 5 min)泄漏电流，正常情况应符合 $I_{1\min}/I_{5\min}>1$。

63. 电压互感器配置原则是什么？

答：(1)对于主接线为单母线、单母线分段、双母线等，在母线上安装三相式电压互感器；当其出线上有电源，需要重合闸检同期或无压，需要同期并列时，应在线路侧安装单相或两相电压互感器。

(2)对于 3/2 主接线，常常在线路或变压器侧安装三相电压互感器，而在母线上安装单相互感器以供同期并列和重合闸检无压、检同期使用。

(3)内桥接线的电压互感器可以安装在线路侧，也可在母线上，一般不同时安装。安装地点不同对保护功能有所影响。

(4)对 220 kV 及以下电压等级，电压互感器一般有 2～3 个次级，一组接为开口三角形，其他接为星形。

(5)当计量回路有特殊需要时，可增加专供计量的电压互感器次级或安装计量专用的电压互感器组。

(6)在小接地电流系统中,需要检查线路电压或同期时,应在线路侧装设两相式电压互感器或装一台电压互感器接线间电压。

(7)在大接地电流系统中,线路有检查线路电压或同期要求时,应首先选用电压抽取装置。

64. 隔离开关的小修项目有哪些要求?

答:检修前应先了解该设备运行中的缺陷,然后主要进行下列检查:

(1)清扫检查瓷质部分及绝缘子胶装接口处有无缺陷。

(2)试验各转动部位有无卡劲,并注润滑油。

(3)清洗动、静触头,检查其接触情况,触指弹簧片应不失效。

(4)检查各相引线卡子及导电回路连接点。

(5)检查三相接触深度和同期情况。

(6)检查电气或机械闭锁情况,对于电动机构或液压机构,应转动检查各部分附件装置,最后填好检修记录。

65. 所用干式变压器巡视项目有哪些?

答:(1)巡视变压器运行声音是否正常,有无异音、异味。

(2)巡视变压器温度显示是否正常。

(3)巡视变压器高低压绕组间有无放电或碳化现象。

(4)巡视变压器套管是否清洁,有无裂纹、破损、放电痕迹。

(5)巡视变压器各电气连接点有无发热、烧伤现象。

66. 什么是触电?

答:触电是指人体接触设备带电体,导致电流通过人体,对人体造成伤害,甚至危及生命。

触电方式主要有三种形式:单相触电、两相触电、跨步电压触电。

(1)单相触电:人站在地面或其他接地体上,身体其他部分触及某一相带电体所形成的触电。其危害程度与电网中性点是否接地有直接联系。

(2)两相触电:人体两处同时触及两相带电体时的触电。

(3)跨步电压触电:人进入接地电流的散流场时的触电。由于散流场内地面上的电位分布不均匀,人的两脚间电位不同,这两个不同电位的电位差称为跨步电压。

67. 简述用绝缘电阻表摇测绝缘电阻的具体步骤。

答:(1)将被测设备脱离电源,并进行放电,再把设备清扫干净。双回路、双母线,当一路带电时,不得测量另一路绝缘电阻。

(2)测量前对绝缘电阻表做一次开路试验和短路试验。开路试验时，测量线开路，摇动手柄，指针应指向“∞”；短路试验时，测量线短接，摇动手柄，指针应指向“0”，两测量线不得相互缠绕。

(3)测量时，绝缘电阻表必须放平，以 120 r/min 的恒定速度转动手柄，使表针逐渐上升，直到出现稳定值后，再读取绝缘电阻值。严禁在有人工作设备上进行测量。

(4)对于电容量大的设备，在测量完毕后，必须将被测设备进行放电。

(5)记录被测设备的温度和当时的天气情况。

68. 有一线圈电感，$L=6.3$ H，电阻 $r=200$ Ω，外接电源 $U=200$ V 工频交流电，计算通过线圈的电流是多少？如果接到 220 V 直流电源上电流是多少？

答：接入 200 V 工频交流电时，线圈的电抗为

$$X_L=2\pi fL=2\times3.14\times50\times6.3=1\ 978.2(\Omega)$$

阻抗为

$$Z=\sqrt{r^2+X_L^2}=\sqrt{200^2+1\ 978.2^2}\approx1\ 988.3(\Omega)$$

通过线圈的电流为

$$I=\frac{U}{Z}=\frac{220}{1\ 988.3}\approx0.11(\text{A})$$

接到直流电源上时

$$X_L=2\pi fL=2\times3.14\times0\times6.3=0$$

通过线圈的电流为

$$I=\frac{U}{r}=\frac{220}{200}=1.1(\text{A})$$

69. 高速铁路箱式变电站保养作业的内容有哪些？

答：(1)核对、更新箱式变电站的名称、里程标识。

(2)对高低压柜进行外观清洁，柜内吸尘除灰。

(3)用手触摸高压电缆终端头安装牢固无松动。

(4)用手触摸高压避雷器安装牢固无松动。

(5)检查单芯电缆护层保护器接地牢固，连接线绝缘良好或重新包绕连接线绝缘层。

(6)对变压器进行外观清洁、吸灰除尘，测试绝缘电阻。

(7)检查确认变压器一、二次接线牢固无松动。

(8)检查试验变压器温控装置工作状态正常，手动试验冷却风机工作正常。

(9)检查温湿度继电器、防凝露加热板工作状态是否正常，处理发热烧损的连接导线。

(10)检查所有的低压馈出电缆接线有无发热、烧损痕迹，安装是否牢固。

(11)检查确认高压柜上“有电指示器”显示正常；更换不良的“有电指示器”。

(12)用手触摸检查二次接线端子接线有无松动。

(13)检查 RTU 装置工作状态正常,各模块工作指示正常。

(14)检查 UPS 装置充放电工作状态正常。

(15)检查双电源切换装置工作正常。

(16)检查或更新各高低压柜回路名称标示牌。

(17)检查或更新电缆挂牌。

(18)检查各接地连接是否清洁、牢固。更换锈蚀的连接螺栓、垫片。测试接地装置的接地电阻。

(19)就地对各高低压开关进行分、合闸试验,确认正常;联系铁路局集团公司供电调度对具备远动功能的高低压开关进行分、合闸试验,确认正常。

(20)对低压抽屉式开关确认试验位置工作正常。

(21)检查更换箱式变电站内照明灯具,确认烟感安装、接线牢固、清洁。

(22)对损坏的箱式变电站门锁、防风杆进行修复。

(23)检查或实施防小动物措施。

(24)修补损坏的箱式变电站基础、台阶。

(25)对箱式变电站外壳锈蚀处进行彻底除锈、油漆。

70. 高速铁路牵引变电所巡视需注意什么?

答:(1)除有权单独巡视的人员外,其他人员无权单独巡视。

(2)有权单独巡视的人员包括牵引变电所值守人员和工长,安全等级不低于四级的检修人员、技术人员和主管领导干部。

(3)值守人员巡视时,要事先通知供电调度或另一值守人员;其他人巡视时要经值守人员同意。

(4)在巡视时不得进行其他工作,禁止移开、越过高压设备的防护栅,并与带电部分保持足够的安全距离。

(5)在有雷、雨的情况下必须巡视室外高压设备时,要穿绝缘靴、戴安全帽,并不得靠近避雷针和避雷器。

71. 高速铁路变配电所保养作业的内容有哪些?

答:(1)检查配电柜的表面状态,清除柜体及柜内设备的尘垢;清理、涂刷柜面的锈蚀部分;检查、更换配电装置的各种密封条等防尘设备。

(2)检查、更换不良的设备元器件、仪表和不良的控制电缆、绝缘配线。

(3)检查、紧固灯具、开关、继电器、熔断器、仪表、连接片等各种部件,是否安装牢固,绝缘和接触良好、容量适当,有无过热和烧伤痕迹;检查、紧固配线、端子排;检查标识是否齐全、正确、清楚,更换不良标识。

(4)检查配电柜上的各种指示灯显示正常,与设备的实际状态一致。将电源开关置于合位,核对、调整各种连片、负荷开关、转换开关的对应位置。

(5)通过转换开关的操作，检查确认交直流盘各种表计指示正常。查阅直流盘监控模块中各种运行参数，确认电池电压正常。

(6)操作各种柜盘上的试验按钮，确认事故灯、音响等故障信号正常。

(7)检查配电柜装置等各处安装的各种传感器齐全，状态良好。

(8)操作视频安全监控系统的键盘，检查各项参数，确认安全监控系统运行正常。

(9)检查配电柜装置通风网是否有脏物和堵塞现象；有关元器件应该完整无损，无过热或烧伤现象。检查、清理各配电装置的通风滤尘网，用清水冲洗干净并晾干即可。

(10)检查、调整各种机械传动机构，根据需要采取注油、涂抹润滑剂等措施。

(11)检查各接地部分和避雷装置。

(12)用干净的布对蓄电池进行清扫和擦拭，将蓄电池充、放电刀闸断开并静止 30 min，然后测量蓄电池的开路电压符合要求。

(13)检查、调整补偿装置的放置情况，确保安装牢靠，无倾斜不稳现象，并进行调整。

(14)检查补偿装置的电抗器、电容器套管(或支持绝缘子)导电零部件有无生锈、腐蚀的痕迹，观察绝缘表面有无裂纹、破损现象，外观清洁，有无爬电闪络痕迹和碳化现象。

(15)检查、紧固各设备构架并作防锈处理。

72. 高速铁路变配电所和贯通线路跨所供电需要注意什么？

答：高速铁路变配电所和贯通线路原则上不应跨所供电。针对相邻两个或三个配电所外部电源全部停电情况下，贯通线路可以跨所供电，并注意下列事项：

(1)根据跨所送电距离，确定补偿装置投入数量，保证电缆贯通线路末端电压抬升量小于额定电压的 10%，确保供电质量和供电安全。中性点经消弧线圈接地系统、不接地系统跨所供电时，电缆贯通线路补偿量不应大于 70%。

(2)当一个供电臂需要跨所供电时，宜采用供电臂中间开口，由两配电所分别对停电区段跨所供电。

(3)跨所供电的变配电所应派值班人员监视设备。

73. 高速铁路运行电抗器发现哪些问题时要立即停止运行？

答：(1)电抗器保护动作跳闸。

(2)电抗器倾斜严重，线圈膨胀变形或接地。

(3)电抗器内部有强烈的放电声，套管出现裂纹或电晕现象。

(4)电抗器振动和噪声异常增大。

(5)在正常冷却条件下，温度不断上升。

74. 高速铁路运行配电装置在运行中发生哪些问题时要立即停止运行？

答：(1)SF_6 断路器气压低于规定要求。

(2)断路器合闸或跳闸操作失灵。

(3)电流互感器二次开路,磁套管爆裂或流胶冒烟。

(4)电压互感器爆裂或冒烟。

(5)GIS 气体柜内严重放电、炸裂或气压低于规定要求。

75. 为什么要进行断路器动作特性试验?

答:因断路器跳合闸时间和跳合闸速度是极其重要的动作特性,跳闸速度特别是触头分离速度过低,在切断故障时会使电弧持续时间较长造成触头烧损熔化,又因长时间燃弧使来弧室压力增高造成喷油,甚至物体爆炸的严重后果,合闸速度过低,误合在短路故障时会引起触头弹跳造成触头熔焊。合闸速度过高,冲击力很大使零部件损坏。跳合闸时间对继电保护及自动装置的可靠动作,确保设备及人身安全以及整个供电系统的稳定性来说是非常重要的,因此应进行动作特性试验。

76. 线路故障断路器跳闸的检查项目有哪些?

答:线路故障时,该线路断路器及其回路的其他电气设备均将经受短路电流电动力及其热效应的作用。为了尽快做出能否送电的判断,应重点检查以下几个方面:

(1)是哪一套保护动作,重合闸动作及各种信号发出情况。

(2)断路器本体有无机械损伤、变形或移位。

(3)套管、绝缘子有无损裂及放电痕迹。

(4)断路器的油位、油色、油压或气压是否正常,油断路器有无喷油现象。

(5)导线有无烧断或变形现象。

(6)故障线路的其他电气设备,如隔离刀闸、互感器等也应检查。

77. 导致变压器空载损耗和空载电流增大的原因有哪些?

答:(1)硅钢片之间绝缘不良,或部分硅钢片之间短路。

(2)穿芯螺栓或压板的绝缘损坏,上轭铁和其他部分绝缘不良,造成铁芯的局部短路。

(3)线圈缺陷,如匝间短路,并联支路短路或并联支路匝数不同。

(4)硅钢片松动,中小型变压器铁芯接缝不严密等,这使空载电流反应灵敏。

(5)其他原因,如磁路接地不正确等。

78. 为了对试验结果做出正确的分析,必须考虑哪些方面的情况?

答:(1)把试验结果和有关规程的规定值相比较,符合规程要求的为合格,否则应查明原因,消除缺陷。但对那些规程中仅有参考值或未做规定的项目,不应做轻率的判断,而应参考其他项目和历史状况进行综合分析。

(2)和过去的试验记录进行比较,这是一个比较有效的判断方法。如试验结果与历年相比无显著变化,或者历史记录本身有逐渐的微小变化,说明情况正常;如果和历史记录相比有突变,则应查明原因,找出故障加以排除。

(3)对三相设备进行三相之间试验数据的对比,不应有过分的差异。

(4)和同类型设备的试验结果相对比,相差不应过分悬殊。

(5)试验条件的可比性,气象条件和试验条件等对试验的影响。

79. 高速铁路 SF_6 配电装置发生大量泄漏等紧急情况处理时需要注意什么?

答:(1)SF_6 配电装置发生大量泄漏等紧急情况时,人员应迅速撤出现场,开启所有排风机进行排风。

(2)未佩戴防毒面具或正压式空气呼吸器人员禁止入内。

(3)只有经过充分的自然排风或强制排风,并用检漏仪测量 SF_6 气体合格,用仪器检测含氧量(不低于18%)合格后,人员才准进入。

(4)发生设备防爆膜破裂时,应停电处理,并用汽油或丙酮擦拭干净。

80. 相邻配电所短时并列运行的条件是什么?

答:(1)两所母线电压接近相等。

(2)两所的频率相等(同一电网)。

(3)两所的电压相位相同。

(4)并网时的电流不超过继电保护的整定值。

(5)当操作目的一经达到,应立即解列运行。

81. 继电保护、自动装置及操作、信号、测量回路所用的导线必须符合什么要求?

答:(1)用绝缘单芯铜线。当采用接线鼻子时,也可使用绝缘多股铜。

(2)电流互感器二次电流回路的导线截面,应按电流互感器的额定二次负荷计算,5 A的计量回路不宜小于4 mm^2,1 A的计量回路不宜小于2.5 mm^2。其他测量回路不宜小于2.5 mm^2。

(3)电压互感器二次电压回路的导线截面选择应符合二次回路允许的电压降,一般计量回路不宜小于4 mm^2,其他测量回路不宜小于2.5 mm^2。

(4)所有屏、台、柜内的电气仪表电流回路导线截面积不应小于2.5 mm^2,电压回路不应小于1.5 mm^2。

(5)导线的绝缘应满足500 V工作电压的要求。

(6)导线中间不得有接头;遇有油浸蚀的处所,要用耐油绝缘导线。

82. 简述10 kV变压器进行直流耐压试验方法。

答:(1)油浸变压器必须静置5～6 h,待气泡完全逸出后方可试验。交流耐压试验电压的标准为35 kV,持续时间为1 min。

(2)试验前后,用兆欧表测量被试变压器的绝缘电阻。

(3)将被试变压器一次侧三相线圈可靠短接后接入试验装置,二次侧三相线圈可靠短接后接地;试验设备正确接地。

(4)在电压升至试验电压的40%后,均匀地以 2 kV/s 的速度升高电压。

(5)合上电源,速度均匀地将电压升至试验电压,开始计时,持续 1 min 后,迅速均匀地将电压降至零位,最后断开电源。

(6)实验结束后放电,并拆除接线。

83. 简述牵引变电所作业时标示牌和防护栅设置要求。

答:(1)在工作票中填写的已经断开的所有断路器和隔离开关的操作手柄上,均要悬挂“有人工作,禁止合闸”的标示牌。

(2)若接触网和电线路上有人作业,牵引变电所当地操作时,要在有关断路器和隔离开关操作手柄上悬挂“有人工作,禁止合闸”的标示牌。

(3)在室外设备上作业时,在作业地点附近,带电设备与停电设备之间要有明显的区别标志。

(4)在室内设备上作业时,与作业地点相邻的设备分间上要悬挂“止步,高压危险!”的标示牌,并在检修的设备上和作业地点悬挂“有人工作”的标示牌。在禁止作业人员通行的过道或必要的处所要装设防护栅或警示带,并悬挂“止步,高压危险!”的标示牌。

(5)在部分停电作业时,当作业人员可能触及带电部分时,要装设防护栅或警示带,并悬挂“止步,高压危险!”的标示牌。装设防护栅时要考虑到万一发生火灾、爆炸等事故时,作业人员能迅速撤出危险区。

(6)在结束作业之前,任何人不得拆除或移动防护栅、警示带和标示牌。

84. 主变压器安装时应做哪些配合性试验?

答:(1)对主变压器准备安装的各部件,如套管等必须进行外观检查和绝缘试验。

(2)对油层进行简化分析试验,必要时进行油介损测定,不合格油应处理和更换。

(3)对已就位,而未安装的主变压器,应清理线圈引出线,保持足够距离,然后测量线圈的绝缘电阻、吸收比、泄漏电流和介损值。

(4)在吊芯检查时,检查各部绝缘状态,测量轭铁和穿芯螺栓的绝缘电阻,不得低于初始值的50%。

(5)安装之后检查直流电阻、变比和联结组别。

(6)注满油后,静止 6 h,取出油样进行化验分析、简化试验和色谱分析。

85. 请叙述简单接地体接地电阻测量方法。

答:(1)被测接地极 E、电位探测针 P 和电流探测针 C,依直线彼此相距 20 m 插入地中,且电位探测针 P 插于接地极 E 和电流探测针 C 之间。

(2)用导线将 E、P 和 C 连于仪表相应的端钮上。

(3)将仪表放置水平位置,检查检流计的指针是否指向中心线上(即零线),否则可用零位调整器将其调正指向中心线。

(4)将“倍率标度”指向最大倍数，慢慢转动发电机的手柄，同时旋转“测量标度盘”使检流计的指针指向中心线。

(5)当检流计的指针接近平衡时，加快发电机手柄的转速，使其达到 120 r/min 以上，调整“测量标度盘”使指针指向中心线。

(6)如“测量标度盘”的读数小于 1 时，应将“倍率标度”置于较小的倍数，再重新调整“测量标度盘”以得到正确读数。

(7)用“测量标度盘”读数乘以“倍率标度”的倍数即为所测的接地电阻值。

86. 变配电所综合自动化装置监控系统后台机失电如何处理？

答：(1)检查测量逆变电源输入端是否有电，若逆变电源输入端有电，测量逆变电源输出端是否有电。

(2)若逆变电源输出端有电，则检查总电源插座板是否有电。

(3)若总电源插座板有电，则检查各插接电源线的插头插接是否牢固。

(4)若插头插接牢固，测量综合自动化装置后台主机端子处是否有电。

(5)若后台主机端子处有电，说明是后台主机内部电源故障。

(6)若逆变电源输入端有电、输出端无电，则说明逆变电源内部故障，应更换逆变电源。

(7)若逆变电源输入端、输出端有电，电源插座板无电，检查电源插座板熔断器是否熔断；若电源插座板熔断器熔断，更换熔断器后即可恢复正常供电。

(8)在没有新的逆变电源的情况下，为了及时向综合自动化装置后台主机送电，可以将 220 V 交流电源直接接到后台机的电源端子上，使之临时恢复运行。

87. 隔离开关允许直接进行的操作有哪些？

答：(1)在电力网无接地故障时，拉合电压互感器。

(2)在无雷电活动时拉合避雷器。

(3)拉合 220 kV 及以下母线和直接连接在母线上的设备的电容电流，经试验允许的 500 kV 空载母线和拉合 3/2 接线母线环流。

(4)在电网无接地故障时，拉合变压器中性点接地开关。

(5)与断路器并联的旁路隔离开关，当断路器合好时，可以拉合断路器的旁路电流。

(6)拉合励磁电流不超过 2 A 的空载变压器、电抗器和电容器电流不超过 5 A 的空载线路。

(7)对于 3/2 断路器接线，某一串断路器出现分、合闸闭锁时，可用隔离开关来解环，但要注意其他串着的所有断路器必须在合闸位置。

(8)双母线单分段接线方式，当两个母联断路器和分段断路器中某断路器出现分、合闸闭锁时，可用隔离开关断开回路。操作前必须确认三个断路器在合位，并取下熔断器。

88. 注明表中电气化铁路牵引变电设备电气设备编号字母表示的设备名称。

表 4-3

序　号	字　母	名　称	序　号	字　母	名　称
1	DL		8	B	
2	GK		9	ZB	
3	D		10	DLB	
4	LH		11	AT	
5	YH		12	C	
6	BL		13	DK	
7	RD		14	K	

答:电气设备编号字母表示的设备名称见表 4-4。

表 4-4

序　号	字　母	名　称	序　号	字　母	名　称
1	DL	断路器	8	B	牵引变压器(电力变压器)
2	GK	隔离开关、三工位开关、负荷隔离开关	9	ZB	所用变压器
3	D	隔离开关地刀	10	DLB	27.5 kV 动力变压器
4	LH	电流互感器	11	AT	自耦变压器
5	YH	电压互感器	12	C	电容器
6	BL	避雷器	13	DK	电抗器
7	RD	熔断器	14	K	抗雷圈

89. 高速铁路箱式变电站高压室(含一级、综合贯通)巡视检查的内容有哪些?

答:(1)各回路电压、电流显示是否正常;各回路分、合闸指示灯是否正常,与规定运行方式一致为正常。

(2)“远方/就地”位开关是否正常,正常应在“远方”位。

(3)SF_6 气体指示表指针正常在绿色区,无指示表应用专用 SF_6 气体泄漏测试器进行测试。

(4)柜面负荷开关、接地开关机械位置图是否正确,正常负荷开关在合位,接地开关在分位;负荷开关、接地开关操作孔是否在机械闭锁状态。

(5)带电显示器正常三相灯闪烁。

(6)变压器高压熔断器是否运行正常,正常机械指示装置在模拟图中显示导通位置。

(7)调阅 RTU 数据,检查一个巡视周期内的事故记录、控制记录、预警记录、事故报文、录波记录、日志记录、整定值等数据的变化情况。

(8)高压柜内二次低压室各接线端子是否牢固,有无腐蚀及过热现象;各部接地装置是否良好。

(9)高压室的凝露、烟感、通风、照明、温控设施是否正常;柜下电缆进出口是否封堵完好,构架是否锈蚀。

(10)绝缘工具,专用工具,手动分、合闸手柄工具是否齐全。

90. 箱式变电站低压室(含一级、综合贯通)巡视检查的内容有哪些?

答:(1)各回路电压、电流显示是否正常;各面柜分、合闸指示器,分、合闸指示灯是否正常。

(2)“远方/就地”位开关正常在“远方”位并与指示灯一致;开关储能装置指示是否正常。

(3)各回路中连接点有无过热、松动现象,各配电装置和低压电器内部有无异声、异味。

(4)打开UPS电源装置门,检查在线不间断电源UPS运行及后备蓄电池是否正常。

(5)打开双电源切换装置门,检查双电源切换ATS装置运行是否正常,是否存在卡滞现象。

(6)调阅RTU数据,检查一个巡视周期内的事故记录、控制记录、预警记录、事故报文、录波记录、日志记录、整定值等数据的变化情况。

(7)各部接地装置是否良好。

(8)电缆井下电缆进出口是否封堵完好,构架是否锈蚀、完好;电缆敷设是否规范,电缆接地连接是否良好;井内是否存有积水,散热装置是否良好。

(9)室内的凝露、烟感、通风、照明、温控设施是否正常。

(10)绝缘工具、专用工具是否齐全。

91. 干式变压器巡视检查内容有哪些?

答:(1)检查变压器电压、电流是否正常(查看变压器柜电压、电流表)。

(2)有无异常音响、异味(绝缘焦化的异味)。

(3)连接母线,一、二次引线接头有无变形。

(4)一、二次绝缘子有无裂纹、破损、放电痕迹。

(5)各紧固件、连接件是否松动,导电零件有无生锈、腐蚀的痕迹,绝缘表面有无爬电痕迹和碳化现象。

(6)温控仪(测量范围一般在0.0～200.0 ℃)温度是否在正常范围内,各种功能指示是否正确,温控仪是否插在绝缘块上部孔内。对于没有温控仪、容量小的变压器,应携带红外测温仪或热成像仪对变压器铁芯处、端子接续处测温,查看变压器及接续处温度是否在正常范围内。

(7)变压器环氧树脂层应完好无龟裂、破损,外部表面无积污。

(8)变压器室的凝露、烟感、通风、照明、温控设施是否正常。检查风机运转的情况。将温度控制器的设定值调低,使环境温度高于设定值,观察温度控制器是否能够正常启动风机;进行湿度控制器的例行试验,向探头哈气,查看加热板是否正常;进行烟雾报警装置的例行试验,可向报警装置制造烟雾,查看是否正常报警。

(9)变压器室门、窗、护栏,消防设施是否完好。

(10)各部接地是否完好。

92. 高压断路器的 U_e、I_e、U_{max}、I_b、I_M、I_r 具体是什么参数?

答:(1)额定电压 U_e(kV)。指能够长期承受的正常工作线电压有效值,此值一般标示于设备的铭牌上。

(2)额定电流 I_e(A)。指断路器在额定电压条件下,可以长期通过的最大工作电流。

(3)最高工作电压 U_{max}(kV)。由于线路供电端母线电压经常高于额定电压,为保证在此情况下断路器能正常工作,规定了断路器有最高工作电压。

(4)额定短路开合电流 I_b(kA)。也叫额定遮断电流,是指在额定电压下断路器能够切断的最大短路电流。

(5)动稳定电流 I_M(kA)。指断路器能够承受的不使断路器产生机械变形的最大冲击短路电流。

(6)热稳定电流 I_r(kA)。指断路器在某规定时间(一般为 4 s)内,允许通过的最大短路电流而不致使断路器的触头产生过热现象。

93. 为什么要在系统安装电力电容补偿装置?

答:工业生产广泛使用感性负载在进行能量转换过程中,使加在其上的电压超前电流一个角度,这个角度的余弦 $\cos\varphi$ 叫作功率因数。当功率因数即无功功率很大时,会有以下危害:

(1)增大线路电流,使线路损耗加大,浪费电能。

(2)因线路电流增大,一旦输电线路较远,线路上的电压降就大,电压过低就可能影响设备正常使用。

(3)对变压器或者发电机而言,无功功率大,变压器或者发电机输出的电流也大,往往是输出电流已达额定值,这时负荷若再增加就需要加多一台变压器或者发电机组,浪费资源;补偿了电容后,同样负荷下变压器或者发电机输出电流大大降低,再增加负荷机组也能承受,无须再加一台变压器或者发电机,可节省资源。

(4)月平均功率因数工业用户低于 0.92、普通用户低于 0.9 要被供电管理部门处以不同额度的罚款。

增加并联电容补偿柜是补偿功率因数的方法之一。

94. 电气装置中哪些部分不必接地?

答:电气设备的下列外露导电部分可不接地:

(1)在非导电场所,例如有木质、沥青等不良导电地面及绝缘墙的电气设备。

(2)在干燥场所,交流额定电压 50 V 以下,直流额定电压 120 V 以下电气设备或电气装置的外露导电部分,但爆炸危险场所除外。

(3)安装在配电屏、控制屏和电气装置上的电气测量仪表、继电器和其他低压电器等的外壳,以及当发生绝缘损坏时,在支持物上不会引起危险电压的绝缘子金属底座等。

(4)安装在已接地的金属构架上电气接触良好的设备,如套管底座等,但爆炸危险场所除外。

(5)额定电压 220 V 及以下的蓄电池室内的支架。

(6)与已接地的机座之间有可靠电气接触的电动机和电器的外露导电部分,但爆炸危险场所除外。

95. 简述真空开关更换分闸线圈的步骤。

答:(1)拆下跳圈引线、将引线做好标记。

(2)拆下跳闸线圈铜套下的挡扳。

(3)用手托住跳闸铁芯,松开支架上杆导向筒的止钉螺栓。

(4)将铁芯及其顶杆和导向筒及线圈铜套一并取出。

(5)取出分闸线圈。

(6)将合格的分闸线圈按以上相反的顺序装配。

96. 试述在带电的情况下对动作计数器进行更换的步骤。

答:(1)当动作计数器泄漏电流偏大达到报警指示时,或泄漏电流指针卡滞,动作计数器内部气化时,则需要更换新的动作计数器。

(2)更换故障的动作计数器,首先应用短接线将避雷器计数器的底座上下端牢固接地。

(3)先接底座下端,再接底座上端,使动作计数器的下端可靠接地。

(4)短接接地后,将动作计数器安装孔端面上的漆层刮去,以保证接触良好,先连接好接地母线,再将动作计数器高压接线端用螺栓和母线连接在避雷器接地端上。

(5)拆除避雷器底座上、下端间的短接线,使动作计数器串接在避雷器与地之间,即避雷器通过动作计数器接地。

97. 停电作业的设备,如需要在结束作业前试加工作电压时,如何办理?

答:(1)确认作业地点的人员、材料、部件、机具均已撤至安全地带。

(2)由值守人员将该停电范围内所有的工作票收回,拆除妨碍送电的临时防护栅、接地线及标示牌,恢复常设防护栅和标示牌。

(3)按照设备停、送电的所属权限,值守人员将试加工作电压的时间报告供电调度,并将供电调度员的姓名、报告时间记入有关记录。

(4)工作领导人与值守人员共同对有关部分进行全面检查,确认可以送电后,在牵引变电所工长或工作领导人的监护下,由值守人员进行试加工作电压的操作。

(5)试加工作电压完毕,值守人员要将其开始和结束的时间及试加电压的情况记入有关记录。试加工作电压结束后如仍需继续作业,必须由值守人员根据工作票的要求,重新做安全措施、办理准许作业手续。

98. 主变压器差动保护与瓦斯保护有何区别?

答:(1)差动保护是变压器的主保护,瓦斯保护是变压器内部故障的主保护。

(2)差动保护的范围是变压器两侧差动电流互感器之间的一次设备,主要反映的故障是变压器内部绕组相间短路,单相严重匝间短路,以及引出线和绝缘套管相间短路;瓦斯保护的范围是变压器内部故障,主要反映内部多相短路,匝间与铁芯外皮短路,铁芯发热,漏油,油面下降等。

(3)差动保护能迅速地切除保护范围内的故障,接线正确调试得当则不发生误动,但对变压器内部不严重的匝间短路反映不够灵敏。

(4)瓦斯保护反映油箱内部各种故障,而且还能反映出差动保护反映不出来的不严重的匝间短路、铁芯发热、内部进入空气等故障,因此灵敏度高,动作迅速,其缺点是不能反映变压器外部故障,抗干扰性能差,容易造成误动。

99. 在高速铁路试验高压电缆时需要注意什么?

答:(1)打开电缆井、沟盖板时,应在井、沟的四周布置好围栏,做好明显警告标志,并设置阻挡车辆误入的障碍。

(2)进入电缆井前,应排除井内浊气。井内工作人员应戴安全帽,并做好防火、防水及防高处落物等措施,井口应有专人看守。

(3)在同一断面内有众多电缆时,严格区分需试验的电缆与其他带电的电缆。

(4)高压电缆试验时现场应装设封闭式的遮栏、警示带或围栏,向外悬挂“止步,高压危险!”标志牌。电缆两端不在同一地点的,另一端也必须派人看守,并保持通信畅通。

(5)试验装置、接线应符合安全要求。试验时操作人员注意力应集中,穿绝缘靴或站在绝缘垫上。

(6)电缆试验前后以及更换试验引线时,应对被试电缆(或试验设备)充分放电。

(7)电缆试验结束,应在被试电缆上加装临时接地线,待电缆尾线接通后方可拆除。

100. 倒闸作业完成后,电气设备操作后的位置如何确认?

答:倒闸作业完成后,电气设备操作后的位置确认原则:远动操作,供电调度确认;当地操作,操作人和监护人现场确认。

电气设备操作后的位置检查应以设备实际位置为准,无法看到实际位置时,可通过设备的机械指示位置、电气指示、带电显示装置、仪表及各种遥测、遥信等指示信号的变化来确认。

确认时,应有两个及以上的指示信号,且所有指示信号均已同时发生对应变化,才能确认该设备已操作到位。

当地操作时,监护人检查确认完毕后,立即向供电调度报告,供电调度员及时发布完成时间,至此倒闸作业结束。

S1　接地体接地电阻测量

一、考场准备

牵引变电所实训场，接地体 1 处。要求场地整洁，隔离措施良好，无安全隐患。

二、工具材料准备

序　号	名　　称	单　位	数　量	序　号	名　　称	单　位	数　量
1	安全帽	顶	1	4	接地体	个	1
2	绝缘手套	双	1	5	电工工具	套	1
3	绝缘靴	双	1	6	ZC-8 型接地电阻表	块	若干

三、考核要求

1. 被认定人进入考场后，首先由考评员告知题目，其次由被认定人检查准备工具，确认考核内容，当被认定人告知考评员可以开始时，考评员开始计时。

2. 被认定人工具材料检查准备时间 10 min，考核时间为 30 min。

3. 考核过程中出现较重的人身伤害或发生不安全因素不能继续作业，考评员及时终止其考试，考生该试题成绩记为零分。

4. 考核完毕后，被认定人在评分表上签字确认。

四、考核评分

1. 考评人数：3 名以上考评员。

2. 评分程序及规则：考评员根据被认定人操作情况对照计分标准在评分表上给予记录评分。

3. 算分方法：采用百分制，满分为 100 分，60 分及以上为及格。

五、铁道行业职业技能认定钳工（供电）技师实作考核评分记录表

单位：________　姓名：________　性别：________　准考证号：________　工种：________　级别：________

试题名称：接地体接地电阻测量

考核时间：30 min

操作开始时间：____时____分　　　　操作结束时间：____时____分

项　目	标准及要求	标准分	评分标准	扣分因素及扣分	得分
准备工作 10 分	1. 按规定着装（戴安全帽、穿绝缘靴、戴绝缘手套，带上安全合格证）	5	着装不符合要求每处扣 2 分		
	2. 选择接地电阻表、两根探测针和足够的连接导线	5	选择错误扣 5 分，少选扣 2 分		

续上表

项　目	标准及要求	标准分	评分标准	扣分因素及扣分	得分
技术质量标准及操作程序70分	1. 对接地电阻表的质量状态进行检查	5	未对接地电阻表质量状态进行检查扣5分		
	2. 使被测接地极E、电位探测针P和电流探测针C依直线彼此相距20 m插入地中,且电位探测针P插于接地极E和电流探测针C之间	20	探测针位置不正确扣10分,探测针距离不足扣5分		
	3. 用导线将E、P和C连接于仪表相应的端钮上	5	接线不正确扣5分		
	4. 将仪表放平,检查检流针并调零使之指向中心线	5	未调零扣5分		
	5. 测试时按最大倍率开始调起,开始时慢慢转动发电机的手柄,同时旋动“测量标准盘”使检流计的指针指向中心线,当检流计的指针接近平衡时,加快发电机手柄的转速使其达到120 r/min以上,调整“测量标准盘”使指针指向中心线	20	未从最大倍率开始调起扣10分,转速达不到要求扣5分,指针指于中心线上扣10分		
	6. 如果“测量标准盘”的读数小于1时,应将“倍率标度”置于较小的倍数再重新按上述方法调整	5	倍率选择错误扣5分		
	7.“测量标准盘”读数乘以“倍率标度”即为所测接地电阻值	10	读数不正确扣10分		
安全及其他事项20分	安全情况良好,无违章,无不安全因素	20	人体触电扣10分,摔、扔仪表扣5分,其他违章每次扣2分		
考核时间	规定时间30 min	—	规定时间内未完成,计考试不合格		
合计		100			

考评员签名:　　　　被认定人:　　　　年　月　日

S2　指针式万用表的使用

一、考场准备

牵引变电所实训场,具有直流屏。要求场地整洁,隔离措施良好,无安全隐患。

二、工具材料准备

序　号	名　称	单　位	数　量	序　号	名　称	单　位	数　量
1	安全帽	顶	1	3	电工工具	套	1
2	绝缘靴	双	1	4	指针式万用表	台	1

三、考核要求

1. 被认定人进入考场后，首先由考评员告知题目，其次由被认定人检查准备工具，确认考核内容，当被认定人告知考评员可以开始时，考评员开始计时。

2. 被认定人工具材料检查准备时间 10 min，考核时间为 30 min。

3. 考核过程中出现较重的人身伤害或发生不安全因素不能继续作业，考评员及时终止其考试，考生该试题成绩记为零分。

4. 考核完毕后，被认定人在评分表上签字确认。

四、考核评分

1. 考评人数：3 名以上考评员。

2. 评分程序及规则：考评员根据被认定人操作情况对照计分标准在评分表上给予记录评分。

3. 算分方法：采用百分制，满分为 100 分，60 分及以上为及格。

五、铁道行业职业技能认定钳工(供电)技师实作考核评分记录表

单位：_______　姓名：_______　性别：_______　准考证号：_______　工种：_______　级别：_______

试题名称：指针式万用表的使用

考核时间：30 min

操作开始时间：___时___分　　　　操作结束时间：___时___分

项　目	标准及要求	标准分	评分标准	扣分因素及扣分	得分
准备工作 10 分	1. 按规定着装（戴安全帽、穿绝缘靴、戴手套，带上安全合格证）	5	着装不符合要求每处扣 2 分		
	2. 选择良好的指针式万用表连接导线	5	选择错误扣 5 分，少选扣 5 分		
技术质量标准及操作程序 70 分	1. 对万用表的质量状态进行检查	5	未对万用表的质量状态进行检查扣 5 分		
	2. 将万用表进行正确接线	10	接线不正确扣 10 分		
	3. 对万用表进行机械调零	10	未调零扣 5 分，校准不符合要求扣 2 分		
	4. 选择正确挡位，对直流屏蓄电池组电压进行测量	25	挡位选择不正确扣 10 分，测量时接线错误扣 10 分，开机调整挡位扣 5 分		
	5. 正确读数	10	读数不正确扣 10 分		
	6. 测量完毕后，万用表的转换开关应置于空挡或交流电压最高挡位置	10	不符合要求扣 10 分		

续上表

项　目	标准及要求	标准分	评分标准	扣分因素及扣分	得分
安全及其他事项 20分	安全情况良好,无违章,无不安全因素	20	摔、扔仪表扣5分,其他违章每次扣5分		
考核时间	规定时间30 min	—	规定时间内未完成,计考试不合格		
合计		100			

考评员签名:　　　　　　　　被认定人:　　　　　　　　年　　月　　日

S3　三相异步电动机点动正转控制

一、考场准备

实训场地,三相异步电动机1台,具有三相电源。隔离措施良好,无安全隐患。

二、工具材料准备

序　号	名　称	单　位	数　量	序　号	名　称	单　位	数　量
1	安全帽	顶	1	5	交流接触器	个	1
2	空气开关	个	1	6	热继电器	个	1
3	熔断器	个	5	7	A4纸	张	1
4	按钮开关	个	1	8	导线	m	若干

三、考核要求

1. 被认定人进入考场后,首先由考评员告知题目,其次由被认定人检查准备工具,确认考核内容,当被认定人告知考评员可以开始时,考评员开始计时。

2. 被认定人工具材料检查准备时间10 min,考核时间为50 min。

3. 考核过程中出现较重的人身伤害或发生不安全因素不能继续作业,考评员及时终止其考试,考生该试题成绩记为零分。

4. 考核完毕后,被认定人在评分表上签字确认。

四、考核评分

1. 考评人数:3名以上考评员。

2. 评分程序及规则:考评员根据被认定人操作情况对照计分标准在评分表上给予记录评分。

3. 算分方法:采用百分制,满分为100分,60分及以上为及格。

五、铁道行业职业技能认定钳工(供电)技师实作考核评分记录表

单位:_______　姓名:_______　性别:_______　准考证号:_______　工种:_______　级别:_______

试题名称:三相异步电动机点动正转控制

考核时间:50 min

操作开始时间:___时___分　　　　操作结束时间:___时___分

项　目	标准及要求	标准分	评分标准	扣分因素及扣分	得分
准备工作10分	1. 按规定着装(戴安全帽、戴手套,带上安全合格证)	5	着装不符合要求每处扣2分		
	2. 材料选择正确	5	选择错误或漏选扣5分,少选扣5分		
技术质量标准及操作程序70分	1. 画出三相异步电动机点动正转控制原理图	30	要求图面整齐,美观不符合要求,每处扣5分;绘图错误扣20分		
	2. 根据所画的图正确接线。要求布局合理,接线无松动,导线横平竖直	40	接线不正确,每处扣10分;接线松动,每处扣5分;导线凌乱,不横平竖直,扣10分		
安全及其他事项20分	安全情况良好,无违章,无不安全因素	20	摔、扔仪表扣5分,其他违章每次扣2分		
考核时间	规定时间50 min	—	规定时间内未完成,计考试不合格		
合计		100			

考评员签名:　　　　　　被认定人:　　　　　　年　　月　　日

绘图答案如图4-8所示。

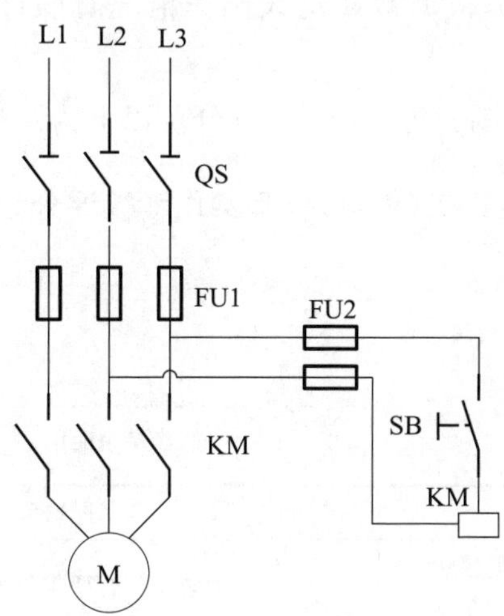

图　4-8

S4 电压互感器一次绕组绝缘电阻测量

一、考场准备

牵引变电所实训场，电压互感器 1 台。要求场地整洁，隔离措施良好，无安全隐患。

二、工具材料准备

序 号	名 称	单 位	数 量	序 号	名 称	单 位	数 量
1	安全帽	顶	1	4	电工工具	套	1
2	绝缘手套	双	1	5	2 500 V 绝缘电阻表	个	1
3	绝缘靴	双	1	6	5 000 V 绝缘电阻表	个	1

三、考核要求

1. 被认定人进入考场后，首先由考评员告知题目，其次由被认定人检查准备工具，确认考核内容，当被认定人告知考评员可以开始时，考评员开始计时。

2. 被认定人工具材料检查准备时间 10 min，考核时间为 50 min。

3. 考核过程中出现较重的人身伤害或发生不安全因素不能继续作业，考评员及时终止其考试，考生该试题成绩记为零分。

4. 考核完毕后，被认定人在评分表上签字确认。

四、考核评分

1. 考评人数：3 名以上考评员。

2. 评分程序及规则：考评员根据被认定人操作情况对照计分标准在评分表上给予记录评分。

3. 算分方法：采用百分制，满分为 100 分，60 分及以上为及格。

五、铁道行业职业技能认定钳工(供电)技师实作考核评分记录表

单位：_______ 姓名：_______ 性别：_______ 准考证号：_______ 工种：_______ 级别：_______

试题名称：电压互感器一次绕组绝缘电阻测量

考核时间：50 min

操作开始时间：___时___分　　　　操作结束时间：___时___分

项 目	标准及要求	标准分	评分标准	扣分因素及扣分	得分
准备工作 10 分	1. 按规定着装(戴安全帽、穿绝缘靴、戴绝缘手套，带上安全合格证)	5	着装不符合要求每处扣 2 分		
	2. 绝缘电阻表选择正确，2 500 V	5	选择错误扣 5 分，少选配件扣 5 分		

续上表

项　目	标准及要求	标准分	评分标准	扣分因素及扣分	得分
技术质量标准及操作程序70分	1. 对绝缘电阻表的质量状态进行检查	5	未对绝缘电阻表的质量状态进行检查扣5分		
	2. 使用绝缘工具对电压互感器各绕组接地放电	15	未放电扣10分；放电未使用绝缘工具扣5分；各绕组放电，每漏一处扣5分		
	3. 对绝缘电阻表进行“开路”“短路”试验	10	试验每漏一项扣5分		
	4. 绝缘电阻表的接线正确。电压互感器一次绕组末端(即“X”端)与地解开，并与“A”短接；绝缘电阻表“L”端接电压互感器一次绕组首端(即“A”端)，“E”端接地，电压互感器二次绕组短路接地	10	接线错误扣10分		
	5. 以120 r/min的速度摇动手柄，待表的指针稳定后，将“L”端测试线搭上电压互感器一次绕组“A”端或“X”端，读取60 s绝缘电阻值	10	转速达不到要求扣5分，测试线接线错误扣5分，读数不正确扣5分		
	6. 测量完毕后，应先取下“L”线，再停止摇动	10	先停止摇动再取下测试线扣10分		
	7. 对电压互感器一次绕组放电并接地	10	未放电接地扣10分		
安全及其他事项20分	安全情况良好，无违章，无不安全因素	20	人体触电扣10分，摔、扔仪表扣5分，其他违章每次扣2分		
考核时间	规定时间50 min	—	规定时间内未完成，计考试不合格		
合计		100			

考评员签名：　　　　被认定人：　　　　年　　月　　日

S5　电压互感器二次绕组绝缘电阻测量

一、考场准备

牵引变电所实训场，电压互感器1台。要求场地整洁，隔离措施良好，无安全隐患。

二、工具材料准备

序　号	名　　称	单　位	数　量	序　号	名　　称	单　位	数　量
1	安全帽	顶	1	4	电工工具	套	1
2	绝缘手套	双	1	5	2 500 V绝缘电阻表	个	1
3	绝缘靴	双	1	6	5 000 V绝缘电阻表	个	1

三、考核要求

1. 被认定人进入考场后,首先由考评员告知题目,其次由被认定人检查准备工具,确认考核内容,当被认定人告知考评员可以开始时,考评员开始计时。

2. 被认定人工具材料检查准备时间 10 min,考核时间为 50 min。

3. 考核过程中出现较重的人身伤害或发生不安全因素不能继续作业,考评员及时终止其考试,考生该试题成绩记为零分。

4. 考核完毕后,被认定人在评分表上签字确认。

四、考核评分

1. 考评人数:3 名以上考评员。

2. 评分程序及规则:考评员根据被认定人操作情况对照计分标准在评分表上给予记录评分。

3. 算分方法:采用百分制,满分为 100 分,60 分及以上为及格。

五、铁道行业职业技能认定钳工(供电)技师实作考核评分记录表

单位:_______ 姓名:_______ 性别:_______ 准考证号:_______ 工种:_______ 级别:_______

试题名称:电压互感器二次绕组绝缘电阻测量

考核时间:50 min

操作开始时间:___时___分　　　　操作结束时间:___时___分

项　目	标准及要求	标准分	评分标准	扣分因素及扣分	得分
准备工作 10 分	1. 按规定着装(戴安全帽、穿绝缘靴、戴绝缘手套,带上安全合格证)	5	着装不符合要求每处扣 2 分		
	2. 绝缘电阻表选择正确,2 500 V	5	选择错误扣 5 分,少选配件扣 5 分		
技术质量标准及操作程序 70 分	1. 对绝缘电阻表的质量状态进行检查	5	未对绝缘电阻表的质量状态进行检查扣 5 分		
	2. 使用绝缘工具对电压互感器各绕组接地放电	15	未放电扣 10 分;放电未使用绝缘工具扣 5 分;各绕组放电,每漏一处扣 5 分		
	3. 对绝缘电阻表进行"开路""短路"试验	10	试验每漏一项扣 5 分		
	4. 绝缘电阻表的接线正确。电压互感器一次绕组短路接地,二次绕组分别短路。绝缘电阻表"L"端接电压互感器测量绕组,"E"端接地,非测量绕组接地	10	接线错误扣 10 分		
	5. 以 120 r/min 的速度摇动手柄,待表的指针稳定后,将"L"端测试线搭上电压互感器测量绕组,读取 60 s 绝缘电阻值	10	转速达不到要求扣 5 分,测试线接线错误扣 5 分,读数不正确扣 5 分		

续上表

项 目	标准及要求	标准分	评分标准	扣分因素及扣分	得分
技术质量标准及操作程序70分	6. 测量完毕后，应先取下“L”线，再停止摇动	10	先停止摇动再取下测试线扣10分		
	7. 对电压互感器二次绕组放电并接地	10	未放电接地扣10分		
安全及其他事项20分	安全情况良好，无违章，无不安全因素	20	人体触电扣10分，摔、扔仪表扣5分，其他违章每次扣2分		
考核时间	规定时间50 min	—	规定时间内未完成，计考试不合格		
合计		100			

考评员签名：　　　　被认定人：　　　　年　月　日

S6　电流互感器一次绕组绝缘电阻测量

一、考场准备

牵引变电所实训场，电流互感器1台。要求场地整洁，隔离措施良好，无安全隐患。

二、工具材料准备

序 号	名 称	单 位	数 量	序 号	名 称	单 位	数 量
1	安全帽	顶	1	4	电工工具	套	1
2	绝缘手套	双	1	5	2 500 V绝缘电阻表	个	1
3	绝缘靴	双	1	6	5 000 V绝缘电阻表	个	1

三、考核要求

1. 被认定人进入考场后，首先由考评员告知题目，其次由被认定人检查准备工具，确认考核内容，当被认定人告知考评员可以开始时，考评员开始计时。

2. 被认定人工具材料检查准备时间10 min，考核时间为50 min。

3. 考核过程中出现较重的人身伤害或发生不安全因素不能继续作业，考评员及时终止其考试，考生该试题成绩记为零分。

4. 考核完毕后，被认定人在评分表上签字确认。

四、考核评分

1. 考评人数：3名以上考评员。

2. 评分程序及规则：考评员根据被认定人操作情况对照计分标准在评分表上给予记录评分。

3. 算分方法:采用百分制,满分为 100 分,60 分及以上为及格。

五、铁道行业职业技能认定钳工(供电)技师实作考核评分记录表

单位:________ 姓名:________ 性别:________ 准考证号:________ 工种:________ 级别:________

试题名称:电流互感器一次绕组绝缘电阻测量

考核时间:50 min

操作开始时间:____时____分　　　　　　操作结束时间:____时____分

项　目	标准及要求	标准分	评分标准	扣分因素及扣分	得分
准备工作 10分	1. 按规定着装(戴安全帽、穿绝缘靴、戴绝缘手套,带上安全合格证)	5	着装不符合要求每处扣 2 分		
	2. 绝缘电阻表选择正确,2 500 V	5	选择错误扣 5 分,少选配件扣 5 分		
技术质量标准及操作程序 70分	1. 对绝缘电阻表的质量状态进行检查	5	未对绝缘电阻表的质量状态进行检查扣 5 分		
	2. 使用绝缘工具对电流互感器各绕组接地放电	15	未放电扣 10 分;放电未使用绝缘工具扣 5 分;各绕组放电,每漏一处扣 5 分		
	3. 对绝缘电阻表进行"开路""短路"试验	10	试验每漏一项扣 5 分		
	4. 绝缘电阻表的接线正确。电流互感器一次绕组端 P1、P2 短接后接至绝缘电阻表"L"端,"E"端接地,电流互感器二次绕组及末屏短路接地	10	接线错误扣 10 分		
	5. 以 120 r/min 的速度摇动手柄,待表的指针稳定后,将"L"端测试线搭上电流互感器高压测试部位,读取 60 s 绝缘电阻值	10	转速达不到要求扣 5 分,测试线接线错误扣 5 分,读数不正确扣 5 分		
	6. 测量完毕后,应先取下"L"线,再停止摇动	10	先停止摇动再取下测试线扣 10 分		
	7. 对电流互感器一次绕组放电并接地	10	未放电接地扣 10 分		
安全及其他事项 20分	安全情况良好,无违章,无不安全因素	20	人体触电扣 10 分,摔、扔仪表扣 5 分,其他违章每次扣 2 分		
考核时间	规定时间 50 min	—	规定时间内未完成,计考试不合格		
合计		100			

考评员签名:　　　　　　　　被认定人:　　　　　　　　年　　月　　日

S7　电流互感器末屏绝缘电阻测量

一、考场准备

牵引变电所实训场，电流互感器1台。要求场地整洁，隔离措施良好，无安全隐患。

二、工具材料准备

序　号	名　　称	单　位	数　量	序　号	名　　称	单　位	数　量
1	安全帽	顶	1	4	电工工具	套	1
2	绝缘手套	双	1	5	2 500 V绝缘电阻表	个	1
3	绝缘靴	双	1	6	5 000 V绝缘电阻表	个	1

三、考核要求

1. 被认定人进入考场后，首先由考评员告知题目，其次由被认定人检查准备工具，确认考核内容，当被认定人告知考评员可以开始时，考评员开始计时。

2. 被认定人工具材料检查准备时间10 min，考核时间为50 min。

3. 考核过程中出现较重的人身伤害或发生不安全因素不能继续作业，考评员及时终止其考试，考生该试题成绩记为零分。

4. 考核完毕后，被认定人在评分表上签字确认。

四、考核评分

1. 考评人数：3名以上考评员。

2. 评分程序及规则：考评员根据被认定人操作情况对照计分标准在评分表上给予记录评分。

3. 算分方法：采用百分制，满分为100分，60分及以上为及格。

五、铁道行业职业技能认定钳工（供电）技师实作考核评分记录表

单位：_______　姓名：_______　性别：_______　准考证号：_______　工种：_______　级别：_______

试题名称：电流互感器末屏绝缘电阻测量

考核时间：50 min

操作开始时间：___时___分　　　　操作结束时间：___时___分

项　目	标准及要求	标准分	评分标准	扣分因素及扣分	得分
准备工作10分	1. 按规定着装（戴安全帽、穿绝缘靴、戴绝缘手套，带上安全合格证）	5	着装不符合要求每处扣2分		
	2. 绝缘电阻表选择正确，2 500 V	5	选择错误扣5分，少选配件扣5分		

续上表

项　目	标准及要求	标准分	评分标准	扣分因素及扣分	得分
技术质量标准及操作程序70分	1. 对绝缘电阻表的质量状态进行检查	5	未对绝缘电阻表的质量状态进行检查扣5分		
	2. 使用绝缘工具对电流互感器各绕组接地放电	15	未放电扣10分;放电未使用绝缘工具扣5分;各绕组放电,每漏一处扣5分		
	3. 对绝缘电阻表进行“开路”“短路”试验	10	试验每漏一项扣5分		
	4. 绝缘电阻表的接线正确。将电流互感器末屏接地解开,“E”端接地	10	接线错误扣10分		
	5. 以120 r/min的速度摇动手柄,待表的指针稳定后,将“L”端测试线搭上电流互感器“末屏”端,读取60 s绝缘电阻值	10	转速达不到要求扣5分,测试线接线错误扣5分,读数不正确扣5分		
	6. 测量完毕后,应先取下“L”线,再停止摇动	10	先停止摇动再取下测试线扣10分		
	7. 对电流互感器“末屏端”测试部位短接放电并恢复接地	10	未放电接地扣10分		
安全及其他事项20分	安全情况良好,无违章,无不安全因素	20	人体触电扣10分,摔、扔仪表扣5分,其他违章每次扣2分		
考核时间	规定时间50 min	—	规定时间内未完成,计考试不合格		
合计		100			

考评员签名:　　　　被认定人:　　　　年　　月　　日

S8　电流互感器二次绕组对地绝缘电阻测量

一、考场准备

牵引变电所实训场,电流互感器1台。要求场地整洁,隔离措施良好,无安全隐患。

二、工具材料准备

序　号	名　　称	单　位	数　量	序　号	名　　称	单　位	数　量
1	安全帽	顶	1	4	电工工具	套	1
2	绝缘手套	双	1	5	2 500 V绝缘电阻表	个	1
3	绝缘靴	双	1	6	5 000 V绝缘电阻表	个	1

三、考核要求

1. 被认定人进入考场后，首先由考评员告知题目，其次由被认定人检查准备工具，确认考核内容，当被认定人告知考评员可以开始时，考评员开始计时。

2. 被认定人工具材料检查准备时间 10 min，考核时间为 50 min。

3. 考核过程中出现较重的人身伤害或发生不安全因素不能继续作业，考评员及时终止其考试，考生该试题成绩记为零分。

4. 考核完毕后，被认定人在评分表上签字确认。

四、考核评分

1. 考评人数：3 名以上考评员。

2. 评分程序及规则：考评员根据被认定人操作情况对照计分标准在评分表上给予记录评分。

3. 算分方法：采用百分制，满分为 100 分，60 分及以上为及格。

五、铁道行业职业技能认定钳工(供电)技师实作考核评分记录表

单位：________　姓名：________　性别：________　准考证号：________　工种：________　级别：________

试题名称：电流互感器二次绕组对地绝缘电阻测量

考核时间：50 min

操作开始时间：____时____分　　　　操作结束时间：____时____分

项　目	标准及要求	标准分	评分标准	扣分因素及扣分	得分
准备工作 10 分	1. 按规定着装(戴安全帽、穿绝缘靴、戴绝缘手套，带上安全合格证)	5	着装不符合要求每处扣 2 分		
	2. 绝缘电阻表选择正确，2 500 V	5	选择错误扣 5 分，少选配件扣 5 分		
技术质量标准及操作程序 70 分	1. 对绝缘电阻表的质量状态进行检查	5	未对绝缘电阻表的质量状态进行检查扣 5 分		
	2. 使用绝缘工具对电流互感器各绕组接地放电	15	未放电扣 10 分；放电未使用绝缘工具扣 5 分；各绕组放电，每漏一处扣 5 分		
	3. 对绝缘电阻表进行“开路”“短路”试验	10	试验每漏一项扣 5 分		
	4. 绝缘电阻表的接线正确。将电流互感器二次绕组分别短路，“E”端接地，非测量绕组接地	10	接线错误扣 10 分		
	5. 以 120 r/min 的速度摇动手柄，待表的指针稳定后，将“L”端测试线搭上电流互感器测量绕组，读取 60 s 绝缘电阻值	10	转速达不到要求扣 5 分，测试线接线错误扣 5 分，读数不正确扣 5 分		

续上表

项　目	标准及要求	标准分	评分标准	扣分因素及扣分	得分
技术质量标准及操作程序70分	6. 测量完毕后,应先取下"L"线,再停止摇动	10	先停止摇动再取下测试线扣10分		
	7. 对电流互感器测试绕组短接放电并接地	10	未放电接地扣10分		
安全及其他事项20分	安全情况良好,无违章,无不安全因素	20	人体触电扣10分,摔、扔仪表扣5分,其他违章每次扣2分		
考核时间	规定时间50 min	—	规定时间内未完成,计考试不合格		
合计		100			

考评员签名：　　　　被认定人：　　　　年　月　日

S9　摇测绝缘测杆的绝缘电阻

一、考场准备

牵引变电所实训场。要求场地整洁,隔离措施良好,无安全隐患。

二、工具材料准备

序　号	名　　称	单　位	数　量	序　号	名　　称	单　位	数　量
1	安全帽	顶	1	5	2 500 V绝缘电阻表	个	1
2	绝缘手套	双	1	6	5 000 V绝缘电阻表	个	1
3	绝缘靴	双	1	7	抹布	块	1
4	10 kV绝缘测杆	套	1				

三、考核要求

1. 被认定人进入考场后,首先由考评员告知题目,其次由被认定人检查准备工具,确认考核内容,当被认定人告知考评员可以开始时,考评员开始计时。

2. 被认定人工具材料检查准备时间10 min,考核时间为30 min。

3. 考核过程中出现较重的人身伤害或发生不安全因素不能继续作业,考评员及时终止其考试,考生该试题成绩记为零分。

4. 考核完毕后,被认定人在评分表上签字确认。

四、考核评分

1. 考评人数:3名以上考评员。

2. 评分程序及规则:考评员根据被认定人操作情况对照计分标准在评分表上给予记录评分。

3. 算分方法:采用百分制,满分为100分,60分及以上为及格。

五、铁道行业职业技能认定钳工(供电)技师实作考核评分记录表

单位:________ 姓名:________ 性别:________ 准考证号:________ 工种:________ 级别:________

试题名称:摇测绝缘测杆的绝缘电阻

考核时间:30 min

操作开始时间:____时____分　　　　操作结束时间:____时____分

项　目	标准及要求	标准分	评分标准	扣分因素及扣分	得分
准备工作 10分	1. 按规定着装(戴安全帽、穿绝缘靴、戴绝缘手套,带上安全合格证)	5	着装不符合要求每处扣2分		
	2. 绝缘电阻表选择正确,2 500 V	5	选择错误扣5分,少选配件扣5分		
技术质量标准及操作程序 70分	1. 对绝缘电阻表的质量状态进行检查	5	未对绝缘电阻表的质量状态进行检查扣5分		
	2. 测试前,被试品应保持清洁、干燥,用清洁干燥的抹布擦拭有效绝缘部分	15	违反每处扣5分		
	3. 对绝缘电阻表进行"开路""短路"试验	10	试验每漏一项扣5分		
	4. 测量方法正确。以120 r/min的速度摇动手柄,待表的指针稳定后,分段测量(电极宽2 cm,极间距2 cm)有效绝缘部分的绝缘电阻,不得低于100 MΩ,或测量整个有效绝缘部分的绝缘电阻不低于10 000 MΩ	20	转速达不到要求扣5分,测试线接线错误扣5分,极间距不符合要求扣5分,读数不正确扣5分,测量方式不正确扣10分		
	5. 测量完毕后,应先取下电极,再停止摇动	10	先停止摇动再取下测试线扣10分		
	6. 判断是否合格	10	判断不正确扣10分		
安全及其他事项 20分	安全情况良好,无违章,无不安全因素	20	测量前未确认被测设备与电源完全断开扣5分,人体触电扣10分,摔、扔仪表扣5分,其他违章每次扣2分		
考核时间	规定时间30 min	—	规定时间内未完成,计考试不合格		
合计		100			

考评员签名:　　　　被认定人:　　　　年　月　日

S10　变压器一次侧绝缘电阻测量

一、考场准备

牵引变电所实训场,10 kV油浸式变压器1台。要求场地整洁,隔离措施良好,无安全隐患。

二、工具材料准备

序 号	名 称	单 位	数 量	序 号	名 称	单 位	数 量
1	安全帽	顶	1	4	电工工具	套	1
2	绝缘手套	双	1	5	2 500 V绝缘电阻表	个	1
3	绝缘靴	双	1	6	1 000 V绝缘电阻表	个	1

三、考核要求

1. 被认定人进入考场后,首先由考评员告知题目,其次由被认定人检查准备工具,确认考核内容,当被认定人告知考评员可以开始时,考评员开始计时。

2. 被认定人工具材料检查准备时间 10 min,考核时间为 50 min。

3. 考核过程中出现较重的人身伤害或发生不安全因素不能继续作业,考评员及时终止其考试,考生该试题成绩记为零分。

4. 考核完毕后,被认定人在评分表上签字确认。

四、考核评分

1. 考评人数:3 名以上考评员。

2. 评分程序及规则:考评员根据被认定人操作情况对照计分标准在评分表上给予记录评分。

3. 算分方法:采用百分制,满分为 100 分,60 分及以上为及格。

五、铁道行业职业技能认定钳工(供电)技师实作考核评分记录表

单位:_______ 姓名:_______ 性别:_______ 准考证号:_______ 工种:_______ 级别:_______

试题名称:变压器一次侧绝缘电阻测量

考核时间:50 min

操作开始时间:___时___分　　　　操作结束时间:___时___分

项 目	标准及要求	标准分	评分标准	扣分因素及扣分	得分
准备工作 10 分	1. 按规定着装(戴安全帽、穿绝缘靴、戴绝缘手套,带上安全合格证)	5	着装不符合要求每处扣 2 分		
	2. 绝缘电阻表选择正确,2 500 V	5	选择错误扣 5 分,少选配件扣 5 分		
技术质量标准及操作程序 70 分	1. 对绝缘电阻表的质量状态进行检查	5	未对绝缘电阻表的质量状态进行检查扣 5 分		
	2. 使用绝缘工具对变压器各绕组接地放电	15	未放电扣 10 分;放电未使用绝缘工具扣 5 分;各绕组放电,每漏一处扣 5 分		
	3. 对绝缘电阻表进行“开路”“短路”试验	10	试验每漏一项扣 5 分		

续上表

项　目	标准及要求	标准分	评分标准	扣分因素及扣分	得分
技术质量标准及操作程序70分	4. 绝缘电阻表的接线正确。将“E”端接地	10	接线错误扣10分		
	5. 以120 r/min的速度摇动手柄,待表的指针稳定后,将“L”端测试线搭上变压器一次被测端,读取60 s绝缘电阻值	10	转速达不到要求扣5分,测试线接线错误扣5分,读数不正确扣5分		
	6. 测量完毕后,应先取下“L”线,再停止摇动	10	先停止摇动再取下测试线扣10分		
	7. 对变压器测试绕组放电,判断变压器绝缘是否合格:10 kV线圈绝缘电阻在10 MΩ及以上	10	未放电接地扣5分,判断错误扣5分		
安全及其他事项20分	安全情况良好,无违章,无不安全因素	20	测量前未确认被测设备与电源完全断开扣5分,人体触电扣10分,摔、扔仪表扣5分,其他违章每次扣2分		
考核时间	规定时间50 min	—	规定时间内未完成,计考试不合格		
合计		100			

考评员签名:　　　　　　　　　　被认定人:　　　　　　　　　　年　　月　　日

S11　变压器二次侧绝缘电阻测量

一、考场准备

牵引变电所实训场,10 kV油浸式变压器1台。要求场地整洁,隔离措施良好,无安全隐患。

二、工具材料准备

序　号	名　　称	单　位	数　量	序　号	名　　称	单　位	数　量
1	安全帽	顶	1	4	电工工具	套	1
2	绝缘手套	双	1	5	2 500 V绝缘电阻表	个	1
3	绝缘靴	双	1	6	1 000 V绝缘电阻表	个	1

三、考核要求

1. 被认定人进入考场后,首先由考评员告知题目,其次由被认定人检查准备工具,确认考核内容,当被认定人告知考评员可以开始时,考评员开始计时。

2. 被认定人工具材料检查准备时间10 min,考核时间为50 min。

3. 考核过程中出现较重的人身伤害或发生不安全因素不能继续作业,考评员及时终止其考试,考生该试题成绩记为零分。

4. 考核完毕后,被认定人在评分表上签字确认。

四、考核评分

1. 考评人数:3 名以上考评员。

2. 评分程序及规则:考评员根据被认定人操作情况对照计分标准在评分表上给予记录评分。

3. 算分方法:采用百分制,满分为 100 分,60 分及以上为及格。

五、铁道行业职业技能认定钳工(供电)技师实作考核评分记录表

单位:________ 姓名:________ 性别:________ 准考证号:________ 工种:________ 级别:________

试题名称:变压器二次侧绝缘电阻测量

考核时间:50 min

操作开始时间:____时____分　　　　操作结束时间:____时____分

项　目	标准及要求	标准分	评分标准	扣分因素及扣分	得分
准备工作 10 分	1. 按规定着装(戴安全帽、穿绝缘靴、戴绝缘手套,带上安全合格证)	5	着装不符合要求每处扣 2 分		
	2. 绝缘电阻表选择正确,2 500 V	5	选择错误扣 5 分,少选配件扣 5 分		
技术质量标准及操作程序 70 分	1. 对绝缘电阻表的质量状态进行检查	5	未对绝缘电阻表的质量状态进行检查扣 5 分		
	2. 使用绝缘工具对变压器各绕组接地放电	15	未放电扣 10 分;放电未使用绝缘工具扣 5 分;各绕组放电,每漏一处扣 5 分		
	3. 对绝缘电阻表进行“开路”“短路”试验	10	试验每漏一项扣 5 分		
	4. 绝缘电阻表的接线正确。将“E”端接地	10	接线错误扣 10 分		
	5. 以 120 r/min 的速度摇动手柄,待表的指针稳定后,将“L”端测试线搭上变压器二次被测端,读取 60 s 绝缘电阻值	10	转速达不到要求扣 5 分,测试线接线错误扣 5 分,读数不正确扣 5 分		
	6. 测量完毕后,应先取下“L”线,再停止摇动	10	先停止摇动再取下测试线扣 10 分		
	7. 对变压器测试绕组放电,判断变压器绝缘是否合格:10 kV 线圈绝缘电阻在 10 MΩ 及以上	10	未放电接地扣 5 分,判断错误扣 5 分		

续上表

项 目	标准及要求	标准分	评分标准	扣分因素及扣分	得分
安全及其他事项 20分	安全情况良好，无违章，无不安全因素	20	测量前未确认被测设备与电源完全断开扣5分，人体触电扣10分，摔、扔仪表扣5分，其他违章每次扣2分		
考核时间	规定时间50 min	—	规定时间内未完成，计考试不合格		
合计		100			

考评员签名：　　　　被认定人：　　　　年　月　日

S12　变压器夹件绝缘电阻测量

一、考场准备

牵引变电所实训场，10 kV 油浸式变压器1台。要求场地整洁，隔离措施良好，无安全隐患。

二、工具材料准备

序 号	名 称	单 位	数 量	序 号	名 称	单 位	数 量
1	安全帽	顶	1	4	电工工具	套	1
2	绝缘手套	双	1	5	2 500 V 绝缘电阻表	个	1
3	绝缘靴	双	1	6	1 000 V 绝缘电阻表	个	1

三、考核要求

1. 被认定人进入考场后，首先由考评员告知题目，其次由被认定人检查准备工具，确认考核内容，当被认定人告知考评员可以开始时，考评员开始计时。

2. 被认定人工具材料检查准备时间10 min，考核时间为50 min。

3. 考核过程中出现较重的人身伤害或发生不安全因素不能继续作业，考评员及时终止其考试，考生该试题成绩记为零分。

4. 考核完毕后，被认定人在评分表上签字确认。

四、考核评分

1. 考评人数：3名以上考评员。

2. 评分程序及规则：考评员根据被认定人操作情况对照计分标准在评分表上给予记录评分。

3. 算分方法：采用百分制，满分为100分，60分及以上为及格。

五、铁道行业职业技能认定钳工(供电)技师实作考核评分记录表

单位:________ 姓名:________ 性别:________ 准考证号:________ 工种:________ 级别:________

试题名称:变压器夹件绝缘电阻测量

考核时间:50 min

操作开始时间:____时____分　　　　操作结束时间:____时____分

项　目	标准及要求	标准分	评分标准	扣分因素及扣分	得分
准备工作 10分	1. 按规定着装(戴安全帽、穿绝缘靴、戴绝缘手套,带上安全合格证)	5	着装不符合要求每处扣2分		
	2. 绝缘电阻表选择正确,2 500 V	5	选择错误扣5分,少选配件扣5分		
技术质量标准及操作程序 70分	1. 对绝缘电阻表的质量状态进行检查	5	未对绝缘电阻表的质量状态进行检查扣5分		
	2. 拆开变压器夹件引出线。使用绝缘工具对变压器各绕组接地	15	未拆开变压器夹件引出线扣10分,未接地扣5分,接地未使用绝缘工具扣5分,各绕组接地每漏一处扣5分		
	3. 对绝缘电阻表进行“开路”“短路”试验	10	试验每漏一项扣5分		
	4. 绝缘电阻表的接线正确。“G”端接屏蔽端,“E”端接变压器外壳	10	接线错误每处扣5分		
	5. 以120 r/min的速度摇动手柄,待表的指针稳定后,将“L”端测试线搭上变压器夹件,读取60 s绝缘电阻值	10	转速达不到要求扣5分,测试线接线错误扣5分,读数不正确扣5分		
	6. 测量完毕后,应先取下“L”线,再停止摇动	10	先停止摇动再取下测试线扣10分		
	7. 对变压器夹件放电,恢复接地	10	未放电接地扣5分,未恢复接地扣5分		
安全及其他事项 20分	安全情况良好,无违章,无不安全因素	20	测量前未确认被测设备与电源完全断开扣5分,人体触电扣10分,摔、扔仪表扣5分,其他违章每次扣2分		
考核时间	规定时间50 min	—	规定时间内未完成,计考试不合格		
合计		100			

考评员签名:　　　　　　被认定人:　　　　　　年　　月　　日

S13　变压器铁芯绝缘电阻测量

一、考场准备

牵引变电所实训场,10 kV油浸式变压器1台。要求场地整洁,隔离措施良好,无安全隐患。

二、工具材料准备

序　号	名　　称	单　位	数　量	序　号	名　　称	单　位	数　量
1	安全帽	顶	1	4	电工工具	套	1
2	绝缘手套	双	1	5	2 500 V 绝缘电阻表	个	1
3	绝缘靴	双	1	6	1 000 V 绝缘电阻表	个	1

三、考核要求

1. 被认定人进入考场后，首先由考评员告知题目，其次由被认定人检查准备工具，确认考核内容，当被认定人告知考评员可以开始时，考评员开始计时。

2. 被认定人工具材料检查准备时间 10 min，考核时间为 50 min。

3. 考核过程中出现较重的人身伤害或发生不安全因素不能继续作业，考评员及时终止其考试，考生该试题成绩记为零分。

4. 考核完毕后，被认定人在评分表上签字确认。

四、考核评分

1. 考评人数：3 名以上考评员。

2. 评分程序及规则：考评员根据被认定人操作情况对照计分标准在评分表上给予记录评分。

3. 算分方法：采用百分制，满分为 100 分，60 分及以上为及格。

五、铁道行业职业技能认定钳工(供电)技师实作考核评分记录表

单位：_______　姓名：_______　性别：_______　准考证号：_______　工种：_______　级别：_______

试题名称：变压器铁芯绝缘电阻测量

考核时间：50 min

操作开始时间：___时___分　　　　操作结束时间：___时___分

项　目	标准及要求	标准分	评分标准	扣分因素及扣分	得分
准备工作 10 分	1. 按规定着装(戴安全帽、穿绝缘靴、戴绝缘手套，带上安全合格证)	5	着装不符合要求每处扣 2 分		
	2. 绝缘电阻表选择正确，2 500 V	5	选择错误扣 5 分，少选配件扣 5 分		
技术质量标准及操作程序 70 分	1. 对绝缘电阻表的质量状态进行检查	5	未对绝缘电阻表的质量状态进行检查扣 5 分		
	2. 拆开铁芯引出小套管的接地线，夹件引出线仍可靠接地。将变压器各绕组短路接地	15	未拆开铁芯引出小套管的接地线扣 10 分，拆开夹件引出线扣 5 分，各绕组接地每漏一处扣 5 分		
	3. 对绝缘电阻表进行“开路”“短路”试验	10	试验每漏一项扣 5 分		

续上表

项　目	标准及要求	标准分	评分标准	扣分因素及扣分	得分
技术质量标准及操作程序70分	4. 绝缘电阻表的接线正确。“G”端接屏蔽端,“E”端接变压器外壳	10	接线错误每处扣5分		
	5. 以120 r/min的速度摇动手柄,待表的指针稳定后,将“L”端接铁芯套管接线柱,读取60 s绝缘电阻值	10	转速达不到要求扣5分,测试线接线错误扣5分,读数不正确扣5分		
	6. 测量完毕后,应先取下“L”线,再停止摇动	10	先停止摇动再取下测试线扣10分		
	7. 对铁芯套管接线柱放电、接地	10	未放电扣5分,未恢复接地扣5分		
安全及其他事项20分	安全情况良好,无违章,无不安全因素	20	测量前未确认被测设备与电源完全断开扣5分,人体触电扣10分,摔、扔仪表扣5分,其他违章每次扣2分		
考核时间	规定时间50 min	—	规定时间内未完成,计考试不合格		
合计		100			

考评员签名：　　　　被认定人：　　　　年　　月　　日

S14　真空断路器相对地绝缘电阻测量

一、考场准备

牵引变电所实训场,真空断路器1台。要求场地整洁,隔离措施良好,无安全隐患。

二、工具材料准备

序　号	名　　称	单　位	数　量	序　号	名　　称	单　位	数　量
1	安全帽	顶	1	4	电工工具	套	1
2	绝缘手套	双	1	5	2 500 V绝缘电阻表	个	1
3	绝缘靴	双	1	6	1 000 V绝缘电阻表	个	1

三、考核要求

1. 被认定人进入考场后,首先由考评员告知题目,其次由被认定人检查准备工具,确认考核内容,当被认定人告知考评员可以开始时,考评员开始计时。

2. 被认定人工具材料检查准备时间10 min,考核时间为50 min。

3. 考核过程中出现较重的人身伤害或发生不安全因素不能继续作业,考评员及时终止其考试,考生该试题成绩记为零分。

4. 考核完毕后，被认定人在评分表上签字确认。

四、考核评分

1. 考评人数：3 名以上考评员。

2. 评分程序及规则：考评员根据被认定人操作情况对照计分标准在评分表上给予记录评分。

3. 算分方法：采用百分制，满分为 100 分，60 分及以上为及格。

五、铁道行业职业技能认定钳工(供电)技师实作考核评分记录表

单位：_______ 姓名：_______ 性别：_______ 准考证号：_______ 工种：_______ 级别：_______

试题名称：真空断路器相对地绝缘电阻测量

考核时间：50 min

操作开始时间：___时___分　　　　操作结束时间：___时___分

项　目	标准及要求	标准分	评分标准	扣分因素及扣分	得分
准备工作 10 分	1. 按规定着装(戴安全帽、穿绝缘靴、戴绝缘手套，带上安全合格证)	5	着装不符合要求每处扣 2 分		
	2. 绝缘电阻表选择正确，2 500 V	5	选择错误扣 5 分，少选配件扣 5 分		
技术质量标准及操作程序 70 分	1. 对绝缘电阻表的质量状态进行检查	5	未对绝缘电阻表的质量状态进行检查扣 5 分		
	2. 将断路器置于合闸状态，断开被试真空断路器的电源，拆除对外的一切连线。用绝缘棒等工具将被试品接地放电，身体不得碰触放电导线	15	未将断路器置于合闸状态扣 5 分；未断开被试真空断路器的电源，拆除对外的一切连线扣 5 分；未放电扣 5 分；放电未使用绝缘棒扣 5 分；放电时身体碰触放电导线扣 10 分		
	3. 对绝缘电阻表进行“开路”“短路”试验	10	试验每漏一项扣 5 分		
	4. 绝缘电阻表的接线正确。将非测试两相短接后接地，“E”端测试线接地，“G”接屏蔽端	10	接线错误，每处扣 5 分；非测试相未接地扣 5 分		
	5. 以 120 r/min 的速度摇动手柄，待表的指针稳定后，将“L”端测试线搭上测试相高压端(即断口的上触头侧)，读取 60 s 绝缘电阻值	10	转速达不到要求扣 5 分，测试线接线错误扣 5 分，读数不正确扣 5 分		
	6. 测量完毕后，应先取下“L”线，再停止摇动	10	先停止摇动再取下测试线扣 10 分		
	7. 对被试相放电，整理试验现场环境	10	未放电扣 5 分，未整理扣 5 分		

续上表

项　目	标准及要求	标准分	评分标准	扣分因素及扣分	得分
安全及其他事项20分	安全情况良好,无违章,无不安全因素	20	测量前未确认被测设备与电源完全断开扣5分,人体触电扣10分,摔、扔仪表扣5分,其他违章每次扣2分		
考核时间	规定时间50 min	—	规定时间内未完成,计考试不合格		
合计		100			

考评员签名:　　　　被认定人:　　　　年　月　日

S15　两路电源互备自投联合接线

一、考场准备

变配电实训场。要求场地整洁,隔离措施良好,无安全隐患。

二、工具材料准备

序　号	名　称	单　位	数　量	序　号	名　称	单　位	数　量
1	时间继电器	个	2	5	三相电源	个	2
2	中间继电器	个	1	6	熔断路	个	8
3	交流接触器	个	2	7	电工工具	套	1
4	真空开关	个	2	8	导线	m	若干

三、考核要求

1. 被认定人进入考场后,首先由考评员告知题目,其次由被认定人检查准备工具,确认考核内容,当被认定人告知考评员可以开始时,考评员开始计时。

2. 被认定人工具材料检查准备时间10 min,考核时间为50 min。

3. 考核过程中出现较重的人身伤害或发生不安全因素不能继续作业,考评员及时终止其考试,考生该试题成绩记为零分。

4. 考核完毕后,被认定人在评分表上签字确认。

四、考核评分

1. 考评人数:3名以上考评员。

2. 评分程序及规则:考评员根据被认定人操作情况对照计分标准在评分表上给予记录评分。

3. 算分方法:采用百分制,满分为100分,60分及以上为及格。

五、铁道行业职业技能认定钳工(供电)技师实作考核评分记录表

单位:________ 姓名:________ 性别:________ 准考证号:________ 工种:________ 级别:________

试题名称:两路电源互备自投联合接线

考核时间:50 min

操作开始时间:____时____分　　　　操作结束时间:____时____分

项　目	考核内容	标准分	评分标准	扣分因素及扣分	得分
准备工作 10 分	1. 按规定着装	5	着装不符合要求每处扣 2 分		
	2. 工具、材料选择正确	5	工具、材料选择错误每项扣 2 分		
技术质量标准及操作程序 80 分	1. 正确绘制电路图	15	电路图绘制错误扣 15 分		
	2. 根据电路图选择各元件型号、规格正确	10	选择错误每项扣 2 分		
	3. 根据电路图正确接线。要求布局合理,接线无松动,导线横平竖直	35	接线不正确扣 35 分,接线布局不合理扣 10 分,接线有松动每处扣 5 分,导线不横平竖直扣 10 分		
	4. 通电试验	15	通电试验不能实现两路电源互投扣 15 分		
	5. 作业完成,清理作业现场	5	作业现场未清理扣 5 分		
安全及其他事项 10 分	安全情况良好,无违章,无不安全因素	10	工具、材料选择后未进行试验,每项扣 5 分		
			作业过程中有碰伤、触电等危险因素扣 10 分		
考核时间	规定时间 50 min	—	规定时间内未完成,计考试不合格		
合计		100			

考评员签名:　　　　被认定人:　　　　年　月　日

正确接线如图 4-9 所示。

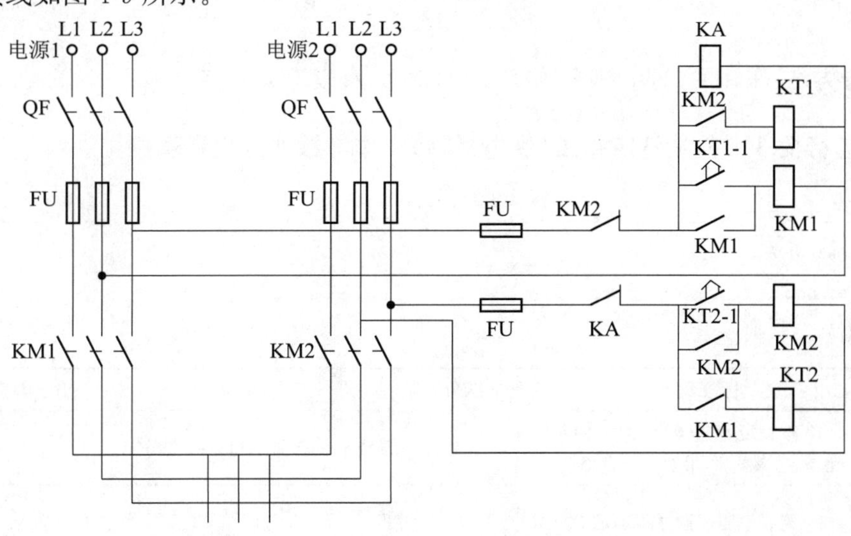

图 4-9

S16　隔离开关绝缘电阻测量

一、考场准备

牵引变电所实训场,隔离开关1台。要求场地整洁,隔离措施良好,无安全隐患。

二、工具材料准备

序　号	名　　称	单　位	数　量	序　号	名　　称	单　位	数　量
1	安全帽	顶	1	4	电工工具	套	1
2	绝缘手套	双	1	5	2 500 V绝缘电阻表	个	1
3	绝缘靴	双	1	6	1 000 V绝缘电阻表	个	1

三、考核要求

1. 被认定人进入考场后,首先由考评员告知题目,其次由被认定人检查准备工具,确认考核内容,当被认定人告知考评员可以开始时,考评员开始计时。

2. 被认定人工具材料检查准备时间10 min,考核时间为50 min。

3. 考核过程中出现较重的人身伤害或发生不安全因素不能继续作业,考评员及时终止其考试,考生该试题成绩记为零分。

4. 考核完毕后,被认定人在评分表上签字确认。

四、考核评分

1. 考评人数:3名以上考评员。

2. 评分程序及规则:考评员根据被认定人操作情况对照计分标准在评分表上给予记录评分。

3. 算分方法:采用百分制,满分为100分,60分及以上为及格。

五、铁道行业职业技能认定钳工(供电)技师实作考核评分记录表

单位:_______　姓名:_______　性别:_______　准考证号:_______　工种:_______　级别:_______

试题名称:隔离开关绝缘电阻测量

考核时间:50 min

操作开始时间:____时____分　　　　　　　　操作结束时间:____时____分

项　目	标准及要求	标准分	评分标准	扣分因素及扣分	得分
准备工作 10分	1. 按规定着装(戴安全帽、穿绝缘靴、戴绝缘手套,带上安全合格证)	5	着装不符合要求每处扣2分		
	2. 绝缘电阻表选择正确,2 500 V	5	选择错误扣5分,少选配件扣5分		

续上表

项　目	标准及要求	标准分	评分标准	扣分因素及扣分	得分
技术质量标准及操作程序70分	1. 对绝缘电阻表的质量状态进行检查	5	未对绝缘电阻表的质量状态进行检查扣5分		
	2. 拆除被试设备电源，断开隔离开关对外的一切接线，检查隔离开关的一次状态，保证其与带电设备有明显断开点，同时将被测隔离开关充分放电，身体不得碰触放电导线	15	未拆除被试设备电源扣5分，未断开隔离开关对外的一切接线扣5分，未检查隔离开关的一次状态扣5分，未放电扣5分，放电时身体碰触放电导线扣10分		
	3. 对绝缘电阻表进行“开路”“短路”试验	10	试验每漏一项扣5分		
	4. 绝缘电阻表的接线正确。“E”端测试线接地	10	接线错误扣10分		
	5. 以120 r/min的速度摇动手柄，待表的指针稳定后，将“L”端测试线搭上隔离开关金属导电端（必要时接上屏蔽环），读取60 s绝缘电阻值	10	转速达不到要求扣5分，测试线接线错误扣5分，读数不正确扣5分		
	6. 测量完毕后，应先取下“L”线，再停止摇动	10	先停止摇动再取下测试线扣10分		
	7. 对隔离开关放电、接地，整理试验现场环境	10	未放电扣5分，未整理扣5分		
安全及其他事项20分	安全情况良好，无违章，无不安全因素	20	测量前未确认被测设备与电源完全断开扣5分，人体触电扣10分，摔、扔仪表扣5分，其他违章每次扣2分		
考核时间	规定时间50 min	—	规定时间内未完成，计考试不合格		
合计		100			

考评员签名：　　　　　　　　　　被认定人：　　　　　　　　　　年　　月　　日

S17　10 kV三相电缆相对地绝缘电阻测量

一、考场准备

牵引变电所实训场，10 kV三相电缆若干米。要求场地整洁，隔离措施良好，无安全隐患。

二、工具材料准备

序　号	名　　称	单　位	数　量	序　号	名　　称	单　位	数　量
1	安全帽	顶	1	4	电工工具	套	1
2	绝缘手套	双	1	5	2 500 V绝缘电阻表	个	1
3	绝缘靴	双	1	6	1 000 V绝缘电阻表	个	1

三、考核要求

1. 被认定人进入考场后,首先由考评员告知题目,其次由被认定人检查准备工具,确认考核内容,当被认定人告知考评员可以开始时,考评员开始计时。

2. 被认定人工具材料检查准备时间 10 min,考核时间为 50 min。

3. 考核过程中出现较重的人身伤害或发生不安全因素不能继续作业,考评员及时终止其考试,考生该试题成绩记为零分。

4. 考核完毕后,被认定人在评分表上签字确认。

四、考核评分

1. 考评人数:3 名以上考评员。

2. 评分程序及规则:考评员根据被认定人操作情况对照计分标准在评分表上给予记录评分。

3. 算分方法:采用百分制,满分为 100 分,60 分及以上为及格。

五、铁道行业职业技能认定钳工(供电)技师实作考核评分记录表

单位:________ 姓名:________ 性别:________ 准考证号:________ 工种:________ 级别:________

试题名称:10 kV 三相电缆相对地绝缘电阻测量

考核时间:50 min

操作开始时间:____时____分 操作结束时间:____时____分

项　目	标准及要求	标准分	评分标准	扣分因素及扣分	得分
准备工作 10 分	1. 按规定着装(戴安全帽、穿绝缘靴、戴绝缘手套,带上安全合格证)	5	着装不符合要求每处扣 2 分		
	2. 绝缘电阻表选择正确,5 000 V	5	选择错误扣 5 分,少选配件扣 5 分		
技术质量标准及操作程序 70 分	1. 对绝缘电阻表的质量状态进行检查	5	未对绝缘电阻表的质量状态进行检查扣 5 分		
	2. 对电缆进行充分放电,把电缆两端与其他连接设备完全断开	15	未放电扣 5 分,未将两端与其他连接设备完全断开扣 5 分,放电时身体碰触放电导线扣 10 分		
	3. 对绝缘电阻表进行“开路”“短路”试验	10	试验每漏一项扣 5 分		
	4. 将绝缘电阻表“E”端与其他非测试两相导体、金属屏蔽层及铠装层连接并接地	10	接线错误扣 10 分		
	5. 以 120 r/min 的速度摇动手柄,待表的指针稳定后,将“L”端测试线搭上被接到被测试相的导体上,读取 60 s 绝缘电阻值	10	转速达不到要求扣 5 分,测试线接线错误扣 5 分,读数不正确扣 5 分		

续上表

项　目	标准及要求	标准分	评分标准	扣分因素及扣分	得分
技术质量标准及操作程序70分	6. 测量完毕后，应先取下“L”线，再停止摇动	10	先停止摇动再取下测试线扣10分		
	7. 用放电棒对电缆被测试相导体充分放电，时间不小于2 min。整理试验现场环境	10	未放电扣5分，放电时间不足2 min扣5分，未整理扣5分		
安全及其他事项20分	安全情况良好，无违章，无不安全因素	20	测量前未确认被测设备与电源完全断开扣5分，人体触电扣10分，摔、扔仪表扣5分，其他违章每次扣2分		
考核时间	规定时间50 min	—	规定时间内未完成，计考试不合格		
合计		100			

考评员签名：　　　　　　　　　　被认定人：　　　　　　　　　　年　　月　　日

S18　10 kV三相电缆内护套绝缘电阻测量

一、考场准备

牵引变电所实训场，10 kV三相电缆若干米。要求场地整洁，隔离措施良好，无安全隐患。

二、工具材料准备

序　号	名　　称	单　位	数　量	序　号	名　　称	单　位	数　量
1	安全帽	顶	1	4	电工工具	套	1
2	绝缘手套	双	1	5	2 500 V绝缘电阻表	个	1
3	绝缘靴	双	1	6	1 000 V绝缘电阻表	个	1

三、考核要求

1. 被认定人进入考场后，首先由考评员告知题目，其次由被认定人检查准备工具，确认考核内容，当被认定人告知考评员可以开始时，考评员开始计时。

2. 被认定人工具材料检查准备时间10 min，考核时间为50 min。

3. 考核过程中出现较重的人身伤害或发生不安全因素不能继续作业，考评员及时终止其考试，考生该试题成绩记为零分。

4. 考核完毕后，被认定人在评分表上签字确认。

四、考核评分

1. 考评人数：3名以上考评员。

2. 评分程序及规则:考评员根据被认定人操作情况对照计分标准在评分表上给予记录评分。

3. 算分方法:采用百分制,满分为100分,60分及以上为及格。

五、铁道行业职业技能认定钳工(供电)技师实作考核评分记录表

单位:________ 姓名:________ 性别:________ 准考证号:________ 工种:________ 级别:________

试题名称:10 kV三相电缆内护套绝缘电阻测量

考核时间:50 min

操作开始时间:____时____分　　　　操作结束时间:____时____分

项　目	标准及要求	标准分	评分标准	扣分因素及扣分	得分
准备工作 10分	1. 按规定着装(戴安全帽、穿绝缘靴、戴绝缘手套,带上安全合格证)	5	着装不符合要求每处扣2分		
	2. 绝缘电阻表选择正确,500 V	5	选择错误扣5分,少选配件扣5分		
技术质量标准及操作程序 70分	1. 对绝缘电阻表的质量状态进行检查	5	未对绝缘电阻表的质量状态进行检查扣5分		
	2. 对电缆进行充分放电,把电缆两端与其他连接设备完全断开,解开电缆两端金属屏蔽层接地小辫和金属铠装层接地小辫的接地线	15	未放电扣5分,未将两端与其他连接设备完全断开扣5分,放电时身体碰触放电导线扣10分,未解开屏蔽层接地小辫扣5分,未解开金属铠装层接地小辫扣5分		
	3. 对绝缘电阻表进行"开路""短路"试验	10	试验每漏一项扣5分		
	4. 将绝缘电阻表"E"端与金属铠装层接地小辫连接并接地	10	接线错误扣10分		
	5. 以120 r/min的速度摇动手柄,待表的指针稳定后,将"L"端测试线搭上被接到被测试相的导体上,读取60 s绝缘电阻值	10	转速达不到要求扣5分,测试线接线错误扣5分,读数不正确扣5分		
	6. 测量完毕后,应先取下"L"线,再停止摇动	10	先停止摇动再取下测试线扣10分		
	7. 用放电棒对电缆充分放电,时间不小于2 min。整理试验现场环境	10	未放电扣5分,放电时间不足2 min扣5分,未整理扣5分		
安全及其他事项 20分	安全情况良好,无违章,无不安全因素	20	测量前未确认被测设备与电源完全断开扣5分,人体触电扣10分,摔、扔仪表扣5分,其他违章每次扣2分		
考核时间	规定时间50 min	—	规定时间内未完成,计考试不合格		
合计		100			

考评员签名:　　　　被认定人:　　　　年　月　日

S19　10 kV 三相电缆两端相位检查

一、考场准备

牵引变电所实训场，10 kV 三相电缆若干米。要求场地整洁，隔离措施良好，无安全隐患。

二、工具材料准备

序　号	名　　称	单　位	数　量	序　号	名　　称	单　位	数　量
1	安全帽	顶	1	4	电工工具	套	1
2	绝缘手套	双	1	5	2 500 V 绝缘电阻表	个	1
3	绝缘靴	双	1	6	1 000 V 绝缘电阻表	个	1

三、考核要求

1. 被认定人进入考场后，首先由考评员告知题目，其次由被认定人检查准备工具，确认考核内容，当被认定人告知考评员可以开始时，考评员开始计时。

2. 被认定人工具材料检查准备时间 10 min，考核时间为 50 min。

3. 考核过程中出现较重的人身伤害或发生不安全因素不能继续作业，考评员及时终止其考试，考生该试题成绩记为零分。

4. 考核完毕后，被认定人在评分表上签字确认。

四、考核评分

1. 考评人数：3 名以上考评员。

2. 评分程序及规则：考评员根据被认定人操作情况对照计分标准在评分表上给予记录评分。

3. 算分方法：采用百分制，满分为 100 分，60 分及以上为及格。

五、铁道行业职业技能认定钳工(供电)技师实作考核评分记录表

单位：_______　姓名：_______　性别：_______　准考证号：_______　工种：_______　级别：_______

试题名称：10 kV 三相电缆两端相位检查

考核时间：50 min

操作开始时间：___时___分　　　　　　　　　操作结束时间：___时___分

项　目	标准及要求	标准分	评分标准	扣分因素及扣分	得分
准备工作 10 分	1. 按规定着装(戴安全帽、穿绝缘靴、戴绝缘手套，带上安全合格证)	5	着装不符合要求每处扣 2 分		
	2. 绝缘电阻表选择正确，2 500 V	5	选择错误扣 5 分，少选配件扣 5 分		

续上表

项　目	标准及要求	标准分	评分标准	扣分因素及扣分	得分
技术质量标准及操作程序70分	1. 对绝缘电阻表的质量状态进行检查	5	未对绝缘电阻表的质量状态进行检查扣5分		
	2. 对电缆进行充分放电,把电缆两端与其他连接设备完全断开。在电缆一端将导体和该端屏蔽层接地小辫连接,其他两相悬空	15	未放电扣5分,未将两端与其他连接设备完全断开扣5分,放电时身体碰触放电导线扣10分,电缆一端将导体和该端屏蔽层接地小辫未连接扣5分,其他两相未悬空扣5分		
	3. 对绝缘电阻表进行"开路""短路"试验	10	试验每漏一项扣5分		
	4. 在电缆对端将绝缘电阻表"E"端与金属屏蔽层接地小辫连接并接地,"L"端接某相导体,其他两相悬空	10	接线错误扣10分,其他两相未悬空扣5分		
	5. 轻摇绝缘电阻表,绝缘电阻值为零值,再断开对端电缆导体和该端屏蔽层接地小辫连接线,轻摇绝缘电阻表时的绝缘电阻值较小,则说明电缆两端为同相,标上电缆的色相胶带;轻摇绝缘电阻表绝缘电阻值较大,说明电缆两端的导体非同相位。调整电缆其他相导体连接端屏蔽层接地小辫,继续试验	10	未正确判断扣10分		
	6. 测量完毕后,拆除接线,将一侧铠装层接地	10	未拆除接线扣5分,未将一侧铠装层接地扣5分		
	7. 用放电棒对电缆充分放电,时间不小于2 min。整理试验现场环境	10	未放电扣5分,放电时间不足2 min扣5分,未整理扣5分		
安全及其他事项20分	安全情况良好,无违章,无不安全因素	20	测量前未确认被测设备与电源完全断开扣5分,人体触电扣10分,摔、扔仪表扣5分,其他违章每次扣2分		
考核时间	规定时间50 min	—	规定时间内未完成,计考试不合格		
合计		100			

考评员签名:　　　　被认定人:　　　　年　月　日

S20　避雷器绝缘电阻测量

一、考场准备

牵引变电所实训场,避雷器1台。要求场地整洁,隔离措施良好,无安全隐患。

二、工具材料准备

序　号	名　　称	单　位	数　量	序　号	名　　称	单　位	数　量
1	安全帽	顶	1	4	电工工具	套	1
2	绝缘手套	双	1	5	2 500 V 绝缘电阻表	个	1
3	绝缘靴	双	1	6	1 000 V 绝缘电阻表	个	1

三、考核要求

1. 被认定人进入考场后，首先由考评员告知题目，其次由被认定人检查准备工具，确认考核内容，当被认定人告知考评员可以开始时，考评员开始计时。

2. 被认定人工具材料检查准备时间 10 min，考核时间为 30 min。

3. 考核过程中出现较重的人身伤害或发生不安全因素不能继续作业，考评员及时终止其考试，考生该试题成绩记为零分。

4. 考核完毕后，被认定人在评分表上签字确认。

四、考核评分

1. 考评人数：3 名以上考评员。

2. 评分程序及规则：考评员根据被认定人操作情况对照计分标准在评分表上给予记录评分。

3. 算分方法：采用百分制，满分为 100 分，60 分及以上为及格。

五、铁道行业职业技能认定钳工(供电)技师实作考核评分记录表

单位：_______　姓名：_______　性别：_______　准考证号：_______　工种：_______　级别：_______

试题名称：避雷器绝缘电阻测量

考核时间：30 min

操作开始时间：___时___分　　　　　　　　操作结束时间：___时___分

项　目	标准及要求	标准分	评分标准	扣分因素及扣分	得分
准备工作 10 分	1. 按规定着装(戴安全帽、穿绝缘靴、戴绝缘手套，带上安全合格证)	5	着装不符合要求每处扣 2 分		
	2. 绝缘电阻表选择正确，2 500 V	5	选择错误扣 5 分，少选配件扣 5 分		
技术质量标准及操作程序 70 分	1. 对绝缘电阻表的质量状态进行检查	5	未对绝缘电阻表的质量状态进行检查扣 5 分		
	2. 把避雷器和外线路完全断开，对避雷器进行充分放电	15	未放电扣 5 分，未将避雷器和外线路完全断开扣 5 分，放电时身体碰触放电导线扣 10 分		
	3. 对绝缘电阻表进行“开路”“短路”试验	10	试验每漏一项扣 5 分		

续上表

项　目	标准及要求	标准分	评分标准	扣分因素及扣分	得分
技术质量标准及操作程序70分	4. 将绝缘电阻表"E"端与避雷器一端连接并接地	10	接线错误扣10分		
	5. 以120 r/min的速度摇动手柄,待表的指针稳定后,将"L"端测试线搭上避雷器另一端,读取60 s绝缘电阻值,判断是否合格(绝缘电阻值不小于1 000 MΩ)	10	转速达不到要求扣5分,测试线接线错误扣5分,读数不正确扣5分,判断错误扣5分		
	6. 测量完毕后,拆除接线,将一侧铠装层接地	10	未拆除接线扣5分,未将一侧铠装层接地扣5分		
	7. 用放电棒对避雷器充分放电,时间不小于2 min,整理试验现场环境	10	未放电扣5分,放电时间不足2 min扣5分,未整理扣5分		
安全及其他事项20分	安全情况良好,无违章,无不安全因素	20	测量前未确认被测设备与电源完全断开扣5分,人体触电扣10分,摔、扔仪表扣5分,其他违章每次扣2分		
考核时间	规定时间30 min	—	规定时间内未完成,计考试不合格		
合计		100			

考评员签名：　　　　被认定人：　　　　年　　月　　日

第五部分　高级技师

本题库100道，分为五个部分：1～20题为10分题；21～40题为15分题；41～60题为20分题；61～80题为25分题；81～100题为30分题。

1. 简述电流互感器选择要求。

答：(1)互感器的额定电压与安装位置的电压等级相符合。

(2)运行电流应在互感器一次额定电流的20%～100%范围内。

(3)准确等级满足要求。

(4)保护用的互感器，在系统短路电流最大时，二次侧负荷应能满足其10%误差曲线要求。

(5)互感器的动、热稳定满足装设地点的系统的短路容量的要求。

2. 简述电容器安装要求。

答：(1)根据每个电容器铭牌的容量按相分组，应尽量调配至三相电容器间误差最小，其差值不应超过5%。

(2)将电容器放在安装位置上，电容器要放平，铭牌应面向维护通道的一侧。

(3)相邻电容器间的距离不应小于电容器厚度的1/2。

(4)电容器底部距地面的距离不应小于100 mm。

(5)电容器外壳于接地线可靠连接。

3. 绘出单相照明双路互备自投供电电路，并叙述配电过程。

答：单相照明双路互备自投供电电路如图5-1所示。

按下按钮开关S1，使交流接触器KM1线首先得电，再按下按钮开关S2，将2号作为备用电源。

当1号单相交流电源出现故障后，交流接触器KM1线圈失电。常开主触点KM1复位断开，切断用电设备的1号交流电，常闭辅助触点KM1复位闭合。常闭辅助触点KM1闭合后，由于S2已处于接通状态，交流接触器KM2线圈得电，常开主触点KM2闭合，用电设备接通2号交流电源，常闭辅助触点KM2断开。

此外，若要让2号单相交流电源作为主电源，1号单相交流电源作为备用电源，则应首先按下按钮开关S2，使交流接触器KM2线首先得电，再按下按钮开关S1，将1号作为备用电源。

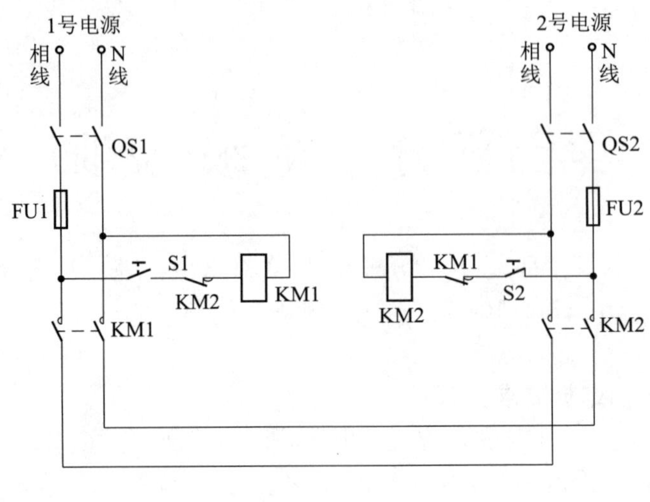

图 5-1

4. 绘制三个开关控制一盏灯的电路图。

答:三个开关控制一盏灯的电路如图 5-2 所示。

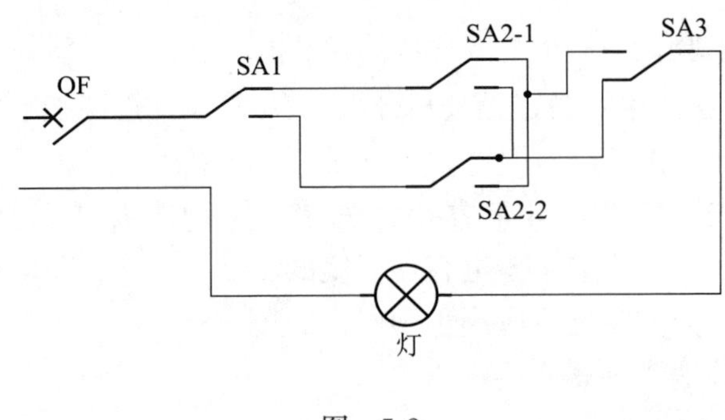

图 5-2

5. 变压器绕组绝缘损坏的原因有哪些?

答:(1)线路短路故障和负荷的急剧多变使变压器的电流超过额定电流的几倍或十几倍以上,这时绕组受到很大的电动力而发生位移或变形另外由于电流的急剧增大将使绕组温度迅速升高导致绝缘损坏。

(2)变压器长时间的过负荷运行,绕组产生高温将绝缘烧焦并可能损坏而脱落,造成匝间或层间短路。

(3)绕组绝缘受潮是因为绕组浸漆不透,绝缘油中含水分所致。

(4)绕组接头及分接开关接触不良在带负荷运行时,接头发热损坏附近的局部绝缘造成匝间及层间短路。

(5)变压器的停送电操作或遇到雷电时使绕组绝缘因过电压而损坏。

6. 为什么介质损耗因数 tan δ 对判断设备绝缘的优劣状况具有重要意义?

答:在绝缘受潮和有缺陷时,泄漏电流会增加,在绝缘中有大量气泡、杂质和受潮的情况,将使夹层极化加剧,极化损耗会增加。这样,介质损耗因数 tan δ 的大小就直接与绝缘的好坏状况有关。同时,介质损耗引起绝缘内部发热,温度升高,这促使泄漏电流增大有损极化加剧,介质损耗增大使绝缘内部更热,如此循环,可能在绝缘弱的地方引起击穿,故介质损耗因数既反映了绝缘本身的状态,又可反映绝缘由良好状况向劣化状况转化的过程。同时介质损耗本身就是导致绝缘老化和损坏的一个因素。

7. 使用电流互感器应注意哪些事项?

答:(1)根据被测电流的大小和电压的高低,选择额定电流和电压与其相符的电流互感器。

(2)根据试验的精度要求,选择电流互感器的准确度等级。

(3)电流互感器的一次线圈与被测负荷串联,其二次线圈与所有的测量仪表的电流线圈串联,应注意二次线圈接入的总阻抗需低于互感器额定二次负荷值。不接表的二次线圈应短接。

(4)电流互感器的二次线圈一端与外壳要牢靠接地。

(5)在测量过程中,应绝对避免二次线圈开路。因二次线圈开路后,电流互感器就由变压器的短路状态变成空载状态,二次电流全部变成励磁电流,铁芯中产生很大的磁通,二次线圈会感应出高达数千伏的电压,并使铁芯过热,匝间击穿,危及仪表和人身安全。

8. 使用调压设备时应注意哪些问题?

答:(1)根据试验的性质和技术要求,以及现场条件,选择合适的调压方式。

(2)根据被试物的容量选择调压器的容量,除晶闸管调压器外,一般调压器都有一定的过负荷能力,如动圈式调压器必要时可过负荷 25%,自耦调压器在处于良好状态时亦可过负荷 25%。

(3)调压回路一般应设零位开关。如没装零位开关,在接通电源以前,应将输出端调至最小输出电压位置。

(4)自调压器在使用中要经常检查和清扫滑动接触部分,要保持接触良好,调整过程中不应有火花。

9. 软母线施工中如何配备设备线夹?

答:(1)首先了解各种设备的接线端子的大小、材质、形状和角度。

(2)根据断面图中各种设备的高度差,配合适当的设备线夹,要考虑美观。

10. 为什么要在电缆线路两端核对相位?

答:在电缆线路敷设完毕与电力系统接通之前,必须按照电力系统上的相位进行核相。若相位不符,会产生以下几种结果:

(1)电缆联络两个电源时,推上时会因相间短路立即跳闸,也即无法运行。

(2)由电缆线路送电至用户而相位有两相接错时,会使用户的电动机倒转。当三相全部接错后,虽不致使电动机倒转,但对有双路电源的用户则无法交并用双电源;对只有一个电源的用户,则当其申请备用电源后,会产生无法作备用的后果。

(3)由电缆线路送电到电网变压器时,会使低压电网无法合环并列运行。

(4)双并或多并电缆线路中有一条接错相位时,如果在做直流耐压试验时不发现出来,则会产生因相间短路推不上开关的后果。

11. 如何检修断路器的合闸接触器?

答:(1)拆下灭弧罩,用细锉将烧伤的触头锉平,用细砂布打光并用毛刷清扫各部件,有严重缺陷的应更换。

(2)根据要求调整触头开距和行程。

(3)装上灭弧罩后检查动作情况,动作应灵活无卡滞现象。

(4)做低电压启动及返回试验,测量直流电阻值。

(5)检查动、静触头开距,接触后有 2～3 mm 的压缩量,弹簧有适当压力。

12. 怎样进行 SW6 型断路器的铝帽盖试漏? 如有渗油应如何处理?

答:可将外面油漆除掉涂上白粉后,内侧浇入煤油,放 2 h 后,观察其是否有渗漏油现象,若有则说明有砂眼。

有备件可更换,无备件时可在内部表面涂一层环氧树脂胶。

13. ZN28-10 型断路器运行维护中有哪些注意事项?

答:(1)正常运行的断路器应定期维护,并清扫绝缘件表面灰尘,给摩擦转动部位加润滑油。

(2)定期或在累计操作 2 000 次以上时,检查各部位螺钉有无松动,必要时应进行处理。

(3)定期检查合闸接触器和辅助开关触头,若烧损严重应及时修理或更换。

(4)更换灭弧室时,灭弧室在紧固件紧固后不应受弯矩,也不应受到明显的拉应力和横间应力,且灭弧室的弯曲变形不得大于 0.5 mm。上支架安装好后,上支架不可压住灭弧室导向套,其间要留有 0.5～1.5 mm 的间隙。

14. 在绝缘子上安装矩形母线时,为什么母线的孔眼一般都要钻成椭圆形?

答:因为负荷电流通过母线时,会使母线发热膨胀,当负荷电流变小时,母线又会变冷收缩,负荷电流是经常变动的,因而母线就会经常地伸缩。

孔眼钻成椭圆形,就给母线留出伸缩余量,防止因母线伸缩而使母线及绝缘损坏。

15. 电压互感器二次短路有什么现象及危害? 为什么?

答:电压互感器二次短路,会使二次绕组产生很大短路电流,烧损电压互感器绕组,以至会引起一、二次击穿,使有关保护误动作,仪表无指示。

因为电压互感器本身阻抗很小,一次侧是恒压电源,如果二次短路后,在恒压电源作用下二次绕组中会产生很大短路电流,烧损互感器,使绝缘损坏,一、二次击穿。

电压互感器二次短路会使有关距离保护和与电压有关的保护误动作,仪表无指示,影响系统安全,所以电压互感器二次不能短路。

16. 电流互感器二次开路后有什么现象及危害?为什么?

答:电流互感器二次开路后有两种现象:二次线圈产生很高的电动势,威胁人身设备安全;造成铁芯强烈过热,烧损电流互感器。

因为电流互感器二次回路闭合时,一次绕组磁势 I_1N_1 大部分被二次绕组磁势 I_2N_2 所补偿,故二次绕组电压很小。如果二次回路开路,$I_2=0$,则一次电流 I 全部用来励磁,使二次绕组产生数千伏电动势,会造成人体触电事故和仪表保护装置、电流互感器二次绕组的绝缘损坏。另外,一次绕组磁势使铁芯磁通密度增大,造成铁芯过热,最终烧坏互感器,所以不允许电流互感器二次开路。

17. 造成低压电磁开关衔铁噪声大的原因有哪些?

答:(1)开关的衔铁,是靠线圈通电后产生的吸力而动作,衔铁的噪声主要是衔铁接触不良导致。正常时,铁芯和衔铁接触十分严密,只有轻微的声音,当两接触面磨损严重或端面上有灰尘、油垢等时,都会使其接触不良,产生振动加大噪声。

(2)另外为了防止交流电过零值时,引起衔铁跳跃,常采用在衔铁或铁芯的端面上装设短路环,运行中,如果短路环损坏脱落,衔铁将产生强烈的跳动发出噪声。

(3)吸引线圈上所加的电压太低,电磁吸力远低于设计要求,衔铁就会发生振动力产生噪声。

18. 电流互感器额定一次电流如何选择?

答:电流互感器额定一次电流选择应使得在额定电流比条件下的二次电流满足该回路测量仪表和保护装置准确性要求。电流互感器额定一次电流应根据其所属一次设备额定电流或最大工作电流选择,额定一次电流的标准值为 10 A、12.5 A、15 A、20 A、25 A、30 A、40 A、50 A、60 A、75 A 以及它们的十进位倍数或小数。

19. 为什么母线的对接螺栓不能拧得过紧?

答:螺栓拧得过紧,则垫圈下母线部分被压缩,母线的截面减小,在运行中,母线通过电流而发热。由于铝和铜的膨胀系数比钢大,垫圈下母线被压缩,母线不能自由膨胀,此时如果母线电流减小,温度降低,因母线的收缩率比螺栓大,于是形成一个间隙。这样接触电阻加大,温度升高,接触面就易氧化而使接触电阻更大,最后使螺栓连接部分发生过热现象。一般情况下温度低螺栓应拧紧一点,温度高应拧松一点。所以母线的对接螺栓不能拧得过紧。

20. 室外电气设备中的铜铝接头,为什么不直接连接?

答:如把铜和铝用简单的机械方法连接在一起,特别是在潮湿并含盐分的环境中(空气中总含有一定水分和少量的可溶性无机盐类),铜、铝这对接头就相当于浸泡在电解液内的一对电极,便会形成电位差(相当于1.68 V原电池)。在原电池作用下,铝会很快丧失电子而被腐蚀掉,从而使电气接头慢慢松弛,造成接触电阻增大。当流过电流时,接头发热,温度升高还会引起铝本身的塑性变形,更使接头部分的接触电阻增大。如此恶性循环,直到接头烧毁为止。因此,电气设备的铜、铝接头应采用经闪光焊接在一起的"铜铝过渡接头"后再分别连接。

21. 用一电压表分别对A、B两电压进行测量,测量结果为 $x_A=100$ V,$\delta_A=1.0$ V;$x_B=5.0$ V,$\delta_B=0.2$ V。请比较两电压测量结果的准确度的高低。

答:A、B两电压测量结果的相对误差分别为

$$r_{xA}=\frac{\delta_A}{x_A}=\frac{1.0}{100.0}\times 100\%=1\%$$

$$r_{xB}=\frac{\delta_B}{x_B}=\frac{0.2}{5.0}\times 100\%=4\%$$

$r_A<r_B$,即A电压测量结果的准确度高于B电压测量结果的准确度。

22. 简述高速铁路电力监控装置RTU某模块电源指示灯不亮的具体检查步骤。

答:(1)检查电源进线,使用万用表测量电源输入端,确保输入电源为正常电压。

(2)检查电源熔断器,用螺丝刀逆时针旋转出熔断器查看是否熔断,如果熔断则更换熔断器。

(3)如果熔断器完好,则用万用表通断挡检查开关通断情况,检查该电路电源开关是否接触良好,熔断器至电源间的连线是否正常,并插紧插头。

(4)如果输入及输出均正常,则说明该路电源指示灯烧坏或指示灯断线。

(5)如果输入端有电压,而输出端没有电压,则表明电源转换模块出现故障。

23. 高速铁路远动被控站遥控选择失败如何检查排除故障?

答:首先检查RTU是否上电,若已上电且RTU的运行灯周期性的正常闪烁,则检查通道是否正常,检查方法为查看RTU的主处理器单元上的收发灯指示状态是否正常,或在调度端按"遥信全召"键,查看遥信全召信号是否正常返回。

若RTU收发信号状态正常,查看对象继电器板上相应继电器是否动作,若动作,则对应对象指示灯亮。

若此对象继电器未动作(指示灯不亮),则用万用表检查RTU的对象继电器输出模块有无输出。

若无输出,检查RTU继电器相关连线及插接件是否连接可靠。继电器板有无工作电压,检查对象继电器的接触情况,从而排除故障。

24. 图 5-3 为三相对称负载，每相负载电阻 $R=6\ \Omega$，电感感抗 $X_L=8\ \Omega$，接入 380 V 三相三线制电源。请比较△形和Y形连接时的三相电功率。

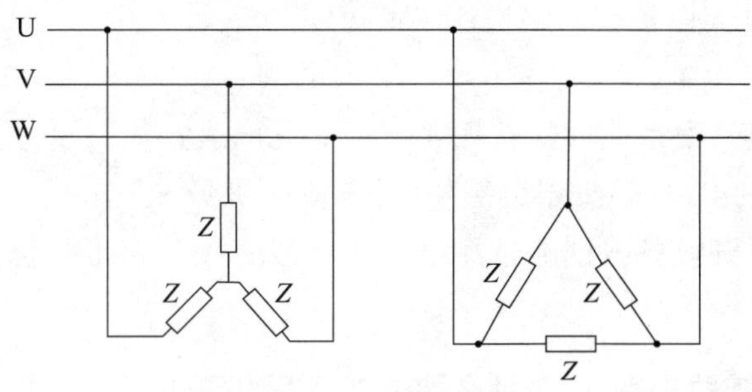

图　5-3

答:各项负载阻抗为

$$|Z|=\sqrt{R^2+X_L^2}=\sqrt{6^2+8^2}=10(\Omega)$$

Y形连接时，负载的相电压为

$$U_{PY}=\frac{U_{LY}}{\sqrt{3}}=220(V)$$

线电流等于相电流

$$I_{PY}=I_{LY}=\frac{U_{PY}}{|Z|}=\frac{220}{10}=22(A)$$

负载功率因数为

$$\cos\varphi=\frac{R}{|Z|}=\frac{6}{10}=0.6$$

Y形连接时，三相有功总功率为

$$P_Y=\sqrt{3}U_{LY}I_{LY}\cos\varphi=\sqrt{3}\times380\times22\times0.6\approx8.7(kW)$$

△形连接时，负载的相电压等于线电压

$$U_{P\triangle}=U_{L\triangle}=380(V)$$

负载相电流为

$$I_{P\triangle}=\frac{U_{P\triangle}}{|Z|}=\frac{380}{10}=38(V)$$

线电流为

$$I_{L\triangle}=\sqrt{3}I_{P\triangle}=\sqrt{3}\times38\approx66(A)$$

△形连接时，三相有功总功率为

$$P_{\triangle}=\sqrt{3}U_{L\triangle}I_{L\triangle}\cos\varphi=\sqrt{3}\times380\times66\times0.6\approx26.1(kW)$$

$$P_{\triangle}=3P_Y$$

对称负载△形连接时消耗功率是Y形连接时的 3 倍。

25. 在实验中如何选择兆欧表的范围?

答:100 V 以下的电气设备或回路选用 250 V 兆欧表;

100～500 V 的电气设备或回路选用 500 V 兆欧表;

500～3 000 V 的电气设备或回路选用 1 000 V 兆欧表;

3 000～10 000 V 的电气设备或回路选用 2 500 V 兆欧表;

10 000 V 以上的电气设备或回路选用 2 500 V 或 5 000 V 兆欧表。

26. 断路器的跳闸辅助接点(a)为什么要先投入后切开?

答:串在跳闸回路中的开关接点 a 叫做跳闸辅助接点(a)。

先投入是指开关在合闸的过程中,动触头与静触头未接近之前(20 mm 位置),跳闸辅助接点就已经接近,做好跳闸的准备,一旦开关合入故障时即能迅速地断开。

后切开是指开关在跳闸过程中,动触头离开静触头之后跳闸辅助接点再断开,以保证开关可靠的跳闸。

27. 操作过电压包括哪几种?

答:(1)切空载长线和切并联电容器组。

(2)合空载长线。

(3)切空载变压器、并联电抗器和电动机。

(4)大型合空载变压器。

(5)投切串联电容补偿装置。

28. 为什么温差变化和湿度增大会使高压互感器的 tan δ 超标? 如何处理?

答:互感器外部主要有底座、储油柜和接有一次绕组出线的大瓷套和二次绕组出线的小瓷套。当它们内部和外部的温度变化时,tan δ 也会变化,因为 tan δ 值与温度有一定的关系。当大小瓷套在湿度较大的空气中,使瓷套表面附上了肉眼看不见的小水珠,这些小水珠凝结在试品的大小瓷套上,造成了试品绝缘电阻降低和电容量减小。对电容量较大的 U 字形电容式互感器,电容改变的相当大,导致出现负 tan δ 值。

如果想降低 tan δ 值,一是按照技术条件和标准要求在规定的温度和湿度情况下测量 tan δ 值。二是在实际温度下想办法排除大小瓷套上的水分,使试品恢复原来本身实际的电容量和绝缘电阻,以达到测出试品的 tan δ 值的真实数据。

处理方法有化学去湿法、红外线灯泡照射法、烘房加热法等。

若采用上述方法处理后个别试品 tan δ 值仍降不下来,就要从试品的制造工艺和干燥水平上找原因。根据经验,电流互感器造成 tan δ 值偏大的主要原因有:试品包扎后时间过长、试品吸尘、吸潮或有碰伤等现象。电容式结构的试品还可能出现电容屏断裂或地屏接触不良或断开现象，造成 $\tan\delta$ 值偏大或测不出来。如果是电压互感器，主要是由于试品的胶木支撑板干燥不透或有开裂现象造成 $\tan\delta$ 值偏大，因为胶木撑板的好坏直接影响试品的 $\tan\delta$ 值。

29. 剩磁对变压器哪些试验项目产生影响？

答：在大型变压器某些试验项目中，由于剩磁会出现一些异常现象，这些项目是：

(1)测量电压比。测量电压比采用电压比电桥时，它们的工作电压都比较低，施加于一次绕组的电流也比较小，在铁芯中产生的工作磁通很低，有时可能抵消不了剩磁的影响，造成测得的电压比偏差超过允许范围。遇到这种情况可采用双电压表法，在绕组上施加较高的电压克服剩磁的影响。

(2)测量直流电阻。剩磁会对充电绕组的电感值产生影响，从而使测量时间增长。为减少剩磁的影响可按一定的顺序进行测量。

(3)空载测量。在一般情况下铁芯中的剩磁对额定电压下的空载损耗的测量不会带来较大的影响。主要是由于在额定电压下，空载电流所产生的磁通能克服剩磁的作用使铁芯中的剩磁通，随外施空载电流的励磁方向而进入正常的运行状况。但是在三相五柱的大型产品进行零序阻抗测量后，由于零序磁通可由旁轭构成回路，其零序阻抗都比较大，与正序阻抗近似。在结束零序阻抗试验后，其铁芯中留有少量磁通即剩磁，若此时进行空载测量在加压的开始阶段三相瓦特表及电流表会出现异常指示。遇到这种情况施加电压可多持续一段时间待电流表及瓦特表指示恢复正常再读数。

30. 牵引变电所在投运前，需要启动或带电状态下必须进行哪些项目的检查试验？

答：牵引变电所在启动或带电状态下必须进行下列项目的检查试验，应保证变电所的运行满足设计说明书的要求：

(1)确认每台电气设备均能够进行可靠的操作，按设计说明书规定的运行条件及设备操作对象表的顺序，逐一对本所的所有电气设备进行传动检查。并模拟事故状态的产生，在本所对自动装置的动作情况及返回信号的正确性进行确认，应达到设计规定。

(2)在配备综合自动化功能的变电所，除进行上述检查试验项目外，应根据计算机操作菜单显示的功能，进行相应电气设备的顺序操作及程序操作功能的检查。

(3)对于配备远动操作系统的变电所，除进行上述两项试验检查外，应根据设计文件要求，对操作对象的位置信号、故障信号、预告信号等在电力调度中心进行检查确认，同时检查事故记录和事故打印功能的完整性。在具备条件的情况下，应由电力调度中心进行必要的遥控操作检查。

(4)液压机构要解体清洗、换油、试漏。按该型号隔离开关的技术要求进行全面调整试验，金属支架及易锈的金属部件要去锈、刷漆，适当部分刷相位标志。

(5)最后填写大修记录。

31. 安装避雷器有哪些要求?

答:(1)首先固定避雷器底座,然后由下而上逐级安装避雷器各单元(节)。

(2)避雷器在出厂前已经过装配试验并合格,现场安装应严格按制造厂编号组装,不能互换,以免使特性改变。

(3)带串并联电阻的阀式避雷器,安装时应进行选配,使同相组合单元间的非线性系数互相接近,其差值应不大于0.04。

(4)避雷器接触表面应擦拭干净,除去氧化膜及油漆,并涂一层电力复合脂。

(5)避雷器应垂直安装,垂度偏差不大于2%,必要时可在法兰面间垫金属片予以校正。三相中心应在同一直线上,铭牌应位于易观察的同一侧,均压环应安装水平,最后用腻子将缝隙抹平并涂以油漆。

(6)拉紧绝缘子串,使之紧固,同相各串的拉力应均衡,以免避雷器受到额外的拉应力。

(7)放电计数器应密封良好,动作可靠,三相安装位置一致,便于观察。接地可靠,计数器指示恢复零位。

(8)氧化锌避雷器的排气通道应通畅,安装时应避免其排出气体,引起相间短路或对地闪络,并不得喷及其他设备。

32. 大修或新装电压互感器投入运行时为什么要按操作顺序进行?为什么要进行定相?如何定相?

答:大修或新装的电压互感器投入运行前,应全面检查极性和接线是否正确,母线上装有两组互感器时,必须先并列一次,二次经定相检查没问题,才可以并列。

因为如果一次不先并列,而二次先并列,由于一次电压不平衡将使二次环流较大,容易引起熔断器熔断,影响电压互感器正确工作,致使保护装置失去电源而误动作。所以必须按先一次、后二次的顺序操作。

电压互感器二次不经定相,二组互感器并列,会引起短路事故,烧损互感器,影响保护装置动作,所以二次必须定相。可用一块电压表比较两电压互感器的二次电压(A运—A新相,B运—B新相,C运—C新相),当电压表电压差值基本为0或接近0时,则证明两组电压互感器二次相位相符,可以并列。

33. 如何预防变压器铁芯多点接地和短路故障?

答:(1)在吊芯检修时,应测试绝缘电阻,如有多点接地,应查清原因并消除。

(2)安装时,检查钟罩顶部与铁轭上夹件间的间隙,如有碰触及时消除。

(3)运输时,固定变压器铁芯的连接件,应在安装时将其脱开。

(4)穿芯螺栓绝缘应良好,检查铁芯穿芯螺杆绝缘套外两端的金属座套,防止座套过长,触及铁芯造成短路。

(5)绕组压钉螺栓应紧固,防止螺帽和座套松动而掉下造成铁芯短路。铁芯及铁轭静电屏导线应紧固完好,防止出现悬浮放电。

(6)铁芯和夹件通过小套管引出接地的变压器,应将接地线引至适当位置,以便在运行中监视接地线中是否有环流。当有环流而又无法及时消除时,可采取临时措施,即在接地回路中串入电阻限流,电流一般控制在 300 mA 以下。

34. 断路器操作机构低电压分、合闸试验标准是怎样规定的?为什么?

答:标准规定是操作机构的合闸操作及脱扣操作的操作电压范围,即电压在 85%U_n～110%U_n 范围内时,操作机构应可靠合闸;电压在大于 65%U_n 时,操作机构应可靠分闸,并当电压小于 30%U_n 时,操作机构应不得分闸。

对操作机构分、合闸线圈的低电压规定是因这个线圈的动作电压不能过低,也不得过高。如果过低,在直流系统绝缘不良,两点高电阻接地的情况下,在分闸线圈或接触器线圈两端可能引入一个数值不大的直流电压,当线圈动作电压过低时,会引起断路器误分闸和误合闸;如果过高,则会因系统故障时,直流母线电压降低而拒绝跳闸。

35. 在进行人工呼吸时应注意哪几点?

答:(1)应将触电人身上妨碍呼吸的衣服全部解开,使胸部能自由扩张。

(2)迅速将口中的假牙或食物取出,如果舌根下陷,应将其拉出来,使呼吸道畅通。

(3)抢救者做深呼吸,然后紧凑触电者的嘴巴,向他大口吹气。同时观察其胸部是否膨隆,吹气完毕,立即离开触电者的口腔,待病人胸部自身回缩,可达到呼吸的目的。

(4)不得注射强心剂。若触电者心跳和呼吸均停止了,则口对口呼吸法和人工胸外心脏按压法可使用。

(5)尽量避免搬运,如果必须搬运,对抢救工作不能无故中断或贸然放弃。直到医务人员来接替抢救后,才能中止群众性的抢救工作。

36. 试述绝缘靴工频耐压试验方法。

答:将一个与试样鞋号一致的金属片为内电极放入鞋内,金属片上铺满直径不大于 4 mm 的金属球,其高度不小于 15 mm,外接导线焊一片直径大于 4 mm 的铜片,并埋入金属球内。外电极为置于金属器内的浸水海绵。

以 1 kV/s 的速度使电压从零上升到所规定电压值的 75%,然后再以 100 V/s 的速度升到规定的电压值,当电压升到规定的电压时,保持 1 min,然后记录毫安表的电流值。电流值小于 10 mA,则认为试验通过。

37. 真空断路器大修后操作机构应试验什么项目?有何要求?

答:真空断路器大修后操作机构试验合闸接触器和分、合闸电磁铁的最低动作电压。

(1)操作机构分、合闸电磁铁或合闸接触器端子上的最低动作电压应在操作电压额定值的 30%～65%间。

(2)在使用电磁机构时,合闸电磁铁线圈通流时的端电压为操作电压额定值的 80%(关合峰值电流等于或大于 50 kA 时为 85%)时应可靠动作。

(3)进口设备按制造厂规定。

38. 隔离开关操作机构大修后的动作情况试验有何要求?

答:(1)电动、气动或液压操作机构在额定的操作电压(气压、液压)下分、合闸 5 次,动作正常。

(2)手动操作机构操作时灵活,无卡涩。

(3)闭锁装置应可靠。

39. SF_6 分段器大修后的试验项目有哪些?

答:绝缘电阻,导电回路电阻,交流耐压试验,合闸电磁铁线圈的操作电压,合闸时间、分闸时间两相触头分、合闸的同期性,分、合闸线圈的直流电阻,利用远方操作装置检查分段器的动作情况,SF_6 气体泄漏,SF_6 气体湿度。

40. 高压开关柜的"五防"是什么?"五防"性能检查的周期是什么?

答:高压开关柜的"五防":防止误分、误合断路器,防止带负荷拉、合隔离开关,防止带电(挂)合接地(线)开关,防止带接地线(开关)合断路器,防止误入带电间隔。

"五防"性能检查的周期:运行 1～3 年,大修后。

41. 图 5-4 为变压器纵联差动保护单相原理图,已知变压器的原次边电流互感器的变比满足 $K_{i1}/K_{i2}=K_{T1}/K_{T2}$,分析变压器正常运行和 K1、K2 短路时继电器动作过程。

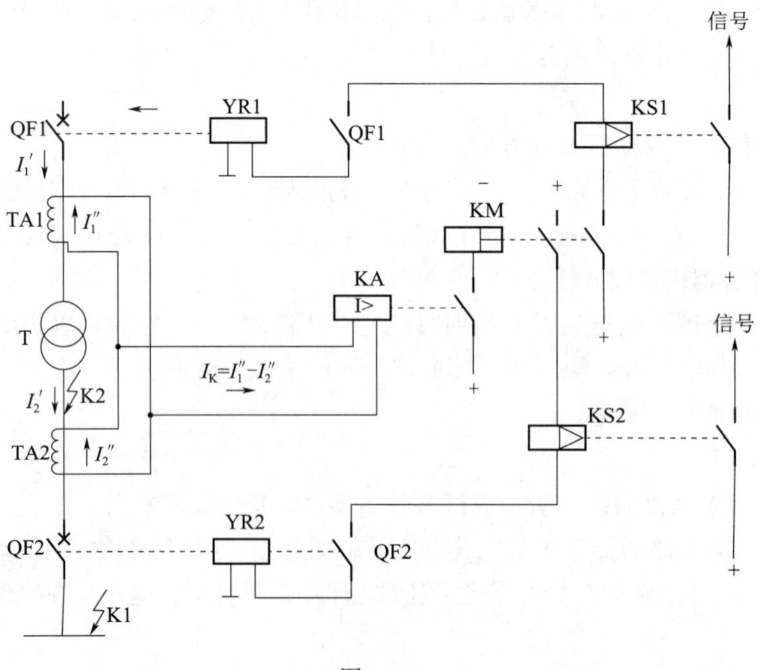

图 5-4

答:(1)变压器正常运行时,流过差动继电器的两电流相位相同、大小相等,即 $I_K=I''_1-I''_2=0$,继电器不动作。

(2)保护范围外部(K1)短路故障时,虽然两个互感器的次边电流都是数值较大的短路电流,但流入电流差动继电器的两电流仍然保持相位相同、大小相等,即 $I_K=I''_1-I''_2=0$,继电器不动作。

(3)差动保护范围内(K2)发生短路故障时,流入差动继电器的电流 $I_K=I''_1$(单侧电源时)或 $I_K=I''_1+I''_2$(双侧电源时),数值都较大,继电器动作,保护装置使变压器两侧的断路器跳闸。

42. 对绝缘子进行交流耐压试验过程中应注意什么?

答:(1)根据试验变压器容量,可选择一只或多只相同电压等级绝缘子同时试验。交流耐压时间规定为 1 min。

(2)耐压过程中,绝缘子无闪络、无异常声响为合格。

(3)对于 35 kV 多元件支持绝缘子,当试验电压不够时,可分节进行。

(4)由两个胶合元件组成的支持绝缘子,每节试验电压为 50 kV/min。

(5)由三个胶合元件组成的支持绝缘子,每节试验电压为 34 kV/min。

(6)非标准型号的绝缘子按制造厂规定的该型号绝缘子干闪电压的 75%进行交流耐压试验。

43. 试分析高压断路器不能开断故障电流的原因,并给出处理方法。

答:(1)原因:由于真空度降低或绝缘气体压力下降,导致高压断路器不能切断故障电流。

(2)处理方法:若检测到真空灭弧室的真空度达不到要求,应更换真空灭弧室。具体步骤为:

①拆下原真空灭弧室并换上新真空灭弧室。安装时要垂直,注意动导电杆和灭弧室同轴度,操作时不应受到扭力。

②对新换上的真空灭弧室须经真空度检测合格。

③装好真空灭弧室后,应测量开距和超程(接触行程)。若不满足要求应做相应调整绝缘拉杆的螺栓可调整超程。调整动导电杆的长度可调整灭弧室开距。采用高压开关综合测试仪测量分、合闸速度,三相同期性,合闸弹跳等机械特性。

44. 简述高压隔离开关(负荷开关)触头弹簧性能下降引起触头发热烧损的原因及处理方法。

答:(1)原因:隔离开关在合闸位置时,触指靠弹簧的拉紧作用来保证它与触头间有足够的接触压力和较小的接触电阻。长期处于合闸状态时,触指弹簧长期处于拉伸状态,使触头与触指间接触压力减小,接触电阻增大导致温度升高,最终导致触头烧损。

(2)处理方法:加强监视,仔细检查隔离开关导电回路的各个接点,尤其是触头和触指接触面处是否有过热、烧损现象。同时检查弹簧是否疲劳,如失去弹性应进行更换。对不能停电的可用红外线测温装置进行监测。

45. 电压互感器回路断线时应如何处理?

答:在正常运行时,电压互感器回路发生断线时,变配电所会发出 PT 断线预告信号或电压互感器断线信号。

(1)有备用电压互感器时应切换到备用电压互感器,否则应采取措施将该电压互感器所带的保护与自动装置停用,确认电压互感器断线闭锁距离保护投入,目的是防止保护误动作。

(2)在检查一、二次熔断器时,应做好安全措施,以保证人身安全,如果是一次侧熔断器熔断时,应拉开电压互感器的隔离开关,取下二次侧熔断器,并验电接地后戴上绝缘手套和护目镜,更换一次熔断器。

(3)若巡视发现电压互感器外观有明显故障现象,可直接判断电压互感器故障;否则值班人员可通过检查测量电压互感器二次熔断器,判断负荷侧和电源侧有无电压。如电源侧有压而负荷侧无压,则应及时按规定程序更换熔断器并确认电压恢复正常;如电源侧无压(或电压偏低)则说明电压互感器故障,向供电调度汇报,办理工作票进行故障处理。

46. 母线电压消失时应如何处理?

答:发生母线电压消失故障时,应根据仪表指示,信号继电保护及自动装置的动作情况来判断母线电压消失的原因,并处理。

(1)因线路故障引起越级跳闸,使母线电压消失时,应按断路器拒动和保护拒动引起越级跳闸分别处理。

(2)因母线设备短路或由母线到断路器间引线发生短路引起母线电压消失时,应将故障母线隔离,将线路尽快倒至备用母线或无故障母线,恢复供电。

(3)若母线电压消失是因母线保护及二次回路故障引起的,检查设备无任何异常,可用母联断路器向停电母线充电一次。

(4)单电源变电站电源无电,本站断路器、继电保护及各电气设备均无异常,可不进行任何处理及操作,通知当班调度员后,可等候来电,当变电站母线失压后,值班人员应注意直流电压变化。

47. 什么情况下不允许调整有载调压分接开关?

答:(1)变压器过负荷运行时(特殊情况除外)。

(2)有载调压装置的轻瓦斯保护频繁出现信号时。

(3)有载调压装置的油标中无油时。

(4)调压次数超过规定时。

(5)调压装置发生异常时。

48. 如何提高变压器效能？

答：(1)尽量选用低损耗、高效节能的变压器。

(2)根据负载情况，选择合理容量的变压器。

(3)变压器平均负载系数应大于 70%。

(4)平均负载系数经常小于 30%时，应酌情调换小容量变压器。

(5)提高负载功率因数，以提高变压器输送有功功率的能力。

(6)合理配置负载，尽量减少变压器的运行台数。

49. 高压开关设备分为哪几类？各有何作用？

答：(1)高压断路器：用于切断或接通负载或空载的电路，以及切除发生故障的电路。

(2)高压负荷开关：用于切断或接通负载电路，与高压熔断器配合，能够切断发生故障的电路。

(3)高压熔断器：用于切断过载和故障电路。

(4)高压隔离开关：用于切断或接通空载电路和设备，对带电部分起隔离作用。

50. 断路器断口加装并联电阻有什么作用？

答：在高压大容量断路器中，广泛利用弧隙并联电阻来改善它们的工作条件。

断路器每相假如有两对触头，一对为主触头，另一对为辅助触头，电阻并联在主触头上。当断路器在合闸位置时，主、辅触头都闭合。当断开电路时，主触头先断开，这时并联在主触头断口上的电阻在主触头断开过程中起分流作用，有利于主触头断口灭弧。主触头的电弧熄灭后，并联电阻串联在电路中，有效地降低触头上的恢复电压数值及电压恢复速度。另外，并联电阻对切断小电感电流或电容电流时，可限制过电压产生。

51. 如何进行电力远动被控站的电动操作？

答：(1)将“远方/就地”转换开关打到“就地”位。

(2)操作分闸(合闸)按钮。

(3)确认断路器动作到位，指示正常。

(4)将“远方/就地”转换开关打到“远方”位。

52. 不同截面、不同金属的电缆芯线连接应满足什么要求？

答：连接不同金属、不同截面的电缆时，应使连接点的电阻小而稳定。

相同金属、不同截面的电缆相接时，应选用与缆芯导体相同的金属材料，按照相接的两极芯线截面加工专用连接管，然后采用压接方法连接。

当不同金属的电缆需要连接时，如铜和铝相连接，由于两种金属标准电极位相差较大(铜为+0.345 V，铝为−1.67 V)会产生接触电势差。当有电解质存在时，将形成以铝为负极，铜为正极的原电池，使铝产生电化学腐蚀，从而增大接触电阻，所以连接两种不同金属电缆时，除应满足接触电阻要求外,还应采取一定的防腐措施。一般方法是在铜质压接管内壁上刷一层锡后再进行压接。

53. 接地网的电阻过大可能会产生哪些危害?

答:接地网起着工作接地和保护接地的作用,当接地网的电阻过大时,可能会产生的危害有:

(1)发生接地故障时,使中性点电压偏移增大,可能使非故障相和中性点电压过高,超过绝缘要求的程度而造成设备损坏。

(2)在雷击或雷电波袭击时,因为电流很大,会产生很高的残压,使邻近的设备遭受到回击,并降低接地网本身保护设备(架空输电线路及变电站电气设备)带电导体的耐雷水平,达不到设计的要求而损坏设备。

54. 一只三相有功电能表有四位黑色窗口和一位红色窗口,前一次抄的读数为 8 235.4,后一次抄的读数为 153.6,电能表始终正转,合成倍率 K 为 2 400,求电能表测得的电量。

答:已知各位字轮的示值都已超过 9 的数字,根据 $A_1=8\ 235.4$,$A_2=153.6$,$K=2\ 400$,$n=4$,故所测得的电量为

$$A=(10^n+A_2-A_1)K=(10^4+153.6-8\ 235.4)\times 2\ 400=4\ 603\ 680(\text{kW}\cdot\text{h})$$

55. 试电笔有哪些用途?

答:试电笔除能测量物体是否带电以外,还有以下几个用途:

(1)可以测量线路中任何导线之间是否同相或异相。其方法是:站在一个与大地绝缘的物体上,两手各持一支试电笔,然后在待测的两根导线上进行测试,如果两支试电笔发光很亮,则这两根导线是异相,否则即同相。

(2)可以辨别交流电和直流电。在测试时如果电笔氖管中的两个极(管的两端)都发光,则是交流电。如果两个极只有一个极发光,则是直流电。

(3)可判断直流电的正负极。接在直流电路上测试,氖管发亮的一极是负极,不发亮的一极是正极。

(4)能判断直流是否接地。在对地绝缘的直流系统中,可站在地上用试电笔接触直流系统中的正极或负极,如果试电笔氖管不亮,则没有接地现象;如果发亮,则说明接地存在。其发亮如在笔尖一端,这说明正极接地;如发亮在手指一端,则是负极接地。但带接地监察继电器者不在此限。

56. 电力系统中零线的作用是什么?

答:在三相负载不平衡的情况下,零线导通不平衡电流流回中性点,从而使供电系统的线电压、相电压基本保持平衡。

当采用保护接零的电气设备绝缘损坏发生碰壳时,短路电流将通过零线构成回路,由

于零线阻抗较小，所以短路电流将很大，它促使保护装置迅速动作以断开电源，从而起到保护作用。

零线还是单相 220 V 电气设备的电源回路。

57. 短路有什么危害？

答：(1)短路点的电弧可能烧坏电气设备，短路电流使设备发热甚至损坏设备。

(2)在导体内引起很大的机械应力，可能造成设备变形等损坏。

(3)系统电压大幅下降，对用户影响很大；产生不平衡电流及磁通，造成对通信的干扰，并危及人身和设备安全。

(4)破坏系统稳定，甚至使电力系统瓦解，引起大面积停电。

58. 不同中性点运行方式有什么特点？使用范围是什么？

答：(1)中性点不接地系统，发生单相接地故障时，其他两条完好相对地电压升到线电压是正常时的$\sqrt{3}$倍，对绝缘要求较高。主要应用于 500 V 以下的三相三线制系统和 3～60 kV 系统。

(2)中性点经消弧线圈接地系统相对于不接地系统，大大减少了单相接地故障时流过接地点的电流。主要应用于不适合采用中性点不接地的、以架空线为主体的 3～60 kV 系统。

(3)中性点直接接地系统的优点：发生单相接地故障时，其他两条完好相对地电压不升高，可降低绝缘费用，电压等级越高越显著。缺点：发生单相接地短路时，短路电流大，要迅速切除故障部分，供电可靠性较差，并且对附近通信线路产生电磁干扰。主要应用于 110 kV 及以上的系统。

(4)中性点经阻抗接地系统，限制接地相的电流，减少对周围通信线路干扰。可应用于较小城市的配电网。

59. 为什么电磁式电压互感器铁芯饱和会引起 10 kV 中性点绝缘系统铁磁谐振？

答：正常状态下各相阻抗呈容性，如某相(如 B、C 相)励磁电流因瞬时电压升高，铁芯饱和，电感电流增大，B、C 相阻抗变成感性的，感性阻抗与容性阻抗抵消，使总阻抗显著减小，若参数配合不当，总阻抗接近于零，将发生串联谐振，中性点位移电压升高，叠加到三相电源电势上，其结果常使两相对地电压升高，一相对地电压降低，这是基波谐振的表现形式。

60. SF_6 气体的特性是什么？

答：在常温下，SF_6 气体是无色、无味、无毒并且透明的惰性气体，非常稳定，通常情况下很难分解；既不溶于变压器油也不溶于水，不燃烧。热稳定性良好，化学性质不活泼。在 250 ℃时与金属钠反应，在 500 ℃以上炽热状态下不分解，在 800 ℃以下很稳定。没有腐蚀性，不腐蚀玻璃。

61. 简述判断 10 kV 电缆故障性质方法。

答:(1)首先在任意一端用兆欧表测量 A-地、B-地、C-地的绝缘电阻值,测量时另两相不接地,以判断是否接地故障。

(2)测量各相间 A-B、B-C 及 C-A 相间的绝缘电阻,以判断有无相间短路。

(3)检查导体的连续性,在一端将 A、B、C 三相短路(不接地),到另一端用万用表测量各相间是否通路,相间电阻是否一致。如发现 A-B,B-C 相间不通,而 A-C 通路,则为 B 相断线;当发现三相均不通时,则有可能发生三相或两相断线,必要时可利用接地极作回路,测量是否三相断线,当用万用表检查发现三相之间电阻不一致时,则测量各相间电阻,检查有无低阻断线。

62. 接地和接零有什么技术要求?

答:(1)由同一台发电机、同一台变压器或同一段母线供电的低压线路,不宜同时采用接零和接地两种保护方式,否则当采取保护接地的设备发生单相接地故障时,采取保护接零的设备外露可导电部分将带上危险的电压。

(2)在中性点直接接地的低压电网系统中,所有设备的外壳宜作接零保护,接在保护地线(PE)上、N 线(中性线)与外壳绝缘。

(3)在中性点不直接接地的电网中,所有设备的外壳宜作接地保护。

(4)禁止在保护地线(PE)或保护中线(PEN)上装设熔断器或单独的断流开关。

(5)保护地线(PE)或保护中线(PEN)必须有足够的截面积,以保证故障时短路电流的通过,并满足机械强度对最小尺寸的要求。

63. 供电远动系统被控站小修内容有哪些?

答:(1)供电系统被控站小修宜结合被控设备的检修同步进行。

(2)清扫被控站各部件,紧固端子排连接螺栓,检查连接线缆。要求各部件及印刷电路板无积尘、螺栓无松动、线缆无断裂、表皮无破损。

(3)检查电源板、三遥模板、通道板各信号收发正常,显示正确。

(4)核对与调度主站的系统时钟一致。

(5)检查远动开关遥控动作正确,并核对遥信、遥测信息无误。

(6)对被控站进行双通道切换试验。

(7)必要时委托设备厂家使用专用测试软件检查被控站设备运行状态。

64. 10 kV 及以下电力电缆导体截面如何选择?

答:(1)最大工作电流作用下的电缆导体温度不得超过电缆绝缘最高允许值,持续工作回路的电缆导体工作温度应符合标准规定。

(2)最大短路电流和短路时间作用下的电缆导体温度应符合标准规定。

(3)最大工作电流作用下,连接回路的电压降不得超过该回路允许值。

(4)按电缆的初始投资与使用寿命期间的运行费用综合经济的原则选择截面,经济电流截面选用方法和经济电流密度曲线宜符合标准规定。

(5)长距离电力电缆导体截面还应综合考虑输送的有功功率、电缆长度、高压并联电抗器补偿等因素。

65. 电压表测量机构(表头)标称工作电流 3 mA,标称电压 45 mV,若要得到三种测量电压量程 $V_1=1.8$ V,$V_2=9$ V,$V_3=90$ V。附加电阻分别是多少阻值?

答:测量机构的电阻

$$r_0=\frac{0.045}{0.003}=15(\Omega)$$

V_1、V_2、V_3 各量程的系数

$$\rho=\frac{\text{扩大量程}}{\text{表头标称电压}}$$

则

$$\rho_1=\frac{1.8}{0.045}=40;\rho_2=\frac{9}{0.045}=200;\rho_3=\frac{90}{0.045}=2\ 000$$

故附加电阻为

$$R_{V1}=r_0(\rho_1-1)=15\times(40-1)=585(\Omega)$$
$$R_{V2}=r_0(\rho_2-1)=15\times(200-1)=2\ 985(\Omega)$$
$$R_{V3}=r_0(\rho_3-1)=15\times(2\ 000-1)=29\ 985(\Omega)$$

66. 高速铁路牵引变电所巡视变压器时,除一般项目和要求外,还要注意什么?

答:(1)压力释放阀密封良好,无渗油。

(2)呼吸器内干燥剂颜色正常。

(3)瓦斯继电器内应无气体。

(4)冷却装置、风扇电机应齐全,运行应正常无渗漏。

(5)分接开关位置指示正确。

67. 断路器检修时须断开的二次回路电源包括哪些?

答:(1)控制回路电源。

(2)合闸电源。

(3)信号回路电源。

(4)重合闸回路电源。

(5)远动装置电源。

(6)事故音响回路电源。

(7)保护闭锁回路电源。

(8)自动装置回路电源。

(9)指示灯回路电源。

68. 简述隔离开关在运行中接触处过热的应急处理方法。

答:隔离开关过热的应急处理,应首先查清楚过热的原因,然后根据具体原因采取不同的处理办法。

(1)若因过负荷引起发热,应采取减小负荷临时处理的办法。

(2)若长期过负荷发热,应考虑将开关换为较大容量、与负荷相适应的隔离开关。

(3)若触头因电弧烧伤接触不好而发热,应将开关退出运行进行打磨处理或更换触头。

(4)若因表面氧化接触不好发热,将开关退出运行打磨即可。

69. 高速铁路 SCADA 系统终端设备保养作业的内容包括哪些?

答:(1)对 RTU 装置、通信交换机进行除尘清洁,检查各连接导线绝缘良好,连接可靠。

(2)对 UPS 装置、蓄电池进行除尘清洁,试验 UPS 工作状态转换灵敏,蓄电池充放电正常。

(3)检查蓄电池外观无异常变化、接线可靠。

(4)检查 RTU 装置、通信交换机工作指示灯显示正常。

(5)对变配电所后台机进行清洁保养,确认显示正常,对系统软件备份进行检查确认。

70. 列车开行时间内电力设备运行方式是如何规定的?

答:(1)设备正常且无作业情况下,电力供电网络均应在正常运行方式下运行。

(2)当外部电源异常、供电设备故障等情况下,可改变运行方式,按照非正常运行方式运行。

(3)电力设备检修作业需改变运行方式时,应由作业单位提出申请,报供电调度审核批准后实施,可按照非正常运行方式运行。

(4)非正常运行方式下,当异常情况消除或正常作业完成,宜适时恢复正常运行方式。

(5)正常运行方式实行动态管理,可根据外部环境、设备变化等情况适时调整,并以文件形式公布。

71. 避雷器的用途是什么?

答:避雷器主要用于电气设备的大气过电压保护。电气设备在运行中,除承受工作电压外,还会遭受到过电压的作用。由雷电引起的过电压称为雷电过电压,开关操作引起的过电压称为操作过电压,其数值远远超过正常的工作电压,特别是雷电过电压对电气设备的危害更大,因此采用避雷器进行保护。避雷器通常接在被保护的电气设备之前,跨接在导线和大地之间。当大气过电压超过避雷器的放电电压时,避雷器就动作,大量电荷释放入地,将过电压限制在一定水平,达到保护的目的。过电压消失后,要求避雷器能迅速、可靠地灭弧,使电网恢复正常运行。

72. 绝缘杆、绝缘手套、绝缘靴使用前应做哪些检查？

答：(1)检查外观应清洁，无油垢，无灰尘。表面无裂纹、断裂、毛刺、划痕、孔洞及明显变形等。

(2)绝缘手套还应做充气试验，检验并确认其无泄漏现象。

(3)绝缘靴底无扎伤现象，底部花纹清晰明显，无磨平迹象。

(4)绝缘拉杆的连接部分应拧紧。

73. 重瓦斯动作后如何处理？

答：重瓦斯动作后，值班员应根据保护情况、检查结果、气质性质、二次回路(包括直流绝缘情况)等综合分析判断。

(1)为二次回路引起，应排除故障，并经调度和上级同意后，方可将变压器投入运行。

(2)确认变压器内部故障引起，则变压器未经查明原因，且排除故障前，不得投入运行。

(3)气体继电器气体性质判断：

①无色、无味、不可燃的气体是空气；

②黄色、可燃的气体是木质故障；

③灰白色、有臭味、可燃的气体是纸质或纸板故障；

④灰色或黑色、可燃的气体是油质故障。

74. 绘出电流互感器不完全星形接线图及其向量图。

答：电流互感器不完全星形接线如图 5-5 所示，向量如图 5-6 所示。

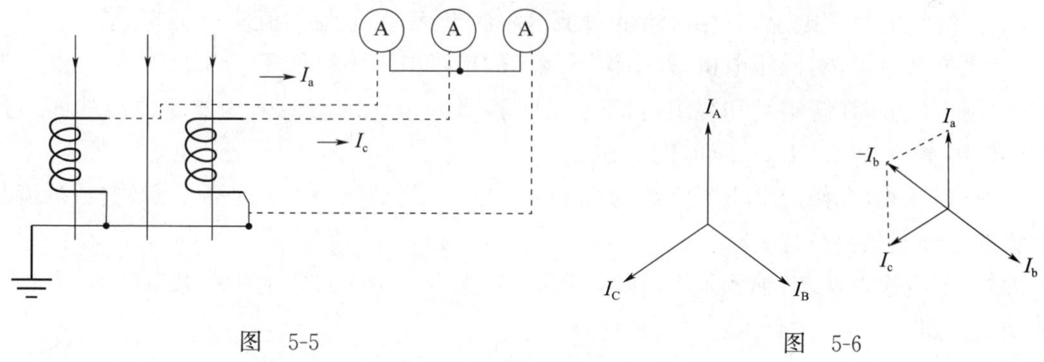

图　5-5　　　　图　5-6

75. 单芯电缆为什么不允许两端接地？其接地有何要求？

答：单芯电缆通过电流时，金属护层会产生感应电压，如采取线路两端接地形式，金属护层会产生感应环流，在短路故障或雷击时会出现达线芯电流 50％～95％的环流，不仅危及人身安全，而且降低电缆载流量，造成电缆金属护层发热，加速绝缘老化，因此 10 kV 电力贯通线电缆金属护层宜采用在线路一端或中央部位单点直接接地方式，另一端金属护层应经护层电压限制器接地。

电缆金属护层连续长度不宜大于 3 km，且电缆线路的金属护层上任意一点的正常感应电压最大值应符合:当未采取能有效防止人员任意接触金属护层的安全措施时,不得大于 60 V;其他情况,不得大于 300 V。

76. 简述用兆欧表摇测 10 kV 三芯电力电缆绝缘电阻的方法。

答:(1)电缆停电后,先进行逐相放电,放电时间不得小于 1 min,电缆较长电容量较大的不少于 2 min。

(2)用干燥、清洁的软布,擦净电缆线芯附近的污垢。

(3)按要求进行接线,被测相对地绝缘,将被测相加屏蔽接于兆欧表的"G"端子上;将非被测相的两线芯连接再与电缆金属外皮相连接后共同接地,同时将共同接地的导线接在兆欧表"E"端子上;将一根测试线接在兆欧表的"L"端子上,该测试线("L"线)另一端此时不接线芯。

(4)一人用手握住"L"测试线的绝缘部分,另一人转动兆欧表摇把达 120 r/min,将"L"线与线芯接触,待 1 min 后(读数稳定后)记录其绝缘电阻值。

(5)将"L"线撤离线芯,停止转动摇把,然后进行放电。

(6)用同样方法顺序依次对另外两相进行摇测。

77. 电动机在大修后应做哪些检查和试验?

答:电动机大修后应做以下检查和试验:

(1)装配质量的检查,包括出线端连接是否正确,各处螺栓是否拧紧,转子转动是否灵活,轴伸径向摆动是否在允许范围内等。对于绕线式异步电动机还应检查电刷提升短路装置的操作机构是否灵活,电刷与集电环接触是否良好,电刷与刷握的配合情况。

(2)测绕组的直流电阻,三相绕组的直流电阻应平衡,其电阻差值应小于 5%。

(3)测绝缘电阻,对低压电机,在室温下绕组的绝缘电阻不得低于 0.5 MΩ。

(4)耐压试验,在绕组间和绕组对机壳间进行,试验电压的有效值为额定电压的两倍再加上 1 000 V,频率为 50 Hz,持续时间 1 min。

(5)空载试验,在额定电压下空载运行半小时以上,测量三相电流是否平衡,空载电流与额定电流的百分比是否符合要求。

此外,还应检查铁芯、轴承是否过热,声音是否正常。绕线式电动机空载试验时,要将转子三相绕组短路。

78. 电测量指示仪表的测量机构由哪些装置组成?其主要作用是什么?

答:指示仪表的测量机构主要由驱动装置、控制装置、阻尼装置、读数装置四部分组成。

(1)驱动装置产生转动力矩,一般由磁场和电流的相互作用产生。

(2)控制装置产生反作用力矩,一般是利用机械力和电磁力产生的。

(3)阻尼装置产生阻尼力矩,一般由空气阻尼器或磁感应阻尼器产生。

(4)读数装置包括指示器和刻度盘等,可以直观地读出被测量的大小。

79. 一台 10 极额定频率为 50 Hz 的同步电动机，用联轴器驱动一台 12 极额定频率为 50 Hz 的同步发电机组成的发电机组，为什么能发出稳定的频率为 60 Hz 的交流电？

答：10 极 50 Hz 同步电动机的转速

$$n=\frac{60f}{p}=\frac{60\times 50}{5}=600(\text{r/min})$$

因为用联轴器驱动，12 极 50 Hz 同步发电机转速也为 600 r/min。

所以其频率为

$$f=\frac{np}{60}=\frac{600\times 5}{60}=50(\text{Hz})$$

80. 试述直流电机运行时电刷下产生火花的主要原因及改善换向的主要方法。

答：(1)直流电动机运行时电刷下产生火花的主要原因：

①电磁原因，直流电机出现延迟换向或严重的超越换向时，在后刷边或前刷边会出现火花；

②电位差原因，直流电机重载运行时，由于电枢反应的影响，气隙磁通密度发生较大的畸变，在某些相邻的绕组元件中感应的电动势大小差别较大，从而在对应的换向片间产生较大的片间电压，如果片间电压超过一定的限度，就会使换向片间的空气发生游离击穿，产生电位差火花；

③机械原因，如换向器偏心，片间绝缘突出，换向片突出，电刷压力不合适，电刷在刷握内太紧或太松，换向器表面不清洁等；

④化学原因，换向器与电刷接触的表面上的氧化亚铜薄膜遭到破坏，从而导致火花。

(2)改善换向的主要方法：

①装设换向极；

②装设补偿绕组；

③恰当移动电刷位置；

④选择合适电刷。

81. 简述普速配电所试送电方法。

答：(1)当相邻两配电所分别为单电源和双电源时，首选双电源配电所对故障回路进行试送电，试送电前应将该段母线主供的其他贯通/自闭回路倒为由相邻配电所供电。

(2)当相邻两配电所均为双电源时，首选故障电流较小的配电所进行试送电。如果故障电流大小无法对比时，选择回路较少或影响主要行车设备较少的配电所进行试送电，试送电前应将该段母线主供的其他贯通/自闭回路倒为由相邻配电所供电，最大限度减小影响范围。

(3)同一配电所的主供贯通/自闭回路速断跳闸、主供贯通/自闭回路和贯通/自闭调压器同时跳闸、主供贯通/自闭回路和贯通/自闭调压器及受电同时跳闸，值班调度应视情况选择在线路开口，由贯通/自闭故障回路相邻配电所进行试送电，试送电前应将该段母线主供的其他贯通/自闭回路倒为由相邻配电所供电。遇有恶劣天气,调度可在第一次试送电失败后间隔 3 min 再次进行一次试送电。

(4)普通馈出单回路跳闸或越级跳闸,不允许试送电,待故障原因查明后再进行送电。

(5)贯通/自闭回路过流跳闸后由本所进行试送电一次,试送电前应将该段母线主供的其他贯通/自闭回路倒为由相邻配电所供电,最大限度减小影响范围。

(6)在遇有配电所贯通/自闭或普通馈出回路故障跳闸时,调度如果需要进行试送电,需将试送所同一受电母线的贯通/自闭回路倒为由相邻配电所供电。如试送所为单电源配电所,则试送时需将本所贯通/自闭回路全部倒由相邻配电所供电,如试送所为双电源配电所则需将本所故障母线侧贯通/自闭回路全部倒为由相邻配电所供电。

82. 根据图 5-7 给出的元件绘制电动机正反转联动控制原理图,并在图上完成实物连接。

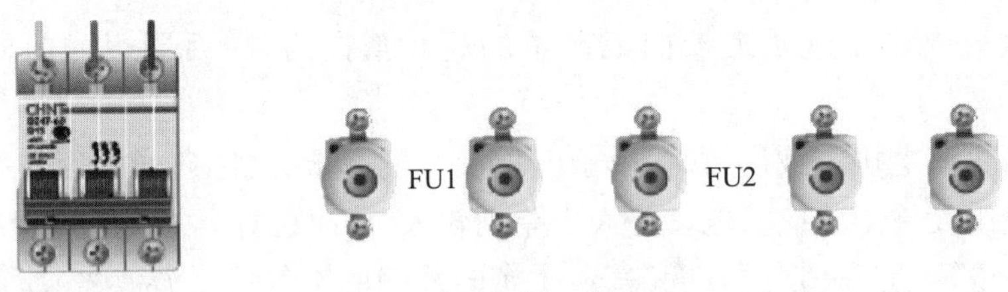

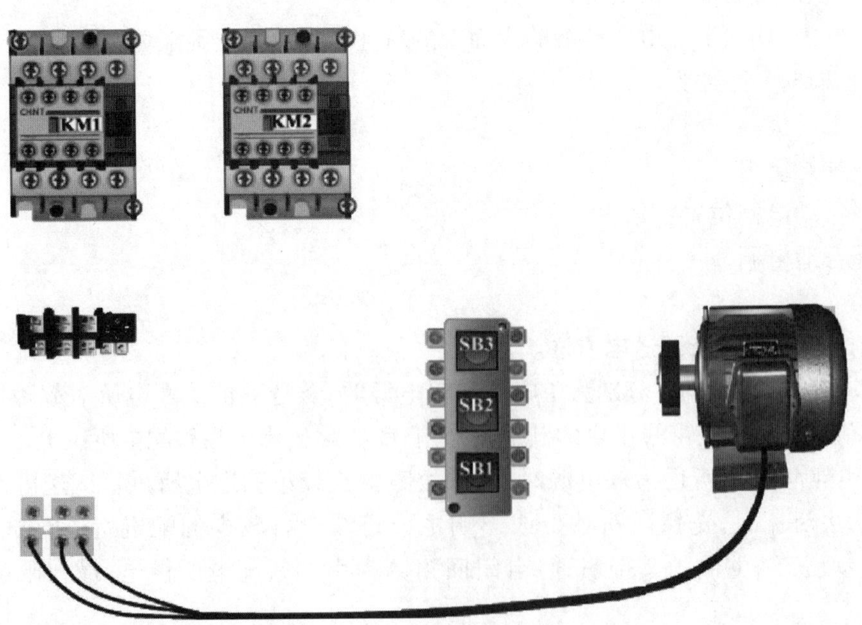

图 5-7

答:电动机正反转联动控制原理如图 5-8 所示,实物连接如图 5-9 所示。

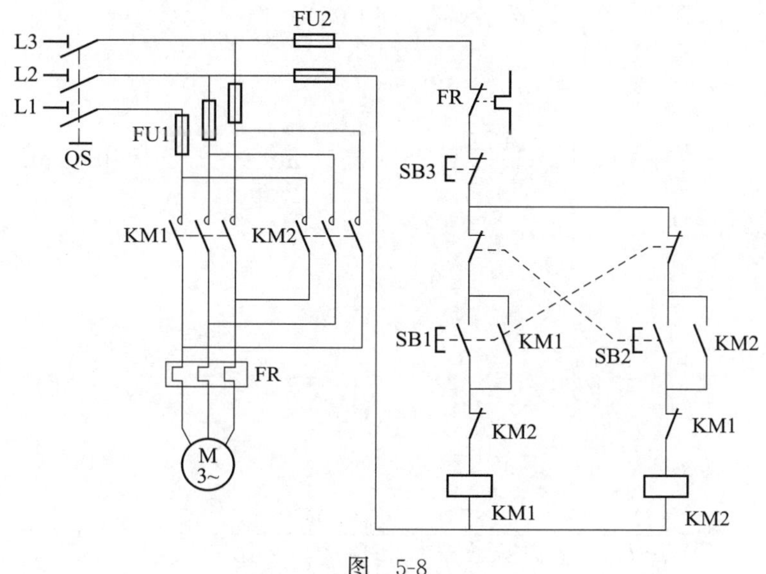

图　5-8

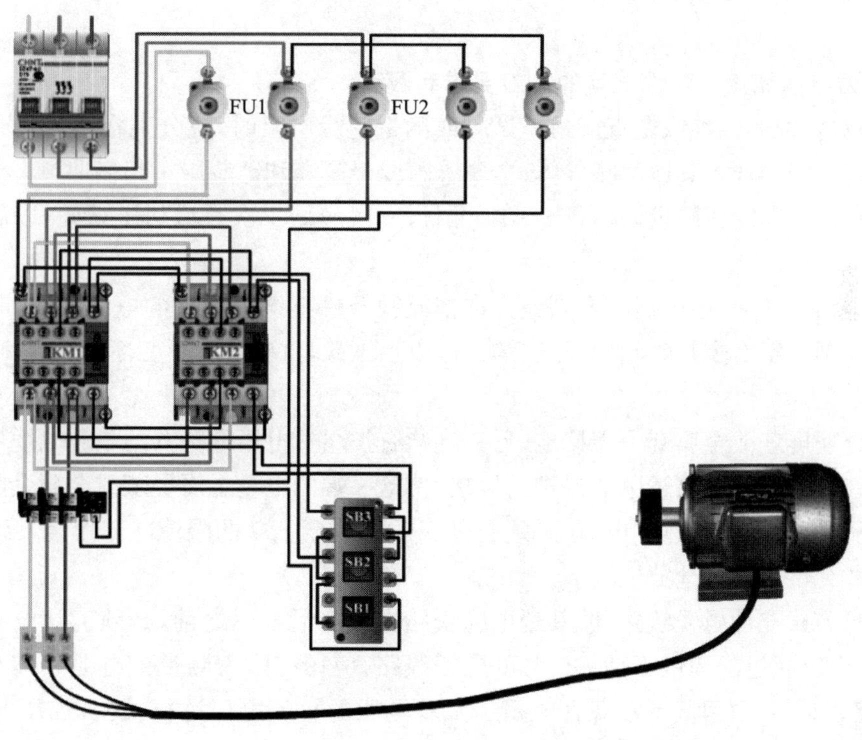

图　5-9

83. 某断路器跳闸线圈烧坏,需重绕线圈。已知线圈内径 $d_1=27$ mm,外径 $d_2=61$ mm,裸线线径 $d=0.57$ mm,原线圈电阻 $R=25\ \Omega$,铜电阻率 $\rho=1.75\times10^{-8}\ \Omega\cdot\text{m}$。重绕线圈需要绕多少匝?

答:线圈的平均直径

$$D_p=\frac{d_1+d_2}{2}=\frac{27+61}{2}=44(\text{mm})$$

漆包线的截面积为

$$S=\pi\left(\frac{d}{2}\right)^2=3.14\times\left(\frac{0.57}{2}\right)^2\approx0.255(\text{mm}^2)=2.55\times10^{-7}(\text{m}^2)$$

漆包线的电阻值为

$$R=\rho\frac{L}{S}$$

绕线的总长度为

$$L=\pi D_p N=\frac{RS}{\rho}$$

需要缠绕的匝数为

$$N=\frac{RS}{\rho\pi D_p}=\frac{25\times2.55\times10^{-7}}{1.75\times10^{-8}\times3.14\times44\times10^{-3}}\approx2\ 637(\text{匝})$$

所以需要重绕线圈 2 637 匝。

84. 电力电缆线路预防性试验的一般要求有哪些?

答:(1)对电缆的主绝缘做直流耐压试验或测量绝缘电阻时,应分别在每一相上进行。对一相进行试验或测量时,其他两相导体、金属屏蔽或金属套和铠装层一起接地。

(2)新敷设的电缆线路投入运行 3～12 个月,一般应做 1 次直流耐压试验,以后再按正常周期试验。

(3)试验结果异常,但根据综合判断允许在监视条件下继续运行的电缆线路,其试验周期应缩短,如在不少于 6 个月时间内,经连续 3 次以上试验,试验结果不变坏,则以后可以按正常周期试验。

(4)对金属屏蔽或金属套一端接地,另一端装有护层过电压保护器的单芯电缆主绝缘做直流耐压试验时,必须将护层过电压保护器短接,使这一端的电缆金属屏蔽或金属套临时接地。

(5)耐压试验后,使导体放电时,必须通过每千伏约 80 kΩ 的限流电阻反复几次放电直至无火花后,才允许直接接地放电。

(6)除自容式充油电缆线路外,其他电缆线路在停电后投运之前,必须确认电缆的绝缘状况良好。凡停电超过一周但不满一个月的电缆线路,应用兆欧表测量该电缆导体对地绝缘电阻。如有疑问时,必须用低于常规直流耐压试验电压的直流电压进行试验,加压时间 1 min;停电超过一个月但不满一年的电缆线路,必须做 50%规定试验电压值的直流耐压试验,加压时间 1 min;停电超过一年的电缆线路必须做常规的直流耐压试验。

(7)对额定电压为 0.6/1 kV 的电缆线路可用 1 000 V 或 2 500 V 兆欧表测量导体对地绝缘电阻代替直流耐压试验。

(8)直流耐压试验时,应在试验电压升至规定值后 1 min 以及加压时间达到规定时测量泄漏电流。泄漏电流值和不平衡系数(最大值与最小值之比)只作为判断绝缘状况的参考,不作为是否能投入运行的判据。但如发现泄漏电流与上次试验值相比有很大变化,或泄漏电流不稳定,随试验电压的升高或加压时间的增加而急剧上升时,应查明原因。如系终端头表面泄漏电流或对地杂散电流等因素的影响,则应加以消除;如怀疑电缆线路绝缘不良,则可提高试验电压(以不超过产品标准规定的出厂试验直流电压为宜)或延长试验时间,确定能否继续运行。

(9)运行部门根据电缆线路的运行情况、以往的经验和试验成绩,可以适当延长试验周期。

85. 电压互感器发现需要立即停运的严重故障时如何处置?

答:电压互感器发现需要立即停运的严重故障时,处理程序和一般方法为:

(1)电压互感器着火,应立即切断电源,用干粉、1211 灭火器灭火,将故障电压互感器停电。对于不能用隔离开关隔离的故障电压互感器,应根据本所实际接线和运行方式,用切换运行方式的方法,投入另一回路工作,或用断路器切断故障的电压互感器。

(2)有备用电压互感器时应切换到备用电压互感器,否则应采取措施防止继电保护(如距离保护)和自动装置(如自投装置)误动作,退出可能误动的保护及自动装置,投入电压互感器断线闭锁保护功能,断开故障电压互感器的二次空气开关或拔掉二次熔断器。

(3)电压互感器的三相或故障相的高压熔断器已熔断时,或确认高压已停电,可以拉开隔离开关,隔离故障。

(4)高压熔断器未熔断,高压侧绝缘未损坏的故障(如漏油至看不到油面、内部发热等故障),可以拉开隔离开关,隔离故障。

(5)高压熔断器未熔断,所装高压熔断器上有合格的限流电阻时,可以按照相关规定拉开隔离开关,隔离故障。

(6)高压熔断器未熔断,电压互感器故障严重,高压侧绝缘已损坏。高压侧熔断器无限流电阻的,只能用断路器切除故障。应尽量用切换运行方式的方法隔离故障。

(7)故障隔离后,可经倒闸操作恢复正常运行,重新投入所退出的保护,故障处理完成后具备自投条件后投入自投装置。

86. 变配电所综合自动化装置发生分、合闸操作失灵故障如何处理?

答:(1)看综合自动化装置后台机是否发出"控制回路断线"信号,若有,故障点应该在保护测控装置与被控设备之间的连接线接触不良或闭锁接点接触不良。检查测量连接线各连接点和闭锁接点,确定故障位置后进行处理。

(2)若后台机死机,重新启动后即可恢复正常工作。若后台机没有死机,则在保护测控装置上利用转换开关进行分、合闸操作,若分、合闸操作成功,说明综合自动化装置后台机或通信管理机工作不正常。

(3)在综合自动化装置监控系统选择通信显示画面,若画面上显示通信工作均不正常,而通信管理机信号显示工作正常,说明综合自动化装置后台机内部故障;若画面上显示通信工作均不正常,通信管理机信号显示工作不正常,说明通信管理机内部故障;若画面上显示通信部分不正常,通信管理机信号显示部分工作不正常,说明通信接口或通信线存在故障。检查处理后即可恢复正常。

(4)若在保护测控装置上利用转换开关进行分、合闸操作不成功,在断路器或隔离开关电动操作机构本体上能进行电动分、合闸操作,说明保护测控装置内部存在故障或转换开关存在接触不良故障。测量转换开关闭合时的接触电阻,若比较大(10 Ω以上),即可确定是转换开关接触不良故障;若转换开关接触良好,连接线接触良好,则可断定是保护测控装置内部故障,更换保护测控装置出口板插件即可恢复正常。

(5)若在被控设备本体上电动分、合闸操作不成功,手动机械操作成功,说明断路器或隔离开关本体电动操作机构的电路部分存在故障。

(6)若在被控设备本体上电动分、合闸操作不成功,手动机械操作也不成功,说明断路器或隔离开关本体电动操作机构的机械部分存在故障。

87. 变配电所综合自动化装置直流系统发生接地故障如何处理?

答:变配电所综合自动化装置直流系统发生接地故障的表现为某级绝缘电阻接近0 Ω。其故障查找方法为:先查找直流装置,再依次查找蓄电池系统、母线系统,最后查找绝缘监测装置自身。

具体查找方法为:关掉直流装置电源和输出部分,由蓄电池向外供电,用万用表测量直流装置对地的电阻,若对地的电阻很小,说明故障在直流装置。将直流装置送电,逐个整流模块停电,确定哪个整流模块故障;若整流模块均无故障,将微机监控模块停电,若此时接地故障消失,则为微机监控模块故障;若上述装置均无故障,则投入直流装置电源和输出部分,将蓄电池断开,若接地故障消失,则故障点在蓄电池部分。若接地故障没有消失,则将母线系统停电。若接地故障消失,则故障点在母线系统。若接地故障没有消失,则故障点为绝缘监测设备自身故障。对查出的设备故障进行处理,直流系统即可恢复正常工作。

88. 电缆短路计算条件应符合哪些条件?

答:(1)计算用系统接线,应采用正常运行方式,且宜按工程建成后5~10年发展规划。

(2)短路点应选取在通过电缆回路最大短路电流可能发生处。对单电源回路,最大短路电流可能发生处如下:

①对无电缆中间接头的回路,短路点应取在电缆末端,但当电缆长度未超过200 m时,也可取在电缆首端;

②当电缆线路较长且有中间接头时,短路点应取在电缆线路第一个中间接头处。

(3)宜按三相短路计算。

(4)短路电流的作用时间,应取保护动作时间与断路器开断时间之和。对电动机、低压变压器等直馈线,保护动作时间应取主保护时间;其他情况,宜取后备保护时间。

(5)当1 kV及以下供电回路装有限流作用的保护电器时,该回路宜按限流后最大短路电流值校验。

89. 接地装置异常现象有哪些？如何进行处理？

答：(1)接地体的接地电阻值增大。一般是因为接地体严重锈蚀或接地体与接地干线接触不良引起的，应更换接地体或紧固连接处的螺栓或重新焊接。

(2)接地线局部电阻值增大。因为连接点或跨接过渡线轻度松散，连接点的接触面存在氧化层或污垢引起电阻值增大，应重新紧固螺栓或清除氧化层和污垢后再拧紧。

(3)接地体露出地面。把接地体深埋，并填土覆盖、夯实。

(4)遗漏接地或接错位置。在检修中应重新安装时，应补接好或改正接线错误。

(5)接地线有机械损伤、断股或化学腐蚀现象。应更换截面积较大的镀锌或镀铜接地线，或在土壤中加入中和剂。

(6)连接点松散或脱落。发现后应及时紧固或重新连接。

90. 接地电阻值不合格原因有哪些？

答：(1)接地装置焊接处开焊脱落。

(2)接地线与电气设备连接处、接地网连接螺栓松动或接触不良。

(3)接地线机械损伤，断线断股及严重腐蚀(截面积小于30%时)。

(4)接地体被雨水冲刷或动土挖掘露出地面。

(5)对于含有重酸、碱、盐和金属矿盐等化学成分的土壤地带，应定期对接地装置的地下500 mm以上部位挖开地面进行检查，观察接地体的腐蚀程度。

(6)检查分析所测量的接地电阻值变化情况是否符合要求，并在土壤电阻率最大时进行测量，做好记录，便于分析比较。

(7)设备检修后，接地线未拉牢固或接地支线和接地干线之间连接不牢固。

91. 电能表与互感器的合成倍率如何计算？

答：当线路配备的电压互感器与电流互感器的比率与电能表铭牌不同时，可用下式计算合成倍率(或称实用倍率)K：

$$K=\frac{K_{TA}K_{TV}K_{Tj}}{K_{TAe}K_{TVe}}$$

式中　K_{TA}、K_{TV}——实际使用的电流互感器和电压互感器的变比；

K_{TAe}、K_{TVe}——电能表铭牌上规定的电流互感器和电压互感器的变比；

K_{Tj}——计能器倍率，即读数盘方框上的倍数。

对于经万用互感器接入和直接接入的电能表，因其铭牌上没有标注电流、电压互感器的额定变比，则$K_{TAe}=K_{TVe}=1$。没有标注计能器倍率的电能表，其$K_{Tj}=1$。

92. 跳闸位置继电器与合闸位置继电器有什么作用？

答：(1)可以表示断路器的跳、合闸位置如果是分相操作的，还可以表示分相的跳、合闸信号。

(2)可以表示断路器位置的不对应或表示该断路器是否在非全相运行状态。

(3)可以由跳闸位置继电器的某相的触点去启动重合闸回路。

(4)在三相跳闸时去高频保护停信。

(5)在单相重合闸方式时,闭锁三相重合闸。

(6)发出控制回路断线信号和事故音响信号。

93. 在六氟化硫(SF_6)电气设备上工作有哪些注意事项?

答:(1)在室内,设备充装 SF_6 气体时,周围环境相对湿度应不大于 80%,同时应开启通风系统,并避免 SF_6 气体泄漏到工作区。工作区空气中 SF_6 气体含量不得超过 1 000 μL/L。

(2)工作人员进入 SF_6 配电装置室,入口处若无 SF_6 气体含量显示器,应先通风 15 min,并用检漏仪测量 SF_6 气体含量合格。尽量避免一人进入 SF_6 配电装置室进行巡视,不准一人进入从事检修工作。工作人员不准在 SF_6 设备防爆膜附近停留。若在巡视中发现异常情况,应立即报告,查明原因,采取有效措施进行处理。进入 SF_6 配电装置低位区或电缆沟进行工作应先检测含氧量(不低于 18%)和 SF_6 气体含量是否合格。在变、配电所内禁止进行 SF_6 配电装置的气箱解体作业。

(3)设备内的 SF_6 气体不准向大气排放,应采取净化装置回收,经处理检测合格后方准再使用,回收时作业人员应站在上风侧。从 SF_6 气体钢瓶引出气体时,应使用减压阀降压。当瓶内压力降至 9.8×10^4 Pa(1 个大气压)时,即停止引出气体,并关紧气瓶阀门,盖上瓶帽。

(4)SF_6 配电装置发生大量泄漏等紧急情况时,人员应迅速撤出现场,开启所有排风机进行排风。未佩戴防毒面具或正压式空气呼吸器人员禁止入内。只有经过充分的自然排风或强制排风,并用检漏仪测量 SF_6 气体合格,用仪器检测含氧量(不低于 18%)合格后,人员才准进入。发生设备防爆膜破裂时,应停电处理,并用汽油或丙酮擦拭干净。

(5)进行气体采样和处理一般渗漏时,要戴防毒面具或正压式空气呼吸器并进行通风。SF_6 断路器(开关)进行操作时,禁止检修人员在其外壳上进行工作。对 SF_6 进行充、放气及泄漏处理后,作业人员应洗澡,把用过的工器具、防护用具清洗干净。

(6)SF_6 气瓶应放置在阴凉干燥、通风良好、敞开的专门场所,直立保存,并应远离热源和油污的地方,防潮、防阳光暴晒,并不得有水分或油污粘在阀门上。搬运时,应轻装轻卸。

94. 万用表由哪几部分组成?试画出简单测量原理图。

答:万用表主要由表头(测量机构)、测量线路和转换开关组成。

(1)表头:通常采用高灵敏度的磁电系测量机构,它的满刻度偏转电流一般为几微安到几百微安。满刻度偏转电流越小,则灵敏度越高,表头的内阻也就越大。

(2)测量线路:一般万用表的测量线路由多量程直流电流表、多量程直流电压表、多量程交流电压表、多量程交流电流表、多量程欧姆表组成。

(3)转换开关:万用表各种测量种类及量程的选择是靠转换开关来实现的。转换开关里有固定接触点和活动接触点。当固定接触点和活动接触点闭合时,可以接通电路。

万用表的简单测量原理如图 5-10 所示。

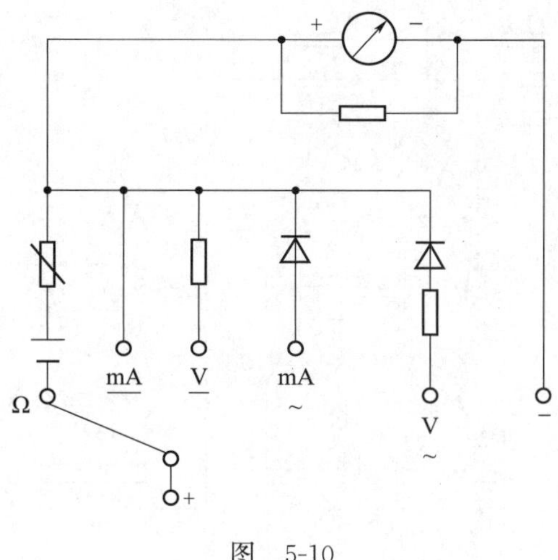

图　5-10

95. 根据图 5-11 给出的元件绘制出三相异步电动机Y-△启动原理图，并完成实物连接。

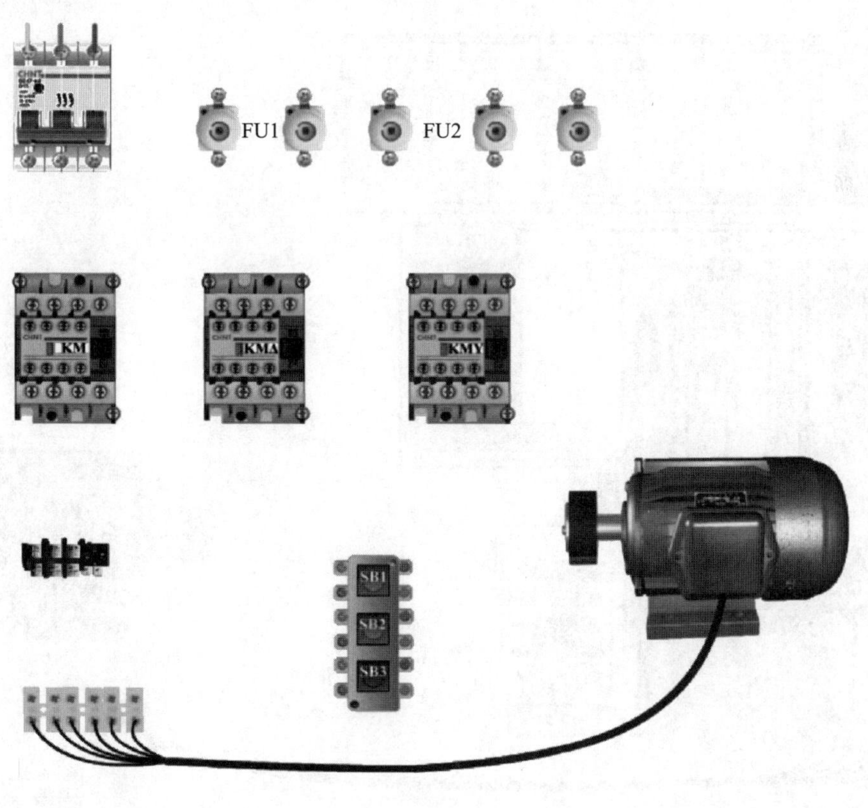

图　5-11

答:三相异步电动机 Y-△启动原理如图 5-12 所示,实物连接如图 5-13 所示。

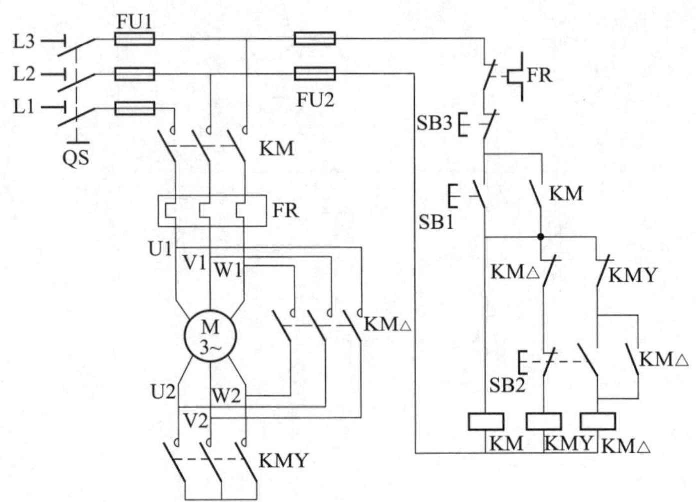

图 5-12

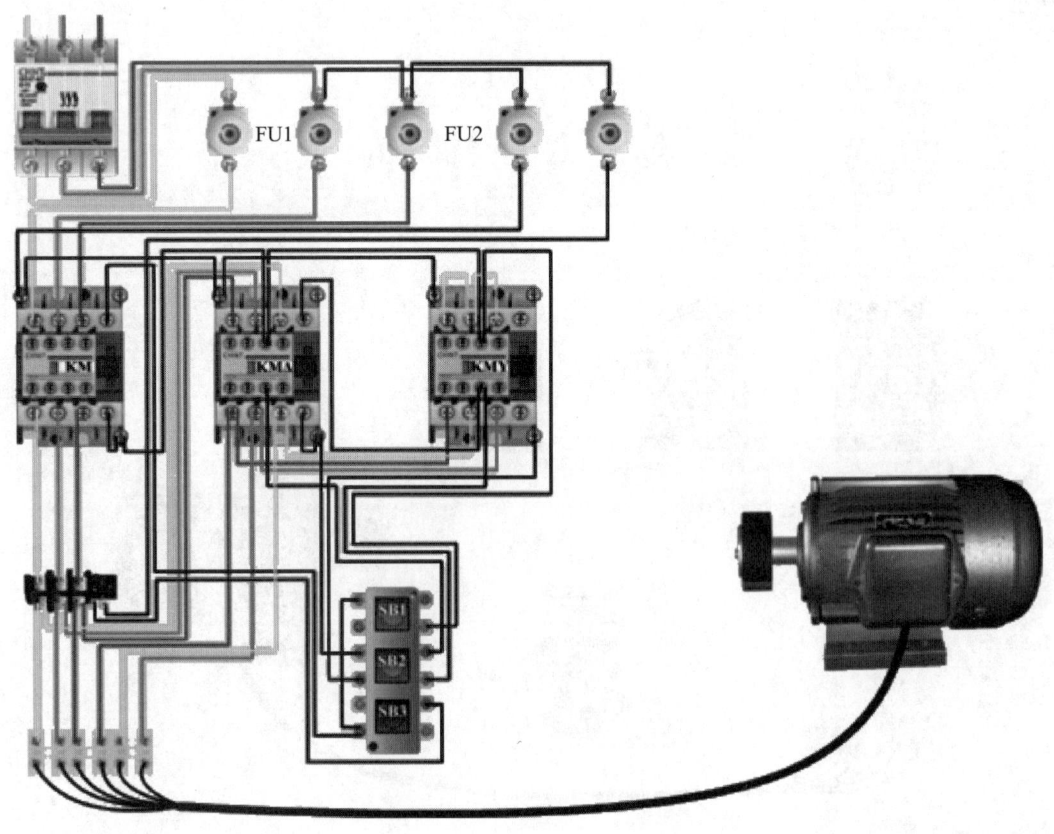

图 5-13

96. 图 5-14 中表头电流 i_0 为 1 mA，内阻 r_0 为 990 Ω，各量限电流 I_1、I_2、I_3、I_4 分别为 1 000 mA、250 mA、50 mA 和 10 mA，求分流电阻 r_1、r_2、r_3 和 r_4 的值。

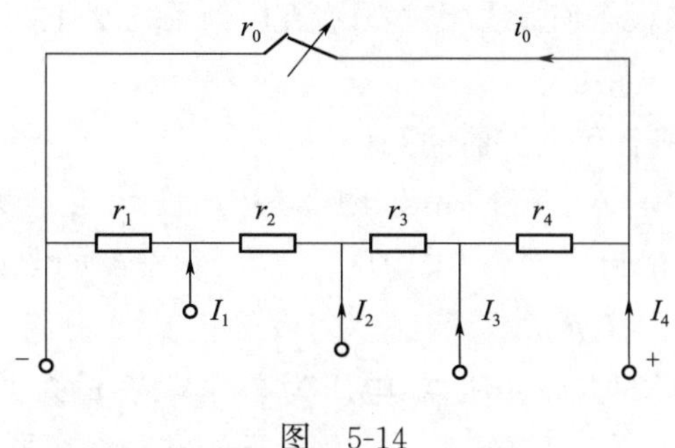

图　5-14

答：

$$(I_4-i_0)(r_1+r_2+r_3+r_4)=i_0r_0$$

故

$$r_1+r_2+r_3+r_4=\frac{i_0r_0}{I_4-i_0}$$

得到

$$r_1+r_2+r_3+r_4=110(\Omega)$$

因为在分流电路中，任何一个量限的电流值与该量限下分流电阻的乘积都是相等的，即

$$I_1r_1=I_2(r_1+r_2)=I_3(r_1+r_2+r_3)=I_4(r_1+r_2+r_3+r_4)=1.1(\text{V})$$

最大量限(1 000 mA)时的分流电阻为

$$R_1=r_1=\frac{1.1}{I_1}=\frac{1.1}{1}=1.1(\Omega)$$

250 mA 量限时的分流电阻为

$$R_2=r_1+r_2=\frac{1.1}{I_2}=\frac{1.1}{0.25}=4.4(\Omega)$$

50 mA 量限时的分流电阻为

$$R_3=r_1+r_2+r_3=\frac{1.1}{I_3}=\frac{1.1}{0.05}=22(\Omega)$$

最低量限(10 mA)时的分流电阻为

$$R_4=r_1+r_2+r_3+r_4=\frac{1.1}{I_4}=\frac{1.1}{0.01}=110(\Omega)$$

故可解得：$r_1=1.1\ \Omega$、$r_2=3.3\ \Omega$、$r_3=17.6\ \Omega$、$r_4=88\ \Omega$。

97. 隔离开关的作用是什么？

答：隔离开关不允许带负荷操作，在电力系统中隔离开关的主要作用是：

(1)起电隔离作用：因为其分闸后有明显可见的断开点，可用于将电气设备与带电设备隔开，满足无电区域内设备的检修和试验要求。

(2)改变运行方式:在多母线的电路中,可用隔离开关将设备或供电线路从一组母线倒换到另一组母线上;在系统中的变压器中性线上装设隔离开关,也可利用隔离开关的合闸或分闸来改变系统运行方式(当中性点上装设有消弧线圈时,只有在电力系统没有接地故障时才可进行操作)。

(3)接通和切除小电流电路:

①投入和退出电压互感器和避雷器回路。

②接通和断开电压为 10 kV、长 5 km 以内,35 kV、长 10 km 以内的空载输电线路。

③开、合只有电容电流的母线设备,电容电流不大于 5 A 的空载线路,但当电压在 20 kV 及以上时,应使用户外三联隔离开关。

④投入和退出一定容量的空载变压器:电压为 35 kV、容量为 1 000 kV·A 及以下的空载变压器,电压为 110 kV、容量为 3 200 kV·A 及以下的空载变压器。

⑤开、合电压为 10 kV 及以下,电流在 70 A 以下的环路均衡电流;用户外三联隔离开关允许直接开、合电压为 10 kV 及以下电流在 15 A 以下的负荷。

98. 简述调压器的感应耐受电压试验方法。

答:(1)将调压器的输出电压调到最大值位置,在其输入绕组的端子上施加交流电压,使其波形应尽可能接近于正弦波。

(2)为防止试验时励磁电流过大,试验电压的频率应适当大于额定频率或近似于 2 倍额定频率,试验电压值应与试验电压的频率成正比,但不应超过额定外施耐受电压(方均根值)。

(3)试验电压值应为测量电压的峰值除以$\sqrt{2}$(方均根值)。

(4)试验应从不大于规定试验电压的 1/3 开始,并应与测量相配合尽快地增加到规定试验电压。到达试验时间后,应将电压迅速降低到规定试验电压的 1/3 以下,然后再切断电源。

(5)当试验电压的频率等于或小于 2 倍额定频率时,施加规定试验电压值的时间应为 60 s。

(6)当试验电压的频率 f 超过 2 倍额定频率 f_N 时,试验时间 T 为 $T=\frac{120f_N}{f}$,但不少于 15 s。

(7)如果试验电压和电流不发生突然变化,则认为感应耐受电压试验合格。

99. 图 5-15 为某高速铁路配电所一级(综合)贯通馈出柜断路器控制回路原理图,请简述保护误动故障查找与处理方法。

答:(1)原因分析:

①保护装置内部开出板上保护合闸出口继电器 HCJ1、保护合闸保持继电器 HCJ4,故障导致保护误动合闸。

②当断路器在分位时,控制回路中出现正极接地(假设+KM 接地)时,有两种情况会造成保护误合闸。

断路器弹簧储能电机
已储能指示灯
合闸闭锁
控制电源
重合闸
遥控合闸
手动合闸
保护合闸
遥控分闸
手动分闸
带电显示装置辅助电源
FB10-2.4E
FB30-2.4A
FB10-2.3E
FB10-2.3E
FB10-2.4E
FB30-2.4F
就地 远方
分闸 正常 合闸
SS31
AR50
XLP1
XLP2
PU
1+1 A1
1-1 A2
KC3
PY
MS
BS1
QB

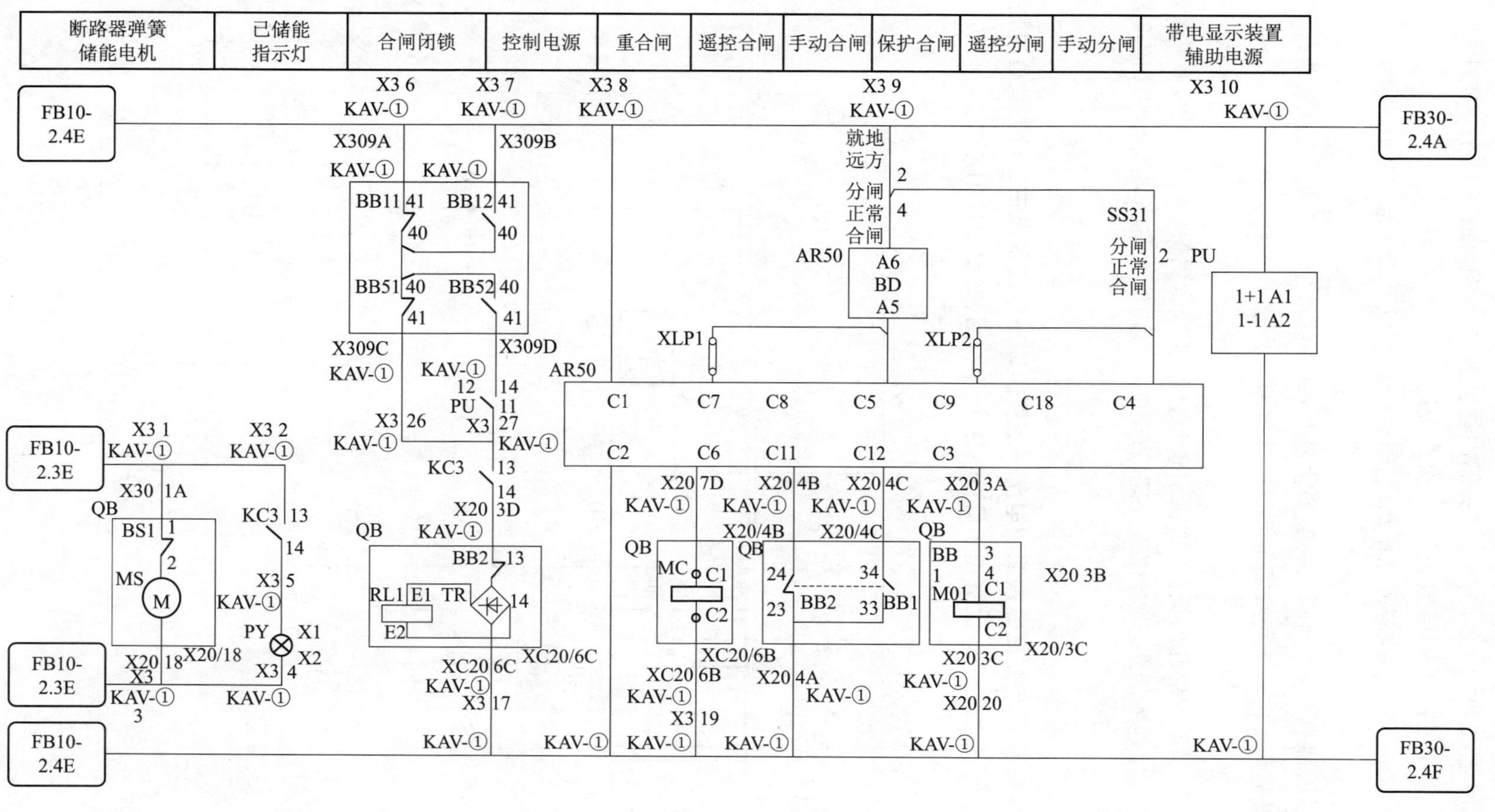

图 5-15

a. 高压柜内端子排上 X20/7D 端子→保护装置上 C6 接线端子之间的二次线接地；

b. 保护装置上 C7→C5 接线端子间二次线接地。

③当断路器在合位时，控制回路中出现正极接地(假设＋KM 接地)，有两种情况会造成保护误分闸。

a. 高压柜内端子排上 X20/3A→保护装置上 C3 接线端子之间的二次线接地；

b. 保护装置上 C9→C4 接线端子间二次线接地。

(2)处理方法：

①更换保护装置内部开出板上继电器 HCJ1、HCJ4 或者更换保护开出板，并做传动试验。

②排查可能接地的线路，进行检查处理，直至微机直流绝缘监测装置上的接地报警信息消除后做传动试验。

100. 图 5-16 所示为某高速铁路配电所一级贯通馈出断路器及三工位开关位置信号回路，请分析高压柜上"三工位开关位置指示灯"PN21 不亮原因，并给出处理方法。

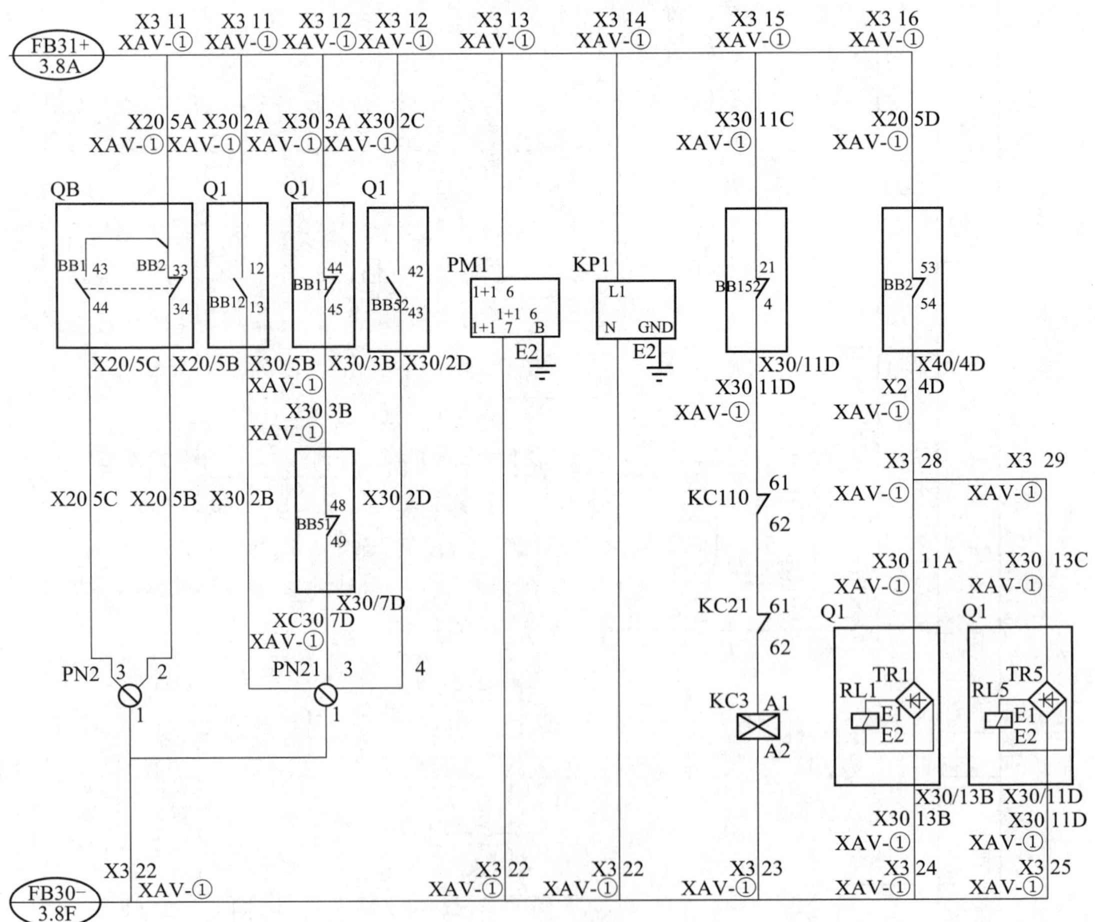

图 5-16

答:(1)高压柜上"三工位开关位置指示灯"PN21 不亮的主要原因:

①高压柜内的 KM 空气开关 FB30 脱扣。

②三工位开关的辅助开关 BB11、BB12、BB51、BB52 有故障。

③高压柜内端子排 X3-11→X30/2A 间二次线接触不良。

④高压柜内端子排 X3-12→X30/3A 间二次线接触不良。

⑤高压柜内端子排 X3-12→X30/2C 间二次线接触不良。

⑥高压柜内端子排 X30/2B→"三工位开关位置指示灯"PN21 的两端子间二次线接触不良;高压柜内端子排 X30/2D→"三工位开关位置指示灯"PN21 的四端子间二次线接触不良;高压柜内端子排 X30/3B→X30/7C→X30/7D"三工位开关位置指示灯"PN21 的三端子间二次线接触不良。

⑦"三工位开关位置指示灯"PN21 的 1 端子至高压柜内端子排 X3-22 间二次线接触不良。

⑧"三工位开关位置指示灯"PN21 故障。

(2)处理方法:合上高压柜内的 KM 空气开关 FB30,用电位法依次测量查找进行处理,更换"三工位开关位置指示灯"PN21。

S1 电动机正反转联动控制

一、考场准备

牵引变电所实训场,电动机 1 台。要求场地整洁,隔离措施良好,无安全隐患。

二、工具材料准备

序　号	名　称	单　位	数　量	序　号	名　称	单　位	数　量
1	安全帽	顶	1	5	交流接触器	个	2
2	空气开关	个	1	6	热继电器	个	1
3	熔断器	个	5	7	A4 纸	张	1
4	按钮开关	个	1	8	导线	m	若干

三、考核要求

1. 被认定人进入考场后,首先由考评员告知题目,其次由被认定人检查准备工具,确认考核内容,当被认定人告知考评员可以开始时,考评员开始计时。

2. 被认定人工具材料检查准备时间 10 min,考核时间为 50 min。

3. 考核过程中出现较重的人身伤害或发生不安全因素不能继续作业,考评员及时终止其考试,考生该试题成绩记为零分。

4. 考核完毕后,被认定人在评分表上签字确认。

四、考核评分

1. 考评人数:3 名以上考评员。

2. 评分程序及规则:考评员根据被认定人操作情况对照计分标准在评分表上给予记录评分。

3. 算分方法:采用百分制,满分为 100 分,60 分及以上为及格。

五、铁道行业职业技能认定钳工(供电)高级技师实作考核评分记录表

单位:________　姓名:________　性别:________　准考证号:________　工种:________　级别:________

试题名称:电动机正反转联动控制

考核时间:50 min

操作开始时间:____时____分　　操作结束时间:____时____分

项　目	标准及要求	标准分	评分标准	扣分因素及扣分	得分
准备工作 10 分	1. 按规定着装(戴安全帽、戴手套,带上安全合格证)	5	着装不符合要求每处扣 2 分		
	2. 材料选择正确	5	选择错误或漏选,每样扣 5 分,少选扣 5 分		

续上表

项　目	标准及要求	标准分	评分标准	扣分因素及扣分	得分
技术质量标准及操作程序70分	1. 画出电动机正反转联动控制原理图	20	要求图面整齐、美观，不符合要求扣5分；绘图错误扣20分		
	2. 根据所画的图正确接线，要求布局合理，接线无松动，导线横平竖直	30	接线不正确每处扣10分；接线松动每处扣5分；导线凌乱，不横平竖直，扣5分		
	3. 试验，实现电动机正反转联动控制	20	不能实现电动机正反转联动控制，扣20分		
安全及其他事项20分	安全情况良好，无违章，无不安全因素	20	摔、扔仪表扣5分，未检查接线试验扣10分，其他违章每次扣5分		
考核时间	规定时间50 min	—	规定时间内未完成，计考试不合格		
合计		100			

考评员签名：　　　　被认定人：　　　　年　　月　　日

正确接线如图5-17所示，电动机正反转联动控制原理如图5-18所示。

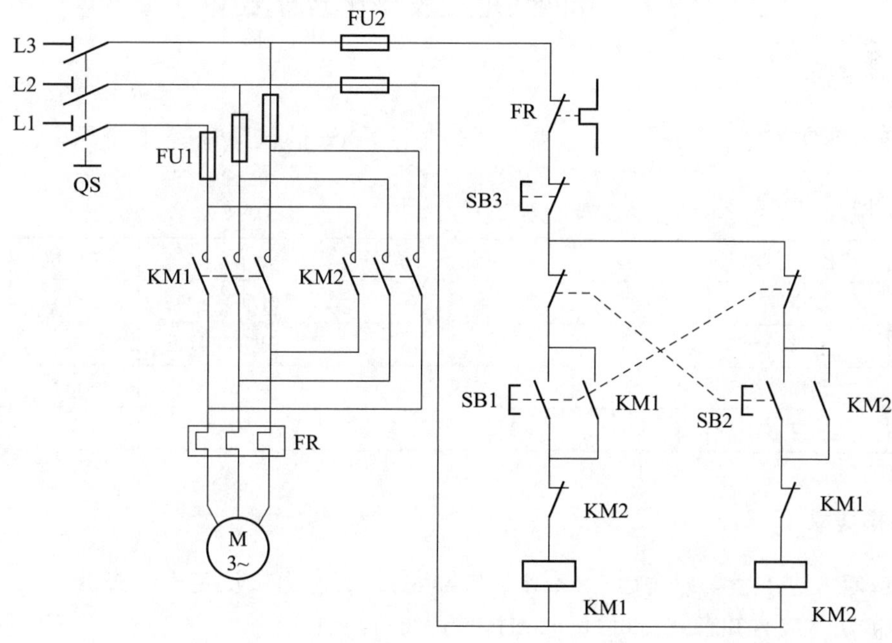

图　5-17

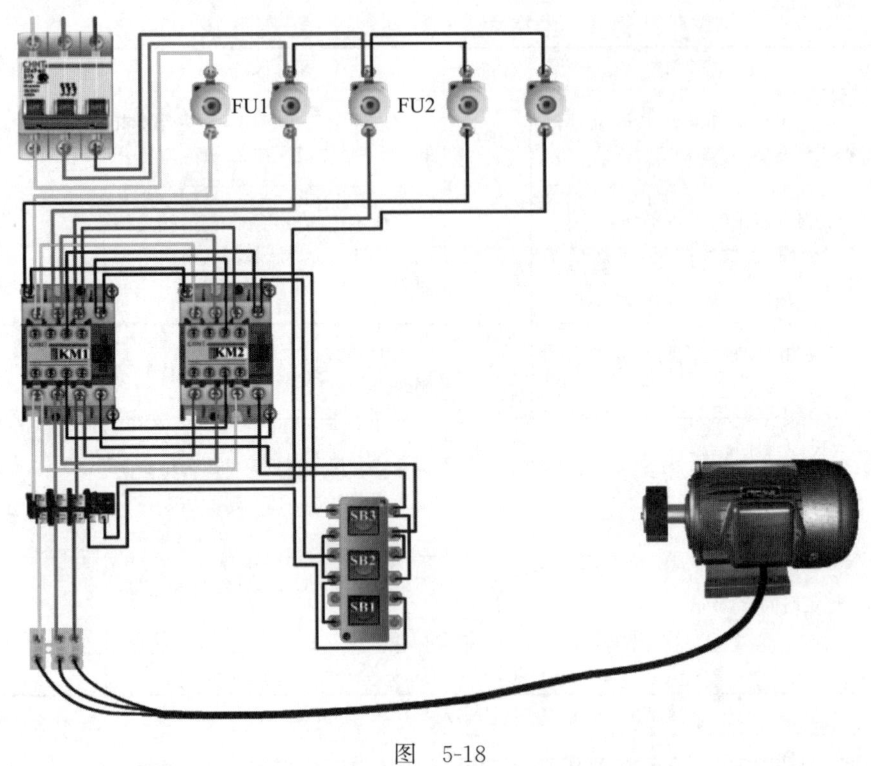

图 5-18

S2 三相四线电度表经互感器接线

一、考场准备

牵引变电所实训场,工作台 1 张。要求场地整洁,隔离措施良好,无安全隐患。

二、工具材料准备

序 号	名 称	单 位	数 量	序 号	名 称	单 位	数 量
1	安全帽	顶	1	5	三相四线电度表	个	1
2	空气开关	个	1	6	电工工具	套	1
3	熔断器	个	3	7	导线	m	若干
4	电流互感器	个	3				

三、考核要求

1. 被认定人进入考场后,首先由考评员告知题目,其次由被认定人检查准备工具,确认考核内容,当被认定人告知考评员可以开始时,考评员开始计时。

2. 被认定人工具材料检查准备时间 10 min,考核时间为 50 min。

3. 考核过程中出现较重的人身伤害或发生不安全因素不能继续作业,考评员及时终止其考试,考生该试题成绩记为零分。

4. 考核完毕后，被认定人在评分表上签字确认。

四、考核评分

1. 考评人数：3 名以上考评员。
2. 评分程序及规则：考评员根据被认定人操作情况对照计分标准在评分表上给予记录评分。
3. 算分方法：采用百分制，满分为 100 分，60 分及以上为及格。

五、铁道行业职业技能认定钳工（供电）高级技师实作考核评分记录表

单位：_______ 姓名：_______ 性别：_______ 准考证号：_______ 工种：_______ 级别：_______

试题名称：三相四线电度表经互感器接线

考核时间：50 min

操作开始时间：___时___分　　　　操作结束时间：___时___分

项　目	标准及要求	标准分	评分标准	扣分因素及扣分	得分
准备工作 10 分	1. 按规定着装（戴安全帽、戴手套，带上安全合格证）	5	着装不符合要求每处扣 2 分		
	2. 材料选择正确	5	选择错误或漏选，每样扣 5 分，少选扣 5 分		
技术质量标准及操作程序 70 分	1. 正确绘制接线图	20	要求图面整齐、美观，不符合要求扣 5 分；绘图错误扣 20 分		
	2. 电流互感器极性判断正确	15	判断错误每个扣 5 分		
	3. 正确接线，要求布局合理，接线无松动，导线横平竖直	35	接线不正确每处扣 10 分；接线松动每处扣 5 分；导线凌乱，不横平竖直，扣 5 分		
安全及其他事项 20 分	安全情况良好，无违章，无不安全因素	20	摔、扔仪表扣 5 分，其他违章每次扣 2 分		
考核时间	规定时间 50 min	—	规定时间内未完成，计考试不合格		
合计		100			

考评员签名：　　　　　　　被认定人：　　　　　　　年　　月　　日

正确接线答案如图 5-19 所示。

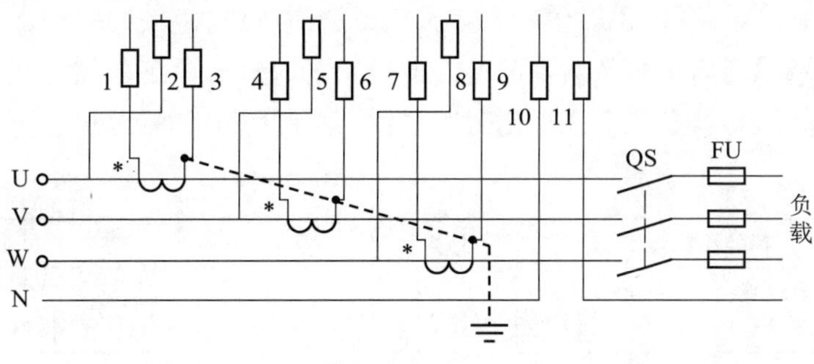

图　5-19

S3　电流互感器烧损处理

一、考场准备

牵引变电所实训场。要求场地整洁,隔离措施良好,无安全隐患。

二、工具材料准备

序　号	名　　称	单　位	数　量	序　号	名　　称	单　位	数　量
1	安全帽	顶	1	4	电力复合脂	瓶	1
2	10 kV 电流互感器	台	1	5	标示牌	套	1
3	电工工具	套	1	6	遮栏	套	1

三、考核要求

1. 被认定人进入考场后,首先由考评员告知题目,其次由被认定人检查准备工具,确认考核内容,当被认定人告知考评员可以开始时,考评员开始计时。

2. 被认定人工具材料检查准备时间 10 min,考核时间为 50 min。

3. 考核过程中出现较重的人身伤害或发生不安全因素不能继续作业,考评员及时终止其考试,考生该试题成绩记为零分。

4. 考核完毕后,被认定人在评分表上签字确认。

四、考核评分

1. 考评人数:3 名以上考评员。

2. 评分程序及规则:考评员根据被认定人操作情况对照计分标准在评分表上给予记录评分。

3. 算分方法:采用百分制,满分为 100 分,60 分及以上为及格。

五、铁道行业职业技能认定钳工(供电)高级技师实作考核评分记录表

单位:________　姓名:________　性别:________　准考证号:________　工种:________　级别:________

试题名称:电流互感器烧损处理

考核时间:50 min

操作开始时间:___时___分　　　　　　　　　　操作结束时间:___时___分

项　目	标准及要求	标准分	评分标准	扣分因素及扣分	得分
准备工作 10 分	1. 按规定着装(戴安全帽、戴手套,带上安全合格证)	5	着装不符合要求每处扣 2 分		
	2. 材料选择正确	5	选择错误或漏选扣 5 分		

续上表

项　目	标准及要求	标准分	评分标准	扣分因素及扣分	得分
技术质量标准及操作程序70分	1. 检查新互感器情况，瓷质部分外观清洁、完整无破损	5	未检查外观扣5分，有缺陷未发现扣2分		
	2. 核对新旧互感器型号、变比、极性、电压等级、伏安特性等应相同一致	5	不检查更换的电流互感器的规格型号，如变比、极性、准确度、电压、伏安特性等，每项扣1分		
	3. 检查原互感器已停电，两侧隔离开关已断开	10	不检查是否停电扣5分，不检查待更换互感器的开关两侧隔离开关是否已断开扣5分		
	4. 设置遮栏、标示牌	5	未设置遮栏扣3分，未悬挂标示牌扣2分		
	5. 检查二次接线标记是否齐全，先拆二次接线，再拆卸一次接线(硬线)引流线	10	不会拆卸烧损互感器扣5分；不先拆二次接线，不检查二次接线有无标记扣2分；拆卸一次接线(硬线)引流线时，损伤接触面扣3分		
	6. 安装新互感器，要求安装位置与原来一致、不倾斜，同一种类型、同一电压等级的，并列安装在同一表平面上，中心线和极性方向一致，二次接线正确；固定牢固，螺栓紧扣；接线完整、正确，外壳接地，暂不使用的二次绕组短路接地	30	电流互感器固定不牢固，螺栓不紧扣2分，安装位置与原来不一样或倾斜扣3分，一次接线和设备线夹未接扣5分，一次接线和设备线夹、硬母线引流线处不涂电力复合脂或氧化膜不处理扣5分，保护接线及仪表回路接反扣5分，少接一个回路扣5分，开路扣5分		
	7. 可靠接地，二次无开路，备用二次短路并接地	5	互感器外壳无接地线扣2分，暂不使用的二次绕组未短路接地扣3分		
安全及其他事项20分	安全情况良好，无违章，无不安全因素	20	摔、扔仪表扣5分，其他违章每次扣2分		
考核时间	规定时间50 min	—	规定时间内未完成，计考试不合格		
合计		100			

考评员签名：　　　　被认定人：　　　　年　　月　　日

S4　双绞线交叉线及网络对等设置

一、考场准备

牵引变电所实训场，工作台1张。要求场地整洁，隔离措施良好，无安全隐患。

二、工具材料准备

序　号	名　称	单　位	数　量	序　号	名　称	单　位	数　量
1	安全帽	顶	1	4	网络测试仪	个	1
2	电脑	台	2	5	网线钳	把	1
3	电工工具	套	1	6	网线	m	5

三、考核要求

1. 被认定人进入考场后,首先由考评员告知题目,其次由被认定人检查准备工具,确认考核内容,当被认定人告知考评员可以开始时,考评员开始计时。

2. 被认定人工具材料检查准备时间 10 min,考核时间为 50 min。

3. 考核过程中出现较重的人身伤害或发生不安全因素不能继续作业,考评员及时终止其考试,考生该试题成绩记为零分。

4. 考核完毕后,被认定人在评分表上签字确认。

四、考核评分

1. 考评人数:3 名以上考评员。

2. 评分程序及规则:考评员根据被认定人操作情况对照计分标准在评分表上给予记录评分。

3. 算分方法:采用百分制,满分为 100 分,60 分及以上为及格。

五、铁道行业职业技能认定钳工(供电)高级技师实作考核评分记录表

单位:________ 姓名:________ 性别:________ 准考证号:________ 工种:________ 级别:________

试题名称:双绞线交叉线及网络对等设置

考核时间:50 min

操作开始时间:____时____分　　　　操作结束时间:____时____分

项　目	标准及要求	标准分	评分标准	扣分因素及扣分	得分
准备工作 10 分	1. 按规定着装(戴安全帽、戴手套,带上安全合格证)	5	着装不符合要求每处扣 2 分		
	2. 材料选择正确	5	选择错误或漏选扣 5 分		
技术质量标准及操作程序 70 分	1. 交叉线制作,网线的一端为 T568A 标准,另一端为 T568B 标准,要求按国际标准线序排好并理直网线,水晶头从前端检视线芯完全推至前端,双绞线在水晶头外无裸露,一次压接到位	20	未采用 T568 扣 5 分,水晶头一次压接不到位扣 5 分,双绞线在水晶头外裸露扣 5 分,线芯未完全推至前端扣 5 分		
	2. 测线仪测试接线成功	10	测试不成功扣 10 分		

续上表

项　目	标准及要求	标准分	评分标准	扣分因素及扣分	得分
技术质量标准及操作程序70分	3. 对等网设置，指定两台电脑IP地址：选择192.168.0.1～192.168.0.254之间任何值作为IP地址，地址不得重复；设置每台电脑的子网掩码为255.255.255.0；设置每台电脑网关一样；设置要访问电脑的硬盘为共享	40	IP地址不会设置扣40分，IP地址重复扣10分，子网掩码未设置或设置错误扣10分，网关未设置或设置错误扣10分，未设置电脑硬盘共享扣10分		
安全及其他事项20分	安全情况良好，无违章，无不安全因素	20	摔、扔仪表扣5分，其他违章每次扣2分，未清理现场扣5分		
考核时间	规定时间50 min	—	规定时间内未完成，计考试不合格		
合计		100			

考评员签名：　　　　　　　　　　被认定人：　　　　　　　　　　年　　月　　日

S5　后台监控系统通信中断故障处理

一、考场准备

10 kV配电实训场地，具有后台监控系统。要求场地整洁，隔离措施良好，无安全隐患。

二、工具材料准备

序　号	名　称	单　位	数　量	序　号	名　称	单　位	数　量
1	安全帽	顶	1	2	电工工具	套	1

三、考核要求

1. 被认定人进入考场后，首先由考评员告知题目，其次由被认定人检查准备工具，确认考核内容，当被认定人告知考评员可以开始时，考评员开始计时。

2. 被认定人工具材料检查准备时间10 min，考核时间为50 min。

3. 考核过程中出现较重的人身伤害或发生不安全因素不能继续作业，考评员及时终止其考试，考生该试题成绩记为零分。

4. 考核完毕后，被认定人在评分表上签字确认。

四、考核评分

1. 考评人数：3名以上考评员。

2. 评分程序及规则：考评员根据被认定人操作情况对照计分标准在评分表上给予记录评分。

3. 算分方法:采用百分制,满分为 100 分,60 分及以上为及格。

五、铁道行业职业技能认定钳工(供电)高级技师实作考核评分记录表

单位:________ 姓名:________ 性别:________ 准考证号:________ 工种:________ 级别:________

试题名称:后台监控系统通信中断故障处理

考核时间:50 min

操作开始时间:____时____分　　　　操作结束时间:____时____分

项目	标准及要求	标准分	评分标准	扣分因素及扣分	得分
准备工作 10 分	1. 按规定着装(戴安全帽、戴手套,带上安全合格证)	5	着装不符合要求每处扣 2 分		
	2. 材料选择正确	5	选择错误或漏选扣 5 分		
技术质量标准及操作程序 70 分	1. 故障查找前确认各保护单元工作正常、后台机网络连接设置正确	20	没有确认,每漏一项扣 5 分		
	2. 故障查找按依次断开集线器(交换机)电源开关、485 通信模块电源开关、通信前置机电源开关的顺序进行查找	30	在故障未消失前,漏查一项扣 5 分		
	3. 找出硬件的故障点	10	未找出扣 10 分		
	4. 处理找出硬件的故障点	10	不会处理或处理不成功扣 10 分		
安全及其他事项 20 分	安全情况良好,无违章,无不安全因素	20	摔、扔仪表扣 5 分,其他违章每次扣 2 分,未清理现场扣 5 分		
考核时间	规定时间 50 min	—	规定时间内未完成,计考试不合格		
合计		100			

考评员签名:　　　　被认定人:　　　　年　月　日

S6　保护单元主板更换

一、考场准备

10 kV 配电实训场地。要求场地整洁,隔离措施良好,无安全隐患。

二、工具材料准备

序号	名称	单位	数量	序号	名称	单位	数量
1	安全帽	顶	1	3	保护单元主板	块	1
2	电工工具	套	1				

三、考核要求

1. 被认定人进入考场后，首先由考评员告知题目，其次由被认定人检查准备工具，确认考核内容，当被认定人告知考评员可以开始时，考评员开始计时。

2. 被认定人工具材料检查准备时间 10 min，考核时间为 50 min。

3. 考核过程中出现较重的人身伤害或发生不安全因素不能继续作业，考评员及时终止其考试，考生该试题成绩记为零分。

4. 考核完毕后，被认定人在评分表上签字确认。

四、考核评分

1. 考评人数：3 名以上考评员。

2. 评分程序及规则：考评员根据被认定人操作情况对照计分标准在评分表上给予记录评分。

3. 算分方法：采用百分制，满分为 100 分，60 分及以上为及格。

五、铁道行业职业技能认定钳工(供电)高级技师实作考核评分记录表

单位：_______　姓名：_______　性别：_______　准考证号：_______　工种：_______　级别：_______

试题名称：保护单元主板更换

考核时间：50 min

操作开始时间：___时___分　　　　　操作结束时间：___时___分

项　目	标准及要求	标准分	评分标准	扣分因素及扣分	得分
准备工作 10 分	1. 按规定着装(戴安全帽、戴手套，带上安全合格证)	5	着装不符合要求每处扣 2 分		
	2. 材料选择正确	5	选择错误或漏选扣 5 分		
技术质量标准及操作程序 70 分	1. 填写倒闸作业票	5	错、漏一处扣 1 分		
	2. 实际倒闸操作中按倒闸作业票程序进行	10	不符合要求每项扣 2 分		
	3. 确认保护单元工作电源、控制电源已断开	10	未确认扣 10 分		
	4. 确认新主板和旧主板型号及规格是否一致	10	未确认扣 10 分		
	5. 在更换前，操作人进行身体静电荷释放	10	未释放扣 10 分		
	6. 更换后主板应插牢，无虚接现象	5	不符合要求扣 5 分		
	7. 更换后主板，应进行 IP 地址(装置标识)重新设置	10	未设置扣 5 分，不符合要求扣 5 分		
	8. 送电后确认更换的保护单元符合要求；在电脑或仪表上确认和电流有关的参数是否正常	10	不符合要求扣 5 分，未确认扣 5 分		

续上表

项　目	标准及要求	标准分	评分标准	扣分因素及扣分	得分
安全及其他事项20分	安全情况良好,无违章,无不安全因素	20	摔、扔仪表扣5分,其他违章每次扣2分,未清理现场扣5分		
考核时间	规定时间50 min	—	规定时间内未完成,计考试不合格		
合计		100			

考评员签名:　　　　被认定人:　　　　年　　月　　日

S7　控制母线熔断器熔断故障查找

一、考场准备

10 kV配电实训场地,设置控制母线熔断器熔断。要求场地整洁,隔离措施良好,无安全隐患。

二、工具材料准备

序　号	名　称	单　位	数　量	序　号	名　称	单　位	数　量
1	安全帽	顶	1	3	万用表	块	1
2	电工工具	套	1				

三、考核要求

1. 被认定人进入考场后,首先由考评员告知题目,其次由被认定人检查准备工具,确认考核内容,当被认定人告知考评员可以开始时,考评员开始计时。

2. 被认定人工具材料检查准备时间10 min,考核时间为50 min。

3. 考核过程中出现较重的人身伤害或发生不安全因素不能继续作业,考评员及时终止其考试,考生该试题成绩记为零分。

4. 考核完毕后,被认定人在评分表上签字确认。

四、考核评分

1. 考评人数:3名以上考评员。

2. 评分程序及规则:考评员根据被认定人操作情况对照计分标准在评分表上给予记录评分。

3. 算分方法:采用百分制,满分为100分,60分及以上为及格。

五、铁道行业职业技能认定钳工(供电)高级技师实作考核评分记录表

单位：________　姓名：________　性别：________　准考证号：________　工种：________　级别：________

试题名称：控制母线熔断器熔断故障查找

考核时间：50 min

操作开始时间：____时____分　　　　　　　　操作结束时间：____时____分

项　目	标准及要求	标准分	评分标准	扣分因素及扣分	得分
准备工作 10 分	1. 按规定着装(戴安全帽、戴手套,带上安全合格证)	5	着装不符合要求每处扣 2 分		
	2. 材料选择正确	5	选择错误或漏选扣 5 分		
技术质量标准及操作程序 70 分	1. 检查万用表的状态良好并对其进行机械调零	10	未检查状态扣 5 分,未进行调零扣 5 分		
	2. 选择万用表的直流电压 250 V 挡	10	选择错误扣 10 分		
	3. 分别测量＋KM、－KM 熔断器两端对地电压,电源极性要与万用表表笔对应	20	不会测量扣 10 分,极性错误扣 10 分		
	4. 如果＋KM 对地为负电压,则＋KM 熔断器熔断;如果－KM 对地为正电压,则－KM 熔断器熔断	30	判断错误每处扣 10 分,仪表损坏扣 10 分		
安全及其他事项 20 分	安全情况良好,无违章,无不安全因素	20	摔、扔仪表扣 5 分,其他违章每次扣 2 分,未清理现场扣 5 分		
考核时间	规定时间 50 min	—	规定时间内未完成,计考试不合格		
合计		100			

考评员签名：　　　　　　　　　　被认定人：　　　　　　　　　　年　　月　　日

S8　高压电压互感器更换

一、考场准备

10 kV 配电实训场地,具有 PT 柜。要求场地整洁,隔离措施良好,无安全隐患。

二、工具材料准备

序　号	名　称	单　位	数　量	序　号	名　称	单　位	数　量
1	安全帽	顶	1	4	电工工具	套	1
2	绝缘靴	双	1	5	放电棒	根	1
3	绝缘手套	副	1				

三、考核要求

1. 被认定人进入考场后，首先由考评员告知题目，其次由被认定人检查准备工具，确认考核内容，当被认定人告知考评员可以开始时，考评员开始计时。

2. 被认定人工具材料检查准备时间 10 min，考核时间为 50 min。

3. 考核过程中出现较重的人身伤害或发生不安全因素不能继续作业，考评员及时终止其考试，考生该试题成绩记为零分。

4. 考核完毕后，被认定人在评分表上签字确认。

四、考核评分

1. 考评人数：3 名以上考评员。

2. 评分程序及规则：考评员根据被认定人操作情况对照计分标准在评分表上给予记录评分。

3. 算分方法：采用百分制，满分为 100 分，60 分及以上为及格。

五、铁道行业职业技能认定钳工(供电)高级技师实作考核评分记录表

单位：_______ 姓名：_______ 性别：_______ 准考证号：_______ 工种：_______ 级别：_______

试题名称：高压电压互感器更换

考核时间：50 min

操作开始时间：___时___分　　　　操作结束时间：___时___分

项　目	标准及要求	标准分	评分标准	扣分因素及扣分	得分
准备工作 10 分	1. 按规定着装(戴安全帽、戴手套，带上安全合格证)	5	着装不符合要求每处扣 2 分		
	2. 材料选择正确	5	选择错误或漏选每件扣 1 分		
技术质量标准及操作程序 70 分	1. 填写倒闸作业票	10	错、漏一处扣 1 分		
	2. 实际倒闸操作中按倒闸作业票程序进行	10	不符合要求每项扣 2 分，未唱票扣 5 分		
	3. 新电压互感器要进行试验报告审查、外观检查	10	缺一项扣 5 分		
	4. 更换互感器，接线正确，接线时螺栓应压紧线	10	不符合要求每处扣 2 分		
	5. 互感器外壳应接地	10	未接地扣 10 分		
	6. 更换后，全部断开二次接线进行绝缘电阻测试	10	未测试扣 10 分		
	7. 送电后在电脑或仪表上确认线路电压是否正常	10	未确认扣 5 分		

续上表

项　目	标准及要求	标准分	评分标准	扣分因素及扣分	得分
安全及其他事项 20 分	安全情况良好，无违章，无不安全因素	20	摔、扔仪表扣 5 分，其他违章每次扣 2 分，未清理现场扣 5 分		
考核时间	规定时间 50 min	—	规定时间内未完成，计考试不合格		
合计		100			

考评员签名：　　　　被认定人：　　　　年　月　日

S9　停电倒闸作业

一、考场准备

10 kV 配电实训场地。要求场地整洁，隔离措施良好，无安全隐患。

二、工具材料准备

序　号	名　称	单　位	数　量	序　号	名　称	单　位	数　量
1	安全帽	顶	1	5	放电棒	根	1
2	绝缘靴	双	1	6	接地封线	组	3
3	绝缘手套	副	1	7	低压验电器	根	1
4	电工工具	套	1				

三、考核要求

1. 被认定人进入考场后，首先由考评员告知题目，其次由被认定人检查准备工具，确认考核内容，当被认定人告知考评员可以开始时，考评员开始计时。

2. 被认定人工具材料检查准备时间 10 min，考核时间为 50 min。

3. 考核过程中出现较重的人身伤害或发生不安全因素不能继续作业，考评员及时终止其考试，考生该试题成绩记为零分。

4. 考核完毕后，被认定人在评分表上签字确认。

四、考核评分

1. 考评人数：3 名以上考评员。

2. 评分程序及规则：考评员根据被认定人操作情况对照计分标准在评分表上给予记录评分。

3. 算分方法：采用百分制，满分为 100 分，60 分及以上为及格。

五、铁道行业职业技能认定钳工(供电)高级技师实作考核评分记录表

单位:________ 姓名:________ 性别:________ 准考证号:________ 工种:________ 级别:________

试题名称:停电倒闸作业

考核时间:50 min

操作开始时间:____时____分　　　　操作结束时间:____时____分

项　目	标准及要求	标准分	评分标准	扣分因素及扣分	得分
准备工作10分	1. 按规定着装(戴安全帽、戴绝缘手套、穿绝缘靴,带上安全合格证)	5	着装不符合要求每处扣2分		
	2. 材料选择正确	5	选择错误或漏选每件扣1分		
技术质量标准及操作程序70分	1. 保留的带电设备用安全警戒带隔离	15	未设置扣10分,未完全将带电设备隔离扣5分		
	2. 确认停电回路断路器已断开	10	未确认或确认错误扣10分		
	3. 根据倒闸作业票流程卡片将断路器手车摇至试验位	10	未唱票扣5分,未将断路器手车摇至试验位扣5分		
	4. 确认进线已停电,加挂接地封线,应先接好接地端,再接导体端	20	验电前未对验电器自检扣5分,验电不符合要求扣10分,加挂接地封线或地线加挂不符合要求扣5分		
	5. 对需加挂接地封线的回路加挂接地封线	15	未接地扣10分,加挂接地封线或地线加挂不符合要求扣5分		
安全及其他事项20分	安全情况良好,无违章,无不安全因素	20	摔、扔仪表扣5分,其他违章每次扣2分,未清理现场扣5分		
考核时间	规定时间50 min	—	规定时间内未完成,计考试不合格		
合计		100			

考评员签名:　　　　　　被认定人:　　　　　　年　　月　　日

S10　真空断路器断口绝缘电阻测量

一、考场准备

10 kV配电实训场地,真空断路器1台。要求场地整洁,隔离措施良好,无安全隐患。

二、工具材料准备

序　号	名　称	单　位	数　量	序　号	名　称	单　位	数　量
1	安全帽	顶	1	4	电工工具	套	1
2	绝缘靴	双	1	5	2 500 V绝缘电阻表	个	1
3	绝缘手套	副	1	6	1 000 V绝缘电阻表	个	1

三、考核要求

1. 被认定人进入考场后，首先由考评员告知题目，其次由被认定人检查准备工具，确认考核内容，当被认定人告知考评员可以开始时，考评员开始计时。

2. 被认定人工具材料检查准备时间 10 min，考核时间为 50 min。

3. 考核过程中出现较重的人身伤害或发生不安全因素不能继续作业，考评员及时终止其考试，考生该试题成绩记为零分。

4. 考核完毕后，被认定人在评分表上签字确认。

四、考核评分

1. 考评人数：3 名以上考评员。

2. 评分程序及规则：考评员根据被认定人操作情况对照计分标准在评分表上给予记录评分。

3. 算分方法：采用百分制，满分为 100 分，60 分及以上为及格。

五、铁道行业职业技能认定钳工(供电)高级技师实作考核评分记录表

单位：_______ 姓名：_______ 性别：_______ 准考证号：_______ 工种：_______ 级别：_______

试题名称：真空断路器断口绝缘电阻测量

考核时间：50 min

操作开始时间：___时___分　　　　操作结束时间：___时___分

项　目	标准及要求	标准分	评分标准	扣分因素及扣分	得分
准备工作 10 分	1. 按规定着装(戴安全帽、穿绝缘靴、戴绝缘手套，带上安全合格证)	5	着装不符合要求每处扣 2 分		
	2. 绝缘电阻表选择正确，2 500 V	5	选择错误扣 5 分，少选配件扣 5 分		
技术质量标准及操作程序 70 分	1. 对绝缘电阻表的质量状态进行检查	5	未对绝缘电阻表的质量状态进行检查扣 5 分		
	2. 将断路器置于分闸状态，断开被试真空断路器的电源，拆除对外的一切连线，用绝缘棒等工具将被试品接地放电，身体不得碰触放电导线	15	未将断路器置于分闸状态扣 5 分；未断开被试真空断路器的电源，拆除对外的一切连线，扣 5 分；未放电扣 5 分；放电未使用绝缘棒扣 5 分；放电时身体碰触放电导线扣 10 分		
	3. 对绝缘电阻表进行“开路”“短路”试验	10	试验每漏一项扣 5 分		
	4. 绝缘电阻表的接线正确，短路器的下断口及非测试两相短接后可靠接地，“E”端测试线接地，“G”端接屏蔽端	10	接线错误每处扣 5 分，下断口、非测试相未接地扣 5 分		

续上表

项　目	标准及要求	标准分	评分标准	扣分因素及扣分	得分
技术质量标准及操作程序70分	5. 以 120 r/min 的速度摇动手柄,待表的指针稳定后,将“L”端测试线搭上断路器测试相的上断口,读取 60 s 绝缘电阻值	10	转速达不到要求扣 5 分,测试线接线错误扣 5 分,读数不正确扣 5 分		
	6. 测量完毕后,应先取下“L”线,再停止摇动	10	先停止摇动再取下测试线扣 10 分		
	7. 对被试相放电,整理试验现场环境	10	未放电扣 5 分,未整理扣 5 分		
安全及其他事项20分	安全情况良好,无违章,无不安全因素	20	测量前未确认被测设备与电源完全断开扣 5 分,人体触电扣 10 分,摔、扔仪表扣 5 分,其他违章每次扣 2 分		
考核时间	规定时间 50 min	—	规定时间内未完成,计考试不合格		
合计		100			

考评员签名:　　　　　　　　　　被认定人:　　　　　　　　　　年　　月　　日

真空断路器断口绝缘电阻测量接线如图 5-20 所示。

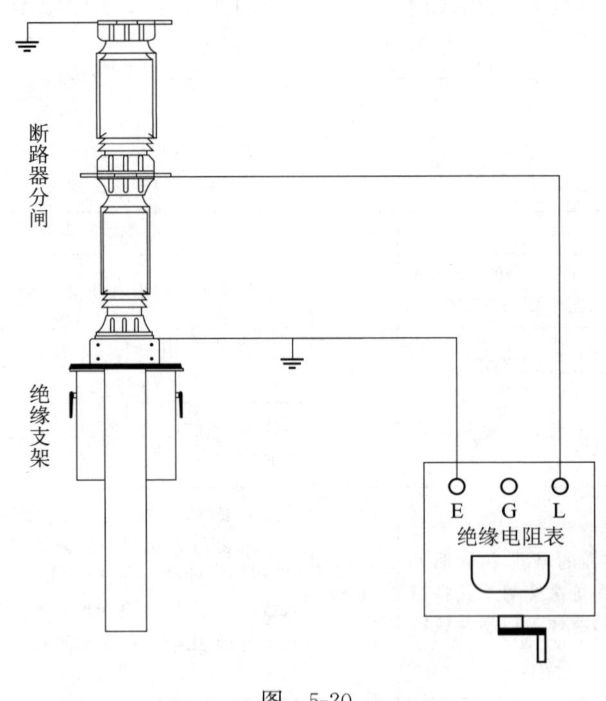

图　5-20

S11　电流互感器一次绕组段间绝缘电阻测量

一、考场准备

10 kV 配电实训场地,电流互感器 1 台。要求场地整洁,隔离措施良好,无安全隐患。

二、工具材料准备

序　号	名　　称	单　位	数　量	序　号	名　　称	单　位	数　量
1	安全帽	顶	1	4	电工工具	套	1
2	绝缘靴	双	1	5	2 500 V 绝缘电阻表	个	1
3	绝缘手套	副	1	6	1 000 V 绝缘电阻表	个	1

三、考核要求

1. 被认定人进入考场后，首先由考评员告知题目，其次由被认定人检查准备工具，确认考核内容，当被认定人告知考评员可以开始时，考评员开始计时。

2. 被认定人工具材料检查准备时间 10 min，考核时间为 50 min。

3. 考核过程中出现较重的人身伤害或发生不安全因素不能继续作业，考评员及时终止其考试，考生该试题成绩记为零分。

4. 考核完毕后，被认定人在评分表上签字确认。

四、考核评分

1. 考评人数：3 名以上考评员。

2. 评分程序及规则：考评员根据被认定人操作情况对照计分标准在评分表上给予记录评分。

3. 算分方法：采用百分制，满分为 100 分，60 分及以上为及格。

五、铁道行业职业技能认定钳工（供电）高级技师实作考核评分记录表

单位：______　姓名：______　性别：______　准考证号：______　工种：______　级别：______

试题名称：电流互感器一次绕组段间绝缘电阻测量

考核时间：50 min

操作开始时间：___时___分　　　　操作结束时间：___时___分

项　目	标准及要求	标准分	评分标准	扣分因素及扣分	得分
准备工作 10 分	1. 按规定着装（戴安全帽、穿绝缘靴、戴绝缘手套，带上安全合格证）	5	着装不符合要求每处扣 2 分		
	2. 绝缘电阻表选择正确，2 500 V	5	选择错误扣 5 分，少选配件扣 5 分		
技术质量标准及操作程序 70 分	1. 对绝缘电阻表的质量状态进行检查	5	未对绝缘电阻表的质量状态进行检查扣 5 分		
	2. 使用绝缘工具对电流互感器各绕组接地放电	15	未放电扣 10 分；放电未使用绝缘工具扣 5 分；各绕组放电，每漏一处扣 5 分		
	3. 对绝缘电阻表进行“开路”“短路”试验	10	试验每漏一项扣 5 分		

续上表

项　目	标准及要求	标准分	评分标准	扣分因素及扣分	得分
技术质量标准及操作程序70分	4. 绝缘电阻表的接线正确，将电流互感器一次绕组间所有连接片解开，“E”端测试线搭上电流互感器一次绕组的P2端	10	接线错误扣10分		
	5. 以120 r/min的速度摇动手柄，待表的指针稳定后，将“L”端测试线搭上电流互感器一次绕组P1端，读取60 s绝缘电阻值	10	转速达不到要求扣5分，测试线接线错误扣5分，读数不正确扣5分		
	6. 测量完毕后，应先取下“L”线，再停止摇动	10	先停止摇动再取下测试线扣10分		
	7. 对电流互感器测试绕组短接放电并接地，恢复所有连接片的接线地	10	未放电接地扣5分，未恢复接线扣5分		
安全及其他事项20分	安全情况良好，无违章，无不安全因素	20	测量前未确认被测设备与电源完全断开扣5分，人体触电扣10分，摔、扔仪表扣5分，其他违章每次扣2分		
考核时间	规定时间50 min	—	规定时间内未完成，计考试不合格		
合计		100			

考评员签名：　　　　　　　　被认定人：　　　　　　　　年　　月　　日

S12　10 kV隔离开关检修

一、考场准备

牵引变电所实训场，10 kV隔离开关1台。要求场地整洁，隔离措施良好，无安全隐患。

二、工具材料准备

序　号	名　　称	单　位	数　量	序　号	名　　称	单　位	数　量
1	安全帽	顶	1	7	电工工具	套	1
2	安全带	条	1	8	0.05 mm×10 mm塞尺	套	1
3	砂纸	张	1	9	油漆刷	把	2
4	平锉	把	1	10	钢丝刷	个	1
5	力矩扳手	套	1	11	盒尺	个	1
6	凡士林	罐	1	12	电力复合脂	罐	1

三、考核要求

1. 被认定人进入考场后，首先由考评员告知题目，其次由被认定人检查准备工具，确认考核内容，当被认定人告知考评员可以开始时，考评员开始计时。

2. 被认定人工具材料检查准备时间 10 min，考核时间为 50 min。

3. 考核过程中出现较重的人身伤害或发生不安全因素不能继续作业，考评员及时终止其考试，考生该试题成绩记为零分。

4. 考核完毕后，被认定人在评分表上签字确认。

四、考核评分

1. 考评人数：3 名以上考评员。

2. 评分程序及规则：考评员根据被认定人操作情况对照计分标准在评分表上给予记录评分。

3. 算分方法：采用百分制，满分为 100 分，60 分及以上为及格。

五、铁道行业职业技能认定钳工(供电)高级技师实作考核评分记录表

单位：________　姓名：________　性别：________　准考证号：________　工种：________　级别：________

试题名称：10 kV 隔离开关检修

考核时间：50 min

操作开始时间：____时____分　　　　　　操作结束时间：____时____分

项　目	标准及要求	标准分	评分标准	扣分因素及扣分	得分
准备工作 10 分	1. 按规定着装(戴安全帽、手套，带上安全合格证)	5	着装不符合要求每处扣 2 分		
	2. 工具选择正确	5	选择错误扣 5 分，少选配件扣 5 分		
技术质量标准及操作程序 70 分	1. 对开关触头检查，用 0.05 mm×10 mm 的塞尺检查，触指与触头须接触紧密、可靠，调节夹紧弹簧来增大接触压力	15	未用塞尺检查扣 5 分，塞尺使用不当扣 5 分，未调解夹紧弹簧扣 5 分		
	2. 对开关触头检修，检查触指与触头表面无烧伤痕迹，清除触片表面氧化层，并涂凡士林	15	未检查触指与触头表面扣 5 分，未清除触片表面氧化层扣 5 分，未涂凡士林扣 5 分		
	3. 绝缘子及支架检修，检查瓷瓶有无破损；检查绝缘子安装底座，紧固螺栓	15	未检查瓷瓶扣 5 分，瓷瓶有损伤未发现扣 5 分，未检查底座扣 5 分，未紧固螺栓扣 5 分		
	4. 操作机构及传动部分检修，转动摩擦部分注油润滑，传动连杆的连接螺栓紧固	15	未检修扣 15 分，未注油扣 5 分，未紧固螺栓扣 5 分		
	5. 检查接地连接是否可靠	10	未检查扣 10 分		

续上表

项　目	标准及要求	标准分	评分标准	扣分因素及扣分	得分
安全及其他事项20分	安全情况良好,无违章,无不安全因素	20	测量前未确认被测设备与电源完全断开扣5分,人体触电扣10分,摔、扔仪表扣5分,其他违章每次扣2分		
考核时间	规定时间50 min	—	规定时间内未完成,计考试不合格		
合计		100			

考评员签名:　　　　被认定人:　　　　年　　月　　日

S13　变压器极性直流法测量

一、考场准备

牵引变电所实训场,单相变压器1台。要求场地整洁,隔离措施良好,无安全隐患。

二、工具材料准备

序　号	名　　称	单　位	数　量	序　号	名　　称	单　位	数　量
1	安全帽	顶	1	5	电工工具	套	1
2	安全带	条	1	6	1.5 V干电池	个	5
3	刀闸开关	个	1	7	电池盒	个	5
4	指针式万用表	个	1	8	导线	m	若干

三、考核要求

1. 被认定人进入考场后,首先由考评员告知题目,其次由被认定人检查准备工具,确认考核内容,当被认定人告知考评员可以开始时,考评员开始计时。

2. 被认定人工具材料检查准备时间10 min,考核时间为30 min。

3. 考核过程中出现较重的人身伤害或发生不安全因素不能继续作业,考评员及时终止其考试,考生该试题成绩记为零分。

4. 考核完毕后,被认定人在评分表上签字确认。

四、考核评分

1. 考评人数:3名以上考评员。

2. 评分程序及规则:考评员根据被认定人操作情况对照计分标准在评分表上给予记录评分。

3. 算分方法:采用百分制,满分为100分,60分及以上为及格。

五、铁道行业职业技能认定钳工(供电)高级技师实作考核评分记录表

单位:________　姓名:________　性别:________　准考证号:________　工种:________　级别:________

试题名称:变压器极性直流法测量

考核时间:30 min

操作开始时间:____时____分　　　　　　　　　　操作结束时间:____时____分

项　目	标准及要求	标准分	评分标准	扣分因素及扣分	得分
准备工作 10分	1. 按规定着装(戴安全帽、手套,带上安全合格证)	5	着装不符合要求每处扣2分		
	2. 工具、材料选择正确	5	选择错误扣5分,少选配件扣5分		
技术质量 标准及 操作程序 70分	1. 确认变压器各方均以完全断开	10	未确认扣10分		
	2. 用两节1.5 V电池串联,正极通过刀闸开关接变压器的A端,负极接变压器的X端	15	变压器端子选择错误扣10分,电池选择不足或未串联扣5分,电池组正负极与变压器端子接线错误扣5分		
	3. 把指针式万用表打至毫伏挡,万用表正极接变压器二次侧a端,负极接变压器二次侧的x端	20	万用表挡位选择错误扣10分,接线错误扣10分		
	4. 极性判断,合刀闸开关,观察合闸瞬间、分闸瞬间万用表指针偏转的方向,如果合闸时指针正偏,分闸时指针反偏,则变压器为减极性;如果指针摆动方向与上述相反,则为加极性	15	极性判断错误扣15分		
	5. 拆除接线,清理现场	10	未拆除扣5分,未清理扣5分		
安全及 其他事项 20分	安全情况良好,无违章,无不安全因素	20	测量前未确认被测设备与电源完全断开扣5分,人体触电扣10分,摔、扔仪表扣5分,其他违章每次扣2分		
考核时间	规定时间30 min	—	规定时间内未完成,计考试不合格		
合计		100			

考评员签名:　　　　　　　　　　被认定人:　　　　　　　　　　年　　月　　日

S14　电流互感器极性直流法测量

一、考场准备

牵引变电所实训场,电流互感器1台。要求场地整洁,隔离措施良好,无安全隐患。

二、工具材料准备

序　号	名　　称	单　位	数　量	序　号	名　　称	单　位	数　量
1	安全帽	顶	1	5	电工工具	套	1
2	安全带	条	1	6	1.5 V 干电池	个	5
3	刀闸开关	个	1	7	电池盒	个	5
4	指针式万用表	个	1	8	导线	m	若干

三、考核要求

1. 被认定人进入考场后,首先由考评员告知题目,其次由被认定人检查准备工具,确认考核内容,当被认定人告知考评员可以开始时,考评员开始计时。

2. 被认定人工具材料检查准备时间 10 min,考核时间为 30 min。

3. 考核过程中出现较重的人身伤害或发生不安全因素不能继续作业,考评员及时终止其考试,考生该试题成绩记为零分。

4. 考核完毕后,被认定人在评分表上签字确认。

四、考核评分

1. 考评人数:3 名以上考评员。

2. 评分程序及规则:考评员根据被认定人操作情况对照计分标准在评分表上给予记录评分。

3. 算分方法:采用百分制,满分为 100 分,60 分及以上为及格。

五、铁道行业职业技能认定钳工(供电)高级技师实作考核评分记录表

单位:________　姓名:________　性别:________　准考证号:________　工种:________　级别:________

试题名称:电流互感器极性直流法测量

考核时间:30 min

操作开始时间:____时____分　　　　操作结束时间:____时____分

项　目	标准及要求	标准分	评分标准	扣分因素及扣分	得分
准备工作 10 分	1. 按规定着装(戴安全帽、手套,带上安全合格证)	5	着装不符合要求每处扣 2 分		
	2. 工具、材料选择正确	5	选择错误扣 5 分,少选配件扣 5 分		
技术质量标准及操作程序 70 分	1. 确认电流互感器各方均以完全断开	10	未确认扣 10 分		
	2. 用两节 1.5 V 电池串联,正极通过刀闸开关接电流互感器一次绕组的 P1 端,负极电流互感器一次绕组的 P2 端	15	变压器端子选择错误扣 10 分,电池选择不足或未串联扣 5 分,电池组正负极与变压器端子接线错误扣 5 分		

续上表

项　目	标准及要求	标准分	评分标准	扣分因素及扣分	得分
技术质量标准及操作程序70分	3. 把指针式万用表打至毫安挡，万用表正极接电流互感器二次绕组的S1端，负极接电流互感器二次绕组的S2端	20	万用表挡位选择错误扣10分，接线错误扣10分		
	4. 极性判断，合刀闸开关，观察合闸瞬间、分闸瞬间万用表指针偏转的方向，如果合闸时指针顺时针方向摆动，则电流互感器为极性正确	15	极性判断错误扣15分		
	5. 拆除试验接线，恢复接地	10	未拆除扣5分，未恢复接地扣5分		
安全及其他事项20分	安全情况良好，无违章，无不安全因素	20	测量前未确认被测设备与电源完全断开扣5分，人体触电扣10分，摔、扔仪表扣5分，其他违章每次扣2分		
考核时间	规定时间30 min	—	规定时间内未完成，计考试不合格		
合计		100			

考评员签名：　　　　　　　　　　被认定人：　　　　　　　　　　年　　月　　日

S15　电压互感器极性直流法测量

一、考场准备

牵引变电所实训场，电压互感器1台。要求场地整洁，隔离措施良好，无安全隐患。

二、工具材料准备

序　号	名　　称	单　位	数　量	序　号	名　称	单　位	数　量
1	安全帽	顶	1	5	电工工具	套	1
2	安全带	条	1	6	1.5 V干电池	个	5
3	刀闸开关	个	1	7	电池盒	个	5
4	指针式万用表	个	1	8	导线	m	若干

三、考核要求

1. 被认定人进入考场后，首先由考评员告知题目，其次由被认定人检查准备工具，确认考核内容，当被认定人告知考评员可以开始时，考评员开始计时。

2. 被认定人工具材料检查准备时间 10 min,考核时间为 30 min。

3. 考核过程中出现较重的人身伤害或发生不安全因素不能继续作业,考评员及时终止其考试,考生该试题成绩记为零分。

4. 考核完毕后,被认定人在评分表上签字确认。

四、考核评分

1. 考评人数:3 名以上考评员。

2. 评分程序及规则:考评员根据被认定人操作情况对照计分标准在评分表上给予记录评分。

3. 算分方法:采用百分制,满分为 100 分,60 分及以上为及格。

五、铁道行业职业技能认定钳工(供电)高级主技师实作考核评分记录表

单位:________ 姓名:________ 性别:________ 准考证号:________ 工种:________ 级别:________

试题名称:电压互感器极性直流法测量

考核时间:30 min

操作开始时间:____时____分　　　　操作结束时间:____时____分

项　目	标准及要求	标准分	评分标准	扣分因素及扣分	得分
准备工作 10 分	1. 按规定着装(戴安全帽、手套,带上安全合格证)	5	着装不符合要求每处扣 2 分		
	2. 工具、材料选择正确	5	选择错误扣 5 分,少选配件扣 5 分		
技术质量标准及操作程序 70 分	1. 确认电压互感器各方均以完全断开	10	未确认扣 10 分		
	2. 用两节 1.5 V 电池串联,正极通过刀闸开关接电压互感器一次绕组的 A 端,负极电压互感器一次绕组的 B(或 N)端	15	变压器端子选择错误扣 10 分,电池选择不足或未串联扣 5 分,电池组正负极与变压器端子接线错误扣 5 分		
	3. 把指针式万用表打至毫伏挡,万用表正极接电压互感器二次绕组的 a 端,负极接电压互感器二次绕组的 b(或 n)端	20	万用表挡位选择错误扣 10 分,接线错误扣 10 分		
	4. 极性判断,合刀闸开关,观察合闸瞬间、分闸瞬间万用表指针偏转的方向,如果合闸时指针顺时针方向摆动,则电压互感器为极性正确	15	极性判断错误扣 15 分		
	5. 拆除试验接线,恢复接地	10	未拆除扣 5 分,未恢复接地扣 5 分		

续上表

项 目	标准及要求	标准分	评分标准	扣分因素及扣分	得分
安全及其他事项20分	安全情况良好，无违章，无不安全因素	20	测量前未确认被测设备与电源完全断开扣5分，人体触电扣10分，摔、扔仪表扣5分，其他违章每次扣2分		
考核时间	规定时间30 min	—	规定时间内未完成，计考试不合格		
合计		100			

考评员签名： 被认定人： 年 月 日

S16 真空断路器分闸线圈直流电阻测量

一、考场准备

牵引变电所实训场，真空断路器1台。要求场地整洁，隔离措施良好，无安全隐患。

二、工具材料准备

序 号	名 称	单 位	数 量	序 号	名 称	单 位	数 量
1	安全帽	顶	1	4	电工工具	套	1
2	绝缘靴	双	1	5	直流电阻测试仪	台	1
3	绝缘手套	副	1	6	绝缘棒	根	1

三、考核要求

1. 被认定人进入考场后，首先由考评员告知题目，其次由被认定人检查准备工具，确认考核内容，当被认定人告知考评员可以开始时，考评员开始计时。

2. 被认定人工具材料检查准备时间10 min，考核时间为30 min。

3. 考核过程中出现较重的人身伤害或发生不安全因素不能继续作业，考评员及时终止其考试，考生该试题成绩记为零分。

4. 考核完毕后，被认定人在评分表上签字确认。

四、考核评分

1. 考评人数：3名以上考评员。

2. 评分程序及规则：考评员根据被认定人操作情况对照计分标准在评分表上给予记录评分。

3. 算分方法：采用百分制，满分为100分，60分及以上为及格。

五、铁道行业职业技能认定钳工(供电)高级技师实作考核评分记录表

单位:________ 姓名:________ 性别:________ 准考证号:________ 工种:________ 级别:________

试题名称:真空断路器分闸线圈直流电阻测量

考核时间:30 min

操作开始时间:____时____分　　　　操作结束时间:____时____分

项　目	标准及要求	标准分	评分标准	扣分因素及扣分	得分
准备工作 10分	1. 按规定着装(戴安全帽、手套,带上安全合格证)	5	着装不符合要求每处扣2分		
	2. 工具、材料选择正确	5	选择错误扣5分,少选配件扣5分		
技术质量标准及操作程序 70分	1. 确认真空断路器对外的一切电源断开,将真空断路器接地	10	未确认扣5分,未接地扣5分		
	2. 打开真空断路器控制面板,根据图纸找到分闸线圈的端子号	15	未找到真空断路器控制面板扣5分;分闸线圈的端子号未找到,每一个扣5分		
	3. 将直流电阻测试仪的两根测试线(红色和黑色)分别接在仪器的+I、−I、+V、−V四个接线端子上(如果红黑线有粗细区别,则粗线接I端子,细线接V端子),红黑两根测试线的钳夹分别夹在分闸线圈的两端	20	接线错误,每一处扣5分		
	4. 记录显示的数值大小,试验完成后,点击复位/选择键,然后关闭电源	15	操作错误扣15分		
	5. 对线圈充分放电	10	未放电扣10分		
安全及其他事项 20分	安全情况良好,无违章,无不安全因素	20	测量前未确认被测设备与电源完全断开扣5分,人体触电扣10分,摔、扔仪表扣5分,其他违章每次扣2分		
考核时间	规定时间30 min	—	规定时间内未完成,计考试不合格		
合计		100			

考评员签名:　　　　被认定人:　　　　年　　月　　日

S17　高压并联电容器两级对地绝缘电阻测量

一、考场准备

牵引变电所实训场,高压并联电容器1套。要求场地整洁,隔离措施良好,无安全隐患。

二、工具材料准备

序　号	名　　称	单　位	数　量	序　号	名　　称	单　位	数　量
1	安全帽	顶	1	4	电工工具	套	1
2	绝缘靴	双	1	5	直流电阻测试仪	台	1
3	绝缘手套	副	1	6	绝缘棒	根	1

三、考核要求

1. 被认定人进入考场后，首先由考评员告知题目，其次由被认定人检查准备工具，确认考核内容，当被认定人告知考评员可以开始时，考评员开始计时。

2. 被认定人工具材料检查准备时间 10 min，考核时间为 50 min。

3. 考核过程中出现较重的人身伤害或发生不安全因素不能继续作业，考评员及时终止其考试，考生该试题成绩记为零分。

4. 考核完毕后，被认定人在评分表上签字确认。

四、考核评分

1. 考评人数：3 名以上考评员。

2. 评分程序及规则：考评员根据被认定人操作情况对照计分标准在评分表上给予记录评分。

3. 算分方法：采用百分制，满分为 100 分，60 分及以上为及格。

五、铁道行业职业技能认定钳工（供电）高级技师实作考核评分记录表

单位：_______　姓名：_______　性别：_______　准考证号：_______　工种：_______　级别：_______

试题名称：高压并联电容器两级对地绝缘电阻测量

考核时间：50 min

操作开始时间：___时___分　　　　操作结束时间：___时___分

项　目	标准及要求	标准分	评分标准	扣分因素及扣分	得分
准备工作 10 分	1. 按规定着装（戴安全帽、手套，带上安全合格证）	5	着装不符合要求每处扣 2 分		
	2. 工具、材料选择正确	5	选择错误扣 5 分，少选配件扣 5 分		
技术质量标准及操作程序 70 分	1. 确认电容器对外的一切电源断开，对电容器充分放电，极间、极对地放电，清洁电容器套管	15	未确认扣 5 分，放电漏项每项扣 5 分，放电未使用绝缘棒扣 5 分，未清洁扣 5 分		
	2. 电容器两极之间用裸铜线短接，电容器的外壳应可靠接地，绝缘电阻表的“E”端接地	15	极间未短接扣 5 分，外壳应未接地扣 5 分，接线错误扣 5 分		

续上表

项　目	标准及要求	标准分	评分标准	扣分因素及扣分	得分
技术质量标准及操作程序70分	3. 以120 r/min的速度摇动手柄,待表的指针稳定后,将“L”端测试线搭上电容器的测试部位,读取60 s绝缘电阻值	20	转速达不到要求扣5分,测试线接线错误扣5分,读数不正确扣10分		
	4. 测量完毕后,应先取下“L”线,再停止摇动,对电容器的测试部位充分放电	10	先停止摇动再取下测试线扣5分,未放电扣10分		
	5. 判断是否合格,应≥2 000 MΩ	10	判断错误扣10分		
安全及其他事项20分	安全情况良好,无违章,无不安全因素	20	测量前未确认被测设备与电源完全断开扣5分,人体触电扣10分,摔、扔仪表扣5分,其他违章每次扣2分		
考核时间	规定时间50 min	—	规定时间内未完成,计考试不合格		
合计		100			

考评员签名：　　　　　　　　被认定人：　　　　　　　　年　　月　　日

S18　电动机星三角启动(继电器控制)

一、考场准备

牵引变电所实训场,三相电动机1台。要求场地整洁,隔离措施良好,无安全隐患。

二、工具材料准备

序　号	名　称	单　位	数　量	序　号	名　称	单　位	数　量
1	安全帽	顶	1	6	热继电器	个	1
2	空气开关	个	1	7	时间继电器	个	1
3	熔断器	个	5	8	电工工具	套	1
4	按钮开关	个	12	9	导线	m	若干
5	交流接触器	个	2				

三、考核要求

1. 被认定人进入考场后,首先由考评员告知题目,其次由被认定人检查准备工具,确认考核内容,当被认定人告知考评员可以开始时,考评员开始计时。

2. 被认定人工具材料检查准备时间10 min,考核时间为50 min。

3. 考核过程中出现较重的人身伤害或发生不安全因素不能继续作业，考评员及时终止其考试，考生该试题成绩记为零分。

4. 考核完毕后，被认定人在评分表上签字确认。

四、考核评分

1. 考评人数：3 名以上考评员。

2. 评分程序及规则：考评员根据被认定人操作情况对照计分标准在评分表上给予记录评分。

3. 算分方法：采用百分制，满分为 100 分，60 分及以上为及格。

五、铁道行业职业技能认定钳工（供电）高级技师实作考核评分记录表

单位：________　姓名：________　性别：________　准考证号：________　工种：________　级别：________

试题名称：电动机星三角启动（继电器控制）

考核时间：50 min

操作开始时间：____时____分　　　　操作结束时间：____时____分

项　目	标准及要求	标准分	评分标准	扣分因素及扣分	得分
准备工作 10 分	1. 按规定着装（戴安全帽、戴手套，带上安全合格证）	5	着装不符合要求每处扣 2 分		
	2. 材料选择正确	5	选择错误或漏选，每样扣 5 分，少选扣 5 分		
技术质量标准及操作程序 70 分	1. 画出电动机星三角启动（继电器控制）原理图	20	要求图面整齐、美观，不符合要求每处扣 5 分；绘图错误扣 20 分		
	2. 根据所画的图正确接线，要求布局合理，接线无松动，导线横平竖直	30	接线不正确每处扣 10 分；接线松动每处扣 5 分；导线凌乱，不横平竖直，扣 5 分		
	3. 试验，实现电动机星三角启动控制	20	不能实现星三角启动联动控制扣 20 分		
安全及其他事项 20 分	安全情况良好，无违章，无不安全因素	20	摔、扔仪表扣 5 分，其他违章每次扣 2 分		
考核时间	规定时间 50 min	—	规定时间内未完成，计考试不合格		
合计		100			

考评员签名：　　　　　　被认定人：　　　　　　年　　月　　日

正确接线如图 5-21 所示。

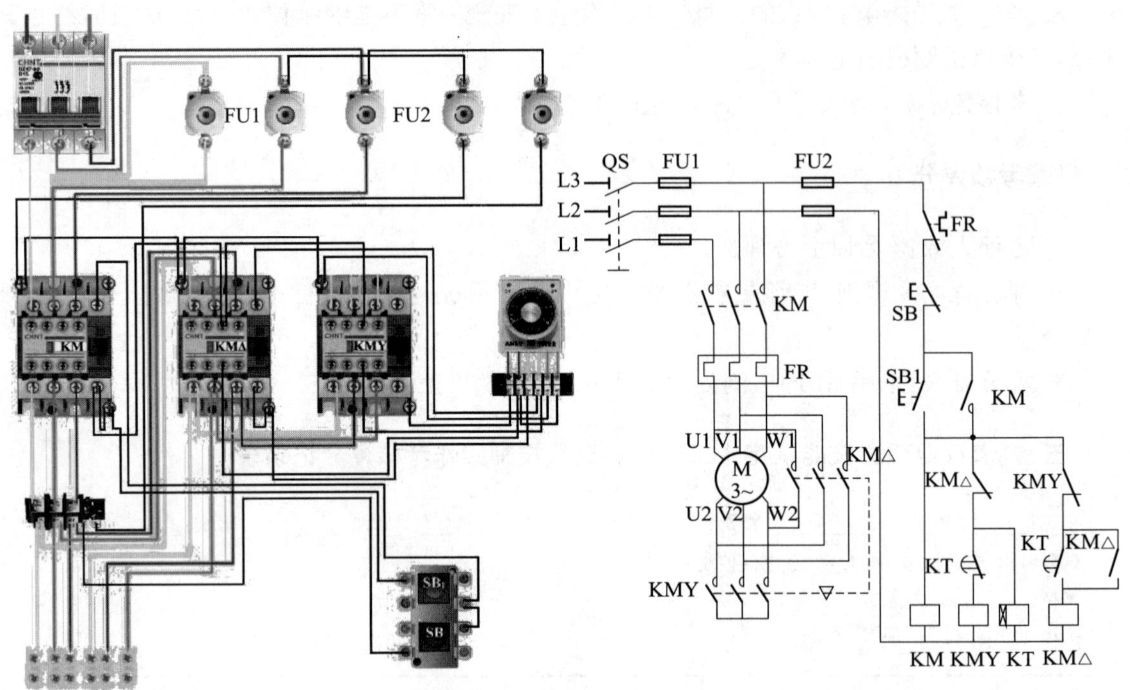

图 5-21

S19 光纤熔接

一、考场准备

牵引变电所实训场,工作台 1 张。要求场地整洁,隔离措施良好,无安全隐患。

二、工具材料准备

序 号	名 称	单 位	数 量	序 号	名 称	单 位	数 量
1	安全帽	顶	1	6	光纤工具	套	1
2	光纤熔接机	台	1	7	红光测试笔	个	1
3	尾纤	根	4	8	电工工具	套	1
4	热缩套管	包	1	9	4 口光纤终端盒	个	1
5	酒精棉球	包	1	10	4 芯光纤	m	2

三、考核要求

1. 被认定人进入考场后,首先由考评员告知题目,其次由被认定人检查准备工具,确认考核内容,当被认定人告知考评员可以开始时,考评员开始计时。

2. 被认定人工具材料检查准备时间 10 min,考核时间为 50 min。

3. 考核过程中出现较重的人身伤害或发生不安全因素不能继续作业，考评员及时终止其考试，考生该试题成绩记为零分。

4. 考核完毕后，被认定人在评分表上签字确认。

四、考核评分

1. 考评人数：3 名以上考评员。

2. 评分程序及规则：考评员根据被认定人操作情况对照计分标准在评分表上给予记录评分。

3. 算分方法：采用百分制，满分为 100 分，60 分及以上为及格。

五、铁道行业职业技能认定钳工(供电)高级技师实作考核评分记录表

单位：______　姓名：______　性别：______　准考证号：______　工种：______　级别：______

试题名称：光纤熔接

考核时间：50 min

操作开始时间：___时___分　　　　　　操作结束时间：___时___分

项　目	标准及要求	标准分	评分标准	扣分因素及扣分	得分
准备工作 10 分	1. 按规定着装(戴安全帽、戴手套,带上安全合格证)	5	着装不符合要求每处扣 2 分		
	2. 材料、工具选择正确	5	选择错误或漏选，每样扣 1 分		
技术质量标准及操作程序 70 分	1. 将光纤穿过光纤终端盒，剥开光纤(约剥 1 m 长)，用酒精棉球清洁每一根光纤	15	先剥线后穿过终端盒扣 10 分；损伤光纤，每一根扣 5 分；未用酒精清洁扣 5 分		
	2. 用蘸有酒精棉球清洁尾纤，从尾部算起大约 100 mm，套上热缩套管	15	未清洁扣 5 分，清洁长度不足扣 5 分，先套热缩套管后清洁扣 10 分		
	3. 光纤开剥，尾纤开剥，清洁光纤，切割光纤	15	剥线时弄断，每根扣 5 分；未彻底清洁扣 5 分；切割尺寸不符合要求扣 5 分		
	4. 熔接光纤，热缩套管，红光笔测试	15	熔接过程中污染光纤扣 5 分，放置光纤沿着 V 形槽滑动光纤或放置错误扣 5 分，未热缩套管扣 5 分，未测试或测试不通扣 5 分		
	5. 终端盒内盘纤，排列顺序蓝、橙、绿	10	生拉硬拽扣 5 分，未按标准排序扣 10 分		
安全及其他事项 20 分	安全情况良好，无违章，无不安全因素	20	摔、扔仪表扣 5 分，其他违章每次扣 2 分		
考核时间	规定时间 50 min	—	规定时间内未完成，计考试不合格		
合计		100			

考评员签名：　　　　　　　　被认定人：　　　　　　　　年　　月　　日

S20 隔离开关触头过热处理

一、考场准备

牵引变电所实训场,10 kV 隔离开关 1 台。要求场地整洁,隔离措施良好,无安全隐患。

二、工具材料准备

序 号	名 称	单 位	数 量	序 号	名 称	单 位	数 量
1	安全帽	顶	1	6	细齿平扁锉	把	1
2	尼龙刷子	把	1	7	力矩扳手	把	1
3	00 号砂布	张	1	8	电工工具	套	1
4	钢丝刷	个	1	9	电力复合脂	罐	1
5	凡士林	罐	1	10	安全带	条	1

三、考核要求

1. 被认定人进入考场后,首先由考评员告知题目,其次由被认定人检查准备工具,确认考核内容,当被认定人告知考评员可以开始时,考评员开始计时。

2. 被认定人工具材料检查准备时间 10 min,考核时间为 50 min。

3. 考核过程中出现较重的人身伤害或发生不安全因素不能继续作业,考评员及时终止其考试,考生该试题成绩记为零分。

4. 考核完毕后,被认定人在评分表上签字确认。

四、考核评分

1. 考评人数:3 名以上考评员。

2. 评分程序及规则:考评员根据被认定人操作情况对照计分标准在评分表上给予记录评分。

3. 算分方法:采用百分制,满分为 100 分,60 分及以上为及格。

五、铁道行业职业技能认定钳工(供电)高级技师实作考核评分记录表

单位:________ 姓名:________ 性别:________ 准考证号:________ 工种:________ 级别:________

试题名称:隔离开关触头过热处理

考核时间:50 min

操作开始时间:____时____分　　　　操作结束时间:____时____分

项 目	标准及要求	标准分	评分标准	扣分因素及扣分	得分
准备工作 10 分	1. 按规定着装(戴安全帽、戴手套、穿安全带,带上安全合格证)	5	着装不符合要求每处扣 2 分		
	2. 材料、工具选择正确	5	选择错误或漏选,每样扣 1 分		

续上表

项　目	标准及要求	标准分	评分标准	扣分因素及扣分	得分
技术质量标准及操作程序70分	1. 检查触指罩、触指座完好无损伤，触指镀银面清洁光亮，无变形、烧伤现象	20	不检查扣10分，不会用尼龙刷子刷去硫化银层扣5分，未用钳工细齿平扁锉对非镀银层接触面轻微烧损修理或修理错误各扣5分，未对镀银层导电接触面用00号砂布修整及烧伤处不会处理扣5分，不检查各部件连接情况扣5分		
	2. 检查触指引弧角，触指与触指座无裂纹，检查圆柱销及弹簧，检查固定触指座的定位孔导电管	20	圆柱销不用00号砂布除锈蚀扣5分，不用钢丝刷清除弹簧锈蚀扣5分，不涂凡士林油扣5分，有锈蚀不用00号砂布清洁电除氧化层扣5分，导电管不用00号砂布清洁氧化扣5分		
	3. 同侧触指安装在同一平面上，导电接触面无损伤，触指接触压力足够，各连接部位连接紧固	20	导电接触面上不涂电力复合脂扣5分，未确认同侧触指在同一平面上扣5分，未检查触指接触压力扣5分，各连接部件未紧固扣5分		
	4. 检查、调整触头、触指接触，触头与触指接触深度合格，在刻度线上	10	不检查触头与触指接触深度扣10分		
安全及其他事项20分	安全情况良好，无违章，无不安全因素	20	摔、扔仪表扣5分，其他违章每次扣2分		
考核时间	规定时间50 min	—	规定时间内未完成，计考试不合格		
合计		100			

考评员签名：　　　　被认定人：　　　　年　　月　　日